ANJA MACK | KIRSTEN WOLF

Dog Coaching

Schritt für Schritt
zum souveränen Hund

ANJA MACK | KIRSTEN WOLF

Dog Coaching
Schritt für Schritt
zum souveränen Hund

Regeln und Strategien

2

3

Dog Coaching Praxishelfer

4

4

Anhang

Liebe Leserin, lieber Leser,

einen Hund zum Freund zu haben, ist ein wunderbares und immer wieder bereicherndes Gefühl, das Wärme vermittelt und Lebensfreude. Das erleben Sie und wir jeden Tag. Selbst dann, wenn der beste Freund öfter mal seinen eigenen Kopf hat und uns damit ganz schön ins Schwitzen bringen kann. Und unsere Geduld und unser Verständnis immer wieder auf die Probe stellt … Hunde sind Individualisten. Sie haben ein komplexes Gefühlsleben, sie bringen ihre eigenen Erfahrungen und Ansprüche in die Partnerschaft mit dem Menschen ein, sie besitzen zum Teil rassebedingte Verhaltensweisen und reagieren sehr sensibel auf ihre Umwelt – vor allem aber auf »ihre« Menschen.

Das Verhältnis Mensch und Hund ist schon lange Gegenstand des wissenschaftlichen Interesses. Und alle Studien bestätigen: Es ist der Mensch, der Verhalten und Reaktionen des Hundes entscheidend mitbestimmt. Als Hundehalter haben Sie es in der Hand, ob Ihr Hund ruhig oder eher gestresst durchs Leben geht, ob er Sie selbst, andere Menschen oder die eigenen Artgenossen durch aggressives Verhalten beeinträchtigt, ob ihn Ängste quälen, ob er sich von Ihnen anleiten und lenken lässt oder zu selbstständig eigene Wege geht. Und Sie ihm deshalb womöglich weniger Freiheiten erlauben können, als Sie eigentlich möchten. Denn als Besitzer eines Hundes haben Sie eine große Verantwortung: Ihrem Vierbeiner gegenüber, der einen Anspruch hat auf Integration, Geborgenheit, Versorgung und Beschäftigung. Vor allem aber auch der Umwelt gegenüber, Mensch und Tier, die Ihren Hund friedlich, unaufdringlich und jederzeit kontrollierbar erleben sollten. Ihr Hund erwartet von Ihnen Orientierung. Signalisieren Sie ihm, was er darf und was nicht, wo er Grenzen respektieren muss und wo Sie ihm Freiräume zugestehen. Sie haben es in der Hand, Ihrem Hund eine Souveränität zu vermitteln, die es ihm erlaubt, artgerecht und entspannt mit anderen zu kommunizieren. Auf diese Weise genießt er größtmögliche Freiheiten.

Für alle, die sich und ihrem Hund mehr Souveränität und Harmonie wünschen, beschreiben wir in diesem Buch den Weg dorthin. Schritt für Schritt und mit detaillierten Analysen der häufigsten Probleme, die im Zusammenleben von Mensch und Hund zu kleinen und größeren Konflikten führen können. Wir erläutern, warum es zu Missverständnissen und Unstimmigkeiten kommen kann, wo Sie unbewusst oder bewusst dazu beitragen, dass Fehlverhalten und nervende Gewohnheiten zu Dauerproblemen werden.

Dog Coaching ist mehr als eine Rezeptsammlung, mit der Ihr Vierbeiner zur Kooperation angehalten werden soll. Bei Dog Coaching steht die ganzheitliche Problemlösung im Mittelpunkt: Auf jeder Stufe eines Trainingsprogramms geben wir Hilfestellung für Praxistauglichkeit und individuelle Umsetzung einer Übung.

Das Ziel ist vorgegeben: der Hund, der sich in jeder Lebenslage behauptet. Aggressionsfrei, angstfrei, sozialverträglich, souverän.

Ihre

Anja Mack und Kirsten Wolf

Wie wird mein Hund souverän?

Kapitel 1 DER SOUVERÄNE HUND IST EIN ANGENEH-MER BEGLEITER IN ALLEN LEBENSLAGEN UND KOMMT GUT MIT MENSCHEN UND ARTGENOSSEN AUS.

Der richtige Weg
zum souveränen Hund

FRÖHLICH UND GELASSEN Sie sind mit Ihrem Hund unterwegs und alles läuft bestens. Andere Hunde beachtet er nicht weiter oder begegnet ihnen entspannt: Hier ein bisschen schnuppern, da eine Runde spielen. Kleine und große Menschen nimmt er zur Kenntnis und bewegt sich gelassen an ihnen vorbei. Dabei bleibt er stets im angenehmen Radius um Sie herum, läuft auf den Wegen und jagt weder Wild noch Radler oder Jogger. Sie und Ihr Hund – ein souveränes Team!

Ein Langweiler ist Ihr Vierbeiner aber beileibe nicht. Im Gegenteil: Ein souveräner Hund hat die Freiheit, seine Umwelt mit Neugier, Lebensfreude und Abenteuerlust zu erleben – innerhalb des Rahmens, den ihm sein Besitzer vorgibt. »Leinen los« ist viel öfter angesagt, denn Sie können sich auf Ihren Hund verlassen und er sich auf Sie. Wie Sie das erreichen? Vor allem ganz gelassen – und mit großer Vorfreude darauf, was Ihr vierbeiniger Begleiter alles lernen kann.

Mit einem souveränen Hund
läuft alles viel entspannter

Es gibt einige klassische Situationen, die schnell erkennen lassen, ob ein Vierbeiner immer schön locker bleibt, oder ob Stress angesagt ist. Dafür sollten Sie das Verhalten Ihres Hundes genau beobachten, denn seine Körpersprache verrät Ihnen viel: Handelt er eher im Alleingang oder mit Blickkontakt zu Ihnen? Wie schnell legt sich eine anfängliche Unsicherheit? Wann hat er die Grenzen seiner Souveränität erreicht? Und in welchen Situationen braucht er Ihre Unterstützung?

Wenn Hunde sich begegnen

Souveräner Hund Ihr Hund geht nicht frontal, sondern im leichten Bogen auf einen entgegenkommenden Artgenossen zu. Er schnuppert vielleicht kurz am anderen und läuft dann weiter, oder er findet sein Gegenüber so sympathisch, dass er ihn zu einem Spielchen animiert – als freibleibendes Angebot. Entspannt und selbstsicher zeigt sich Ihr Vierbeiner auch, wenn er nicht zu allen anderen Hunden hinläuft, sondern gelegentlich einfach an ihnen vorbeigeht. Kommt es doch einmal zu einer unfreundlichen Aktion von der anderen Seite, darf Ihr Hund sich durchaus wehren. Wird etwa eine Hündin von einem Rüden bedrängt, kann sie durch Knurren und ihm zugewandtes »In-die-Luft-Schnappen« unmissverständlich zeigen, dass er zu aufdringlich ist. Zwei fremde, sich begegnende Rüden dürfen sich steifbeinig umkreisen und beschnuppern, jedoch nicht provozieren: Anknurren, am Weggehen hindern sowie Pfote oder Kopf auf den Rücken des anderen legen, zeugen nicht von Gelassenheit. Souveräne Hündinnen bleiben im

Umgang miteinander entspannt, beschnuppern sich ruhig oder ignorieren sich – fordern aber einander nicht heraus und starten keine Attacke.

Angsthase und Rüpel Typische Anzeichen für Unsicherheit oder Angst: Ihr Hund macht immer wieder einen großen Bogen um andere Hunde. Beim direkten Kontakt wird er unruhig, legt die Ohren an und senkt kurz die Rute ab. Vielleicht sucht er Schutz bei Ihnen; es kann aber auch passieren, dass er vor lauter Angst die Flucht ergreift. Wenn Ihr Hund häufig von anderen angegriffen

AUF EINEN BLICK

Coaching-Ziel

Ihr Vierbeiner ist der souveräne Begleiter in allen Lebenslagen. Er geht an der Leine entspannt mit Ihnen durch die Stadt, macht es sich im Restaurant oder bei Freunden ohne zu stören gemütlich, duldet gelassen Besuchshunde in der Wohnung und verhält sich unterwegs bei den Begegnungen mit anderen Hunden höflich und angemessen.

Hilfsmittel

Die Hilfsmittel hängen vom individuell auf Ihren Hund zugeschnittenen Training ab. In der Regel werden Leine, Leckerlis, Schleppleine und Brustgeschirr benötigt.

Tipps und Trainingszeiten

Wie lange Sie trainieren, hängt von Auffassungsgabe und Aufmerksamkeit Ihres Hundes, der Situation und Ihrer Zeit ab.

wird, sollten Sie den Ursachen auf den Grund gehen. Eventuell signalisiert seine Körpersprache Unsicherheit, die von seinen Artgenossen ausgenutzt wird, um eigene Stärke zu demonstrieren. Die Unsicherheit können Sie Ihrem Vierbeiner mit einem gezielten Training nehmen (→ Seite 146). Es zeugt ebenfalls nicht von Souveränität, wenn Ihr Hund immer wieder in die Offensive geht und Attacken gegen friedliche Artgenossen startet. Oder rüde Rauf- und Rennspiele provoziert und andere Rüpel-Allüren an den Tag legt (→ Seite 130 ff.).

Stopp für freche Welpen! Verlassen Sie sich nicht auf den viel zitierten Welpenschutz: Den gibt es, wenn überhaupt, nur im eigenen Rudel. Wenn ein Welpe Ihren Hund einfach nicht in Ruhe lässt, dann darf er den Kleinen mit einem Knurren oder dem Hochziehen der Lefzen in die

Schranken weisen. Auch ein angedeutetes Wegschnappen ist bei extremer Bedrängnis erlaubt – mehr nicht. Schützen Sie Ihren Hund, indem Sie Welpenbesitzer bitten, die kleinen Wilden wegzunehmen – oder entfernen Sie sich mit Ihrem Vierbeiner ruhig aus der Situation.

Beispiel: Stadtbummel

Lärm, Menschengedränge, unzählige aufregende Gerüche – für viele Hunde ist die Stadt eine einzige große Herausforderung. Besonders wenn sie die urbane Hektik kaum kennen, sind sie ohne gezieltes Training schnell überfordert.

Souveräner Hund Ihr Hund geht in der Stadt an lockerer Leine aufmerksam und entspannt neben Ihnen, nimmt andere Menschen wahr, lässt sie aber ohne Reaktion und Annäherung passieren. Wird er angesprochen oder gar angefasst, reagiert er gelassen. Gegenstände auf dem Fußweg, wie ein geparktes Motorrad, ein Zeitungsständer oder eine Litfaßsäule, werden von »stadtfesten« Vierbeinern ohne jedes Anzeichen von Unruhe oder Stress ignoriert.

Sensibelchen und Hektiker Ist Ihr Hund noch kein gelassener City-Dog, gibt es für seinen Stress typische Signale: angespannte Körperhaltung; unruhige, nervöse Bewegungen; angelegte Ohren oder gar der Versuch, an der Leine wegzuziehen, wenn ihn etwas verunsichert. Viel Mühe hat man auch mit dem Hektiker, der an der Leine hin- und herzieht, bestimmen möchte, wo und wie lange er schnuppert und oft auch Passanten beschnüffeln oder gar anspringen will.

Beispiel: Restaurant, Biergarten & Co.

Souveräner Hund Die anderen Gäste im Café oder Restaurant bemerken Ihren Hund gar nicht. Er macht es sich unter Tisch oder Bank auf seiner Decke gemütlich und bleibt dort so lange liegen, bis Sie das Signal zum Aufbruch geben. Sie kön-

Einen souveränen Artgenossen als Vorbild zu haben, ist für den Hund beim Training und im Alltag sinnvoll.

nen zwischendurch aufstehen und den Tisch für kurze Zeit verlassen, ohne dass Ihr Hund Ihnen folgt. Wenn sich weitere Gäste zu Ihnen setzen, bleibt er entspannt auf seinem Platz, und natürlich bettelt er auch nicht. Sie denken, das klingt streng? Mag sein, doch Sie können Ihren Hund jederzeit bedenkenlos überall mit hinnehmen – worüber er ganz bestimmt überglücklich ist! Und Sie können alle gemeinsamen Unternehmungen mit einem entspannten Begleiter genießen.

Unruhestifter und Platzhirsch Es nervt, wenn Ihr Hund am Tisch nicht Ruhe gibt, ständig aufsteht, die Leine um Tisch- oder Stuhlbein wickelt und andere Gäste beschnuppert. Sobald ein Artgenosse hereinkommt, knurrt und bellt er, um seinen Platzanspruch zu verdeutlichen. Er steht oder liegt der Bedienung im Weg und reagiert gereizt, wenn ihm der Trubel am Tisch zu viel wird. Beim Essen bettelt er, und selbst wenn Sie sich nur die Hände waschen wollen, müssen Sie jemanden bitten, so lange auf den Querulanten aufzupassen.

Beispiel: Zu Besuch bei Artgenossen

Souveräner Hund Der vierbeinige Gastgeber akzeptiert es gelassen, wenn ein Besuchshund interessiert, aber höflich das Zimmer erkundet. Er regt sich auch nicht auf, wenn der andere Hund sich dem Futternapf nähert oder zu einem Mitglied seiner Familie läuft. Ein souveräner Gast wiederum darf in angemessenem Rahmen die fremde Umgebung schnüffelnd erkunden, sich dann aber wieder seinem Halter zuwenden und schließlich hinlegen. Wenn die Vierbeiner sich mögen und in Spiellaune sind, ist ein kleines Spiel erlaubt. Es muss kontrollierbar bleiben und darf nicht in wildes Herumtoben ausarten.

Hasenfuß und Platzwart Nicht souveräne Revierbesitzer reagieren auf den Besuch anderer Hunde verzagt oder aggressiv. Der unsichere Hund schleicht geduckt und mit angelegten

Dem aufdringlichen, noch jugendlichen Dobermann begegnet der souveräne Weiße Schäferhund mit aufrechter Körperhaltung und erhobener Rute.

Ohren herum. Er springt auf und gibt Fersengeld, wenn ihm der andere zu nahe kommt. Der aggressive Platzwart ist für seinen Halter noch stressiger: Er beobachtet seinen Gast ständig und steht sichtbar unter Strom. Er stellt sich dem Artgenossen provozierend in den Weg, knurrt ihn an und schnappt nach ihm.

Zauderer und Eroberer Natürlich gibt es auch den unsouveränen Gasthund. Ständig läuft er hin und her, statt sich nach einer ruhigen Erkundungsphase irgendwo hinzulegen. Womöglich verkriecht er sich ängstlich in einer Ecke. Aber auch das Gegenteil ist nicht souverän: Wenn Ihr Hund die fremde Wohnung wie ein Eroberer stürmt, frechdreist durch alle Räume rennt, »Her damit!« signalisiert, wenn er etwas Tolles entdeckt, und den Hund des Hauses rüde auf seinen Platz verweist. Bettelt Ihr Hund an fremden Tischen, sollten Sie das nicht als Interesse an den Kochkünsten der Gastgeber interpretieren, vielmehr ist es ungehörig und absolut unzulässig.

Test: **Wie souverän ist Ihr Hund?**

Ob Hund oder Mensch, wohl niemand ist in jeder Lebenslage immer ganz locker und souverän – aber mit etwas Übung und einem Plus an Erfahrung gelingt das zunehmend besser! Der Test zeigt Ihnen, was Ihr erwachsener Vierbeiner schon gelassen meistert, und was für ihn noch »Aufreger« sind.

Beim Stadtbummel

Sie sind mit Ihrem angeleinten Hund in der City unterwegs, es kommen Ihnen viele Menschen mit und ohne Hund entgegen, es geht laut und hektisch zu.

1. **Mein Hund verhält sich ...**

a   ... entspannt, läuft an lockerer Leine neben mir. Gelegentlich schnuppert er kurz, geht dann aber sofort mit mir weiter.
b   ... aufgeregt, weil es so viel zu entdecken gibt.
c   ... sehr ängstlich, läuft geduckt, legt die Ohren an und klemmt die Rute ein.
d   ... gestresst, fühlt sich sichtlich nicht wohl, lässt den Trubel aber über sich ergehen.

2. **Seine Aufmerksamkeit richtet er ...**

a   ... fast nur auf mich und ist völlig relaxt, wenn auch ich entspannt bleibe.
b   ... auf vorbeikommende Menschen und Hunde, manchmal versucht er Kontakt aufzunehmen.
c   ... auf vieles, was ringsherum passiert, schreckt ab und zu einmal zusammen, beruhigt sich aber nach Blickkontakt mit mir wieder.
d   ... auf alles und jeden und ist vom Trubel und Lärm sichtbar gestresst und eingeschüchtert.

3. **Auf Passanten reagiert er ...**

a   ... so gut wie überhaupt nicht.
b   ... dann, wenn er angesprochen wird. Er ist zum Teil zurückhaltend, manchmal verunsichert.
c   ... hektisch und auszuweichend.
d   ... gestresst, oft bellt oder knurrt er sie an.

4. **Auf andere Hunde reagiert er ...**

a   ... meist gleichgültig, manchmal auch freundlich, immer aber selbstsicher und gelassen.
b   ... interessiert. Zurückhaltende Artgenossen bedrängt er häufig, versucht sie zu beschnuppern und knurrt und bellt sie auch an.
c   ... verunsichert und weicht ihnen möglichst aus.
d   ... unfreundlich und aggressiv und attackiert sie zum Teil ohne Vorwarnung.

Beim Freilauf

Sie unternehmen mit Ihrem frei laufenden Vierbeiner einen ausgedehnten Spaziergang im Grünen und treffen auf Menschen und andere Hunde.

5. **Mein Hund verhält sich ...**

a   ... vorbildlich und bewegt sich in einem Radius von meist nicht mehr als 10 Meter.
b   ... selbstständig und rennt oft weit weg, zum Beispiel wenn er Artgenossen entdeckt.
c   ... ängstlich und kann in Panik weglaufen.
d   ... häufig unkontrollierbar, reagiert auf den Rückruf nicht und läuft zu weit weg.

6. **Auf Spaziergänger, Radfahrer und Jogger reagiert er ...**

a   ... nicht und hält ständig Blickkontakt mit mir.
b   ... aufmerksam, lässt sie aber passieren.
c   ... hektisch, weicht plötzlich aus oder rennt weg.
d   ... unvorhersehbar. Meist verbellt er sie nur, greift sie aber in bestimmten Situationen auch an.

7. Auf andere Hunde reagiert er ...

a ... friedlich, spielt ab und zu mit ihnen und weist zu aufdringliche Hunde angemessen zurecht.

b ... begeistert und läuft sofort auf sie zu. Er provoziert Geschlechtsgenossen, zum anderen Geschlecht ist er freundlich bis aufdringlich.

c ... nervös bis ängstlich, weicht im großen Bogen aus oder rennt panisch davon.

d ... nicht voraussehbar. Manche beachtet er nicht, andere verbellt oder attackiert er.

8. Unbekannte Gegenstände ...

a ... beachtet er nicht oder beschnuppert sie ruhig.

b ... erkundet er nach anfänglicher Unsicherheit vorsichtig, aber aus eigenem Antrieb.

c ... erschrecken ihn häufig, bis ich ihm vermittle, dass von ihnen keine Gefahr ausgeht.

d ... versetzen ihn in große Aufregung.

Begegnungen mit Kindern

Sie gehen mit Ihrem Hund spazieren und treffen unterwegs auf Kinder.

9. Mein angeleinter Hund ...

a ... läuft an lockerer Leine ohne zusätzliche Korrektur entspannt an den Kindern vorbei.

b ... möchte gern zu ihnen und zieht an der Leine.

c ... versucht mich von den Kindern wegzuziehen.

d ... bellt oder knurrt die Kinder oft aufgeregt an.

10. Mein frei laufender Hund ...

a ... nimmt die Kinder gelassen wahr und läuft unbeirrt an ihnen vorbei.

b ... nähert sich ihnen freundlich mit der Rute wedelnd, freut sich, wenn sie ihn begeistert begrüßen und lässt sich streicheln.

c ... reagiert sichtlich verunsichert, legt die Ohren an und klemmt die Rute zwischen die Hinterläufe, sobald er ihre Stimmen hört.

d ... reagiert auf lärmende und hektische Kinder unwillig, rennt auf sie zu und verbellt sie.

11. Wenn sich Kinder nähern, ...

a ... ignoriert er sie und bleibt selbst dann noch völlig gelassen, wenn sie ihn anfassen wollen.

b ... betrachtet er das als Einladung zum Spiel, rennt mit ihnen um die Wette und springt sie dabei auch an.

c ... ergreift er sofort die Flucht vor ihnen.

d ... knurrt er oder schnappt, wenn sie ihm zu nahe kommen.

Beim Tierarzt

Sie haben mit Ihrem Hund einen Tierarzttermin für Impfungen und zur jährlichen Gesundheitsvorsorge.

12. Im Wartezimmer ...

a ... nimmt er die Tiere und ihre Besitzer kurz in Augenschein, folgt mir aber sofort an lockerer Leine zu meinem Sitzplatz.

b ... zerrt er an der Leine, um mit den anderen Tieren Kontakt aufzunehmen.

c ... zittert mein Hund und versucht sich zu verstecken; oft hechelt er stark.

d ... reagiert er so unsicher oder aggressiv, dass ich mit ihm vor der Praxis warten muss, bis der Tierarzt uns aufruft.

13. Bei der Untersuchung ...

a ... bleibt er total cool und reagiert freundlich auf den Tierarzt und seine Assistentinnen.

b ... ist es ihm nicht geheuer. Aber nach Blickkontakt mit mir lässt er alles über sich ergehen.

c ... zittert er vor Angst und will immer wieder vom Untersuchungstisch springen.

d ... knurrt er böse und versucht nach dem Tierarzt zu schnappen.

Test-Auswertung auf Seite 18

TEST: WIE SOUVERÄN IST IHR HUND? **AUSWERTUNG**

Hunde haben ein facettenreiches Verhaltensrepertoire. Nutzen Sie den Test, um Ihren Vierbeiner noch besser kennenzulernen und zu erfahren, in welchen Situationen Sie ihm helfen können, souveräner durchs Leben zu gehen.

Welche Antworten treffen beim Souveränitäts-Test auf Seite 16–17 am häufigsten auf Ihren Hund zu: a, b, c oder d?

a **Entspannt und stressfrei:** Ihr Hund lässt sich nicht so schnell aus der Ruhe bringen und reagiert in jeder Lebenslage gelassen. Er ist mit seiner Aufmerksamkeit bei Ihnen und orientiert sich an Ihrem Verhalten. Zeigen Sie ihm mit Lob und manchmal Leckerlis, dass Sie auf sein Verhalten stolz sind. Bestimmt haben Sie unterwegs schon öfter Anerkennung für Ihren souveränen Begleiter geerntet. Ängstlichen Hundekumpels kann sein Vorbild Sicherheit geben.

b **Vorlaut durch die Weltgeschichte:** Ihm kann es gar nicht rasant genug gehen: Alles ist ja so wahnsinnig aufregend! Von lockerer Leine hält er natürlich wenig. Dabei lässt er häufig gute Manieren vermissen, mischt vorne mit, zeigt Konkurrenten wer das Sagen hat und sucht das Abenteuer. Einem solch forschen Vierbeiner den Wind aus den Segeln zu nehmen, ist eine anspruchsvolle Aufgabe. Wappnen Sie sich gegen seinen umwerfenden Charme, bleiben Sie wohlwollend, aber konsequent, wenn Sie ihm Strategien (→ Seite 70 ff.) und einige Regeln für Zuhause (→ Seite 64 ff.) beibringen. Dann wird er sich zum entspannten Begleiter mausern, der Ihnen viel Freude macht.

c **Unsicher bis ängstlich:** Ihr Hund ist prinzipiell freundlich und hat eine gute Bindung zu Ihnen. Dennoch reagiert er häufig unsicher bis ängstlich, ist dabei aber nicht aggressiv. Er stuft häufig auch ganz alltägliche Dinge als gefährlich ein, was für ihn dann stressig ist. Helfen Sie ihm, indem Sie Ihrem Hund ein souveränes Vorbild sind und Situationen, die ihn beunruhigen oder ängstigen, gut strukturiert trainieren. Wichtig dabei ist, dass er alles möglichst angstfrei kennenlernen und stressfrei ausprobieren kann (→ Seite 142 ff.). Bei einem sanften und gewissenhaft vorbereitetem Trainingsprogramm gewinnt Ihr Vierbeiner mit jeder Übung mehr Sicherheit und bindet sich zudem noch stärker an Sie, bis sie beide schließlich ein Dream-Team sind.

d **Attacke statt angepasst:** Nach dem Motto »Angriff ist die beste Verteidigung« lebt es sich leichter, meint dieser Vierbeiner. Ein Hund, der solche Reaktionen an den Tag legt, hat gelernt, dass aggressives Verhalten ihm am schnellsten aus vermeintlich bedrohlichen Momenten heraushilft. Oft schaukelt sich das Aggressionspotenzial zunehmend auf, und er geht selbst dann zum Angriff über, wenn noch gar keine direkte Bedrohung zu erkennen ist. Obwohl die eigentliche Ursache die Unsicherheit des Hundes ist, sollten Sie nicht mit Mitleid darauf antworten, sondern mit liebevoller Konsequenz. Geben Sie Ihrem Hund Sicherheit und zeigen Sie ihm sehr klare Grenzen. Vermeiden Sie, dass er mit den Attacken seinen Erfolgskurs fortsetzt und bieten Sie ihm neue Lösungswege (Strategien, → Seite 70 ff.) an. Natürlich gibt es für »gute Führung« auch ein Verwöhnprogramm: Je nach Vorlieben erhält Ihr Vierbeiner mal ein Leckerli für vorbildliches Verhalten, mal ein kleines Spiel – und immer ein Lob, wenn er etwas gut gemacht hat. Dann wird er Ihnen beweisen, was für ein toller Hund er ist.

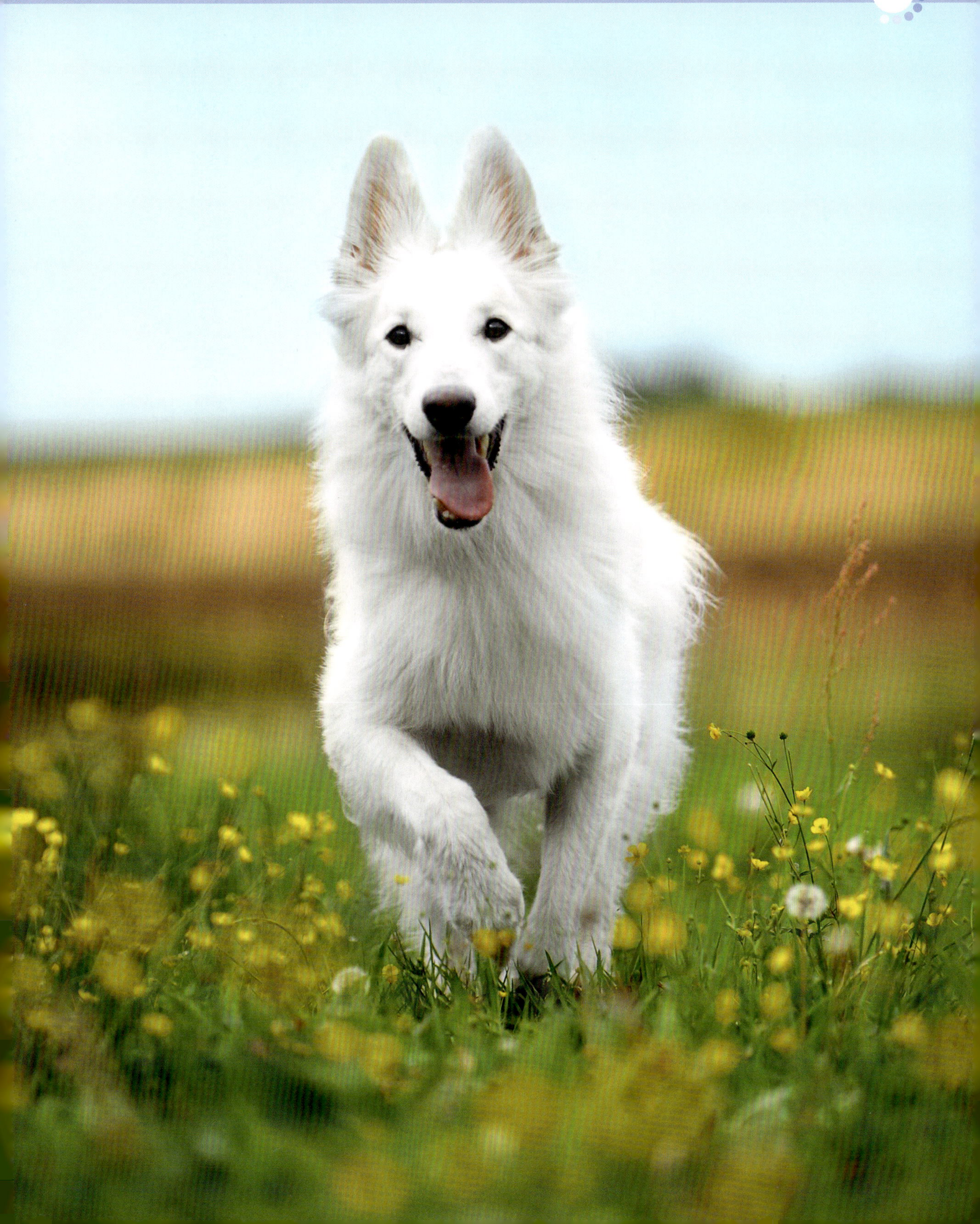

Das ist typisch für Hunde

Kapitel 2 JEDER HUND IST EINE PERSÖNLICHKEIT. SIE WIRD DURCH EIGENSCHAFTEN UND VERHALTENSWEISEN GEFORMT, DIE SEIN HALTER KENNEN SOLLTE.

Entwicklung, Verhalten und Charakter des Hundes

Vom Wesen des Hundes Das Verhalten Ihres Hundes ist ein bunter Mix aus verschiedenen Einflussfaktoren. Wie jeder Vierbeiner ist er mit Erbanlagen zur Welt gekommen, die ihn einer bestimmten Rasse zuordnen oder unterschiedliche Rasseanteile enthalten. Aber das sagt noch längst nicht alles über Ihren vierbeinigen Freund! Schon das ungeborene Hündchen wird von den Lebensumständen und dem Charakter seiner Mutter beeinflusst. Ist der Welpe dann auf der Welt angekommen, geht es los mit den Umweltreizen: Wächst er liebevoll umsorgt heran? Muss er sich mit vielen Wurfgeschwistern auseinandersetzen? Darf er schon im Alter von wenigen Wochen langsam eine Umgebung erkunden, die ihn nicht überfordert, aber seine Neugier weckt auf die große, weite Welt? Erfahrungen formen ihn täglich, in jedem Alter. Und jeden Tag können Sie dafür sorgen, dass er an Ihrer Seite genau die richtigen Erfahrungen macht.

Verhaltensweisen, die der Hund
mit auf die Welt bringt

Konnten Sie schon einmal einen Wurf Hundekinder beobachten? Dann haben Sie sicher schnell erkannt, dass keines wie das andere ist: Da gibt es die Eroberer, die immer die Ersten sein wollen und die vorsichtigen Gesellen, die erst einmal in Ruhe abwarten. Alle haben die gleiche Mutter und meist den gleichen Vater, und doch bringt jeder Welpe ganz individuelle Erbanlagen mit in die Welt. Nun wird aus einem kleinen Rabauken nicht zwingend ein Raufer, und ein schüchternes Hündchen kann später durchaus selbstbewusst durchs Leben gehen. Dennoch: Über die Rassen kommen wir dem Rätsel Hund schon ein ganzes Stück näher.

Die Erbanlagen bestimmen viel – aber nicht alles

Was ist der Rassestandard? Es lässt sich heute nicht mehr exakt nachvollziehen, wann der Mensch begonnen hat, Hunde systematisch zu züchten. Um bestimmte Eigenschaften zu erhalten oder zu verstärken, wurden Tiere miteinander verpaart, die ihre Aufgaben im Dienste des Menschen besonders gut erledigten – die Optik spielte damals noch keine Rolle. Einige Schäfer züchten heute noch auf diese Art und Weise. Erst sehr viel später begannen die Zuchtverbände damit, das äußere Erscheinungsbild des Hundes in den Mittelpunkt des Zuchtgeschehens zu stellen, längst nicht immer zum Wohl des Hundes. Die genaue Dokumentation der einzelnen Rassen ist noch relativ jung: Im Jahr 1873 veröffentlichte der englische Kennel Club das erste Zuchtbuch. Viele

Hunderassen stammen ursprünglich aus England, doch längst sind die meisten in allen Ländern vertreten und werden auch dort gezüchtet. Fast 340 Rassen erkennt die Fédération Cynologique Internationale (FCI, → Kasten, Seite 24) an. Für diese Hunderassen gibt es sogenannte Rassestandards, die das äußere Erscheinungsbild und das rassetypische Wesen als Zuchtziel sehr genau beschreiben.

Hier wird der große Einfluss deutlich, den der Mensch auf den Hund genommen hat: Er hat seinen vierbeinigen Begleiter über die Jahrtausende

> Der Hund hat Karriere gemacht:
> vom Jagdhelfer und Hofhund
> zum besten Freund des Menschen.

hinweg durch selektives Züchten so geformt, wie er ihn für seine jeweiligen Lebensumstände brauchte – Hunde waren Arbeitstiere! Das ist auch der Grund dafür, warum viele Hunde auch heute noch Beschäftigung wollen und brauchen.

Vom Arbeits- zum Familienhund Heute züchtet man die weitaus meisten Hunde zumindest in den Industrieländern längst nicht mehr für ihre ursprünglichen Aufgaben, sondern zur reinen Freude von uns Menschen. Trotzdem ist es speziell beim Blick auf das rassetypische Verhalten hilfreich zu wissen, wie der eigene Hund von der ursprünglichen Bestimmung her »gestrickt« ist.

> Das biologische Programm der Hütehunde ermöglichte ihnen zum Beispiel über Jahrtausende die enge Kooperation mit ihren Menschen, wobei

INFO DIE FCI, DER WELTGRÖSSTE RASSEHUNDEVERBAND

Die Fédération Cynologique Internationale (FCI) ist der weltgrößte Dachverband für die Rassehundzucht und hat ihren Sitz in Belgien. Gegründet 1911, hat sie heute Mitgliedsverbände in über 80 Ländern, die internationale Hundeausstellungen und Arbeitsprüfungen durchführen. Erfolgreichen Hunden verleiht sie die Titel »Internationaler Schönheitschampion« und »Internationaler Arbeitschampion«. Die FCI-Systematik teilt die Hunderassen in zehn Gruppen auf:
1. Hüte- und Treibhunde; 2. Pinscher, Schnauzer, Schweizer Sennenhunde und andere Rassen; 3. Terrier; 4. Dachshunde; 5. Spitze und Hunde vom Urtyp; 6. Laufhunde, Schweißhunde und verwandte Rassen; 7. Vorstehhunde; 8. Apportierhunde, Stöberhunde und Wasserhunde; 9. Gesellschafts- und Begleithunde; 10. Windhunde.

sie auf weite Entfernungen viele unterschiedliche Signale ausführen. Zum Glück beschränkt sich das nicht auf das Hüten von Schafen oder Kühen, sondern lässt sich auch in andere Bereiche umlenken, unter anderem in Lernspiele und gemeinsame Sportaktivitäten. Ein gutes Beispiel dafür ist der Border Collie »Rico«, der die Zuschauer einer Fernsehshow damit verblüffte, dass er die Namen all seiner Spielzeuge kannte und sie auf Aufforderung gezielt heraussuchte und herbeibrachte.
› Retriever wurden ursprünglich dafür gezüchtet, vom Jäger geschossene Wasservögel zu finden und zu bringen. Das bezeichnet man als Apportieren. Und so sind Retriever auch heute häufig noch hervorragende Suchhunde, begeisterte

Schwimmer und apportieren mit Leidenschaft. Damit einhergeht bei ihnen meist eine Beißhemmung, denn das geschossene Wild soll natürlich möglichst unversehrt beim Jäger ankommen. Die besondere »Gutmütigkeit« macht den Retriever zum beliebtesten Familienhund.
› Terrier wurden in Dachs- und Fuchsbauten geschickt, um deren Bewohner dem Jäger vor die Flinte zu treiben – eine Aufgabe, die sehr viel Mut, Durchhaltevermögen und Selbstständigkeit erfordert. All das sind früher gewünschte Eigenschaften, die heute so manchen Besitzer eines Terriers zur Verzweiflung bringen können …

Der Blick auf Eltern und Großeltern Wie deutlich die jeweilige Bestimmung einer Rasse im Charakter und Verhalten der Tiere durchschlägt, hängt unter anderem davon ab, aus welcher Zuchtlinie ein Hund stammt. Ein Jack Russell Terrier, dessen Eltern, Großeltern und Urgroßeltern regelmäßig für die Jagd eingesetzt wurden, bringt sehr wahrscheinlich eine fast unstillbare Neigung zum Jagen mit – inklusive aller dazugehörigen Eigenschaften. Blickt er jedoch auf Generationen zurück, die als reine Familienhunde, also nach Eigenschaften wie »sanft« und »ruhig« für die Zucht ausgewählt wurden, dürfte seine Jagdlust deutlich gedämpfter sein.

Bei einem Rasse-Mix sind die ererbten Grundverhaltensweisen oftmals deutlich schwieriger auszumachen. Doch eine hundertprozentige Voraussage über das Verhalten eines Hundes lässt sich von der Rassezugehörigkeit ohnehin nicht sicher ableiten. Denn die Biologie ist eben doch viel komplizierter als ein Strickmuster. Aus dem unterschiedlichen Erbgut der Elterntiere fischt sie sich per Zufallsgenerator etwas heraus und stattet damit die kleinen Welpen aus: Einer bekommt mehr von der Mutter, der andere mehr vom Vater, ein Dritter womöglich eine gute Portion von den Großeltern. Hinzu kommt bei allen Hunden eine überlebenswichtige Fähigkeit: Sie sind sehr lern- und anpassungsfähig.

Die wichtigsten Entwicklungsphasen
im Leben des Hundes

Die angeborenen Verhaltensgrundlagen sind der Grundstock, damit Lernen überhaupt möglich ist. Sie bestimmen entscheidend mit, in welche Richtung sich das Lernen entwickeln kann. Bei allen Lebewesen hängt das Ergebnis von vielen Faktoren ab, vor allem von der Umwelt und den Erfahrungen, die schon in frühester Jugend gemacht werden. Beim Hund liegt vieles davon im Einflussbereich seines Besitzers. Hunde bewahren sich ihre enorme Lern- und Wandlungsfähigkeit bis ins hohe Alter. Doch in einigen sensiblen Entwicklungsphasen ist das Lernfenster weiter offen als in anderen – gut, wenn man diese Zeiten kennt und richtig nutzen kann.

Der lange Weg zu einer großen Persönlichkeit

Sie lieben Ihren Hund als Freund und Lebenspartner und wollen wissen, was sich in seinem Innern abspielt: Wie fühlt ein Hund? Was macht ihn glücklich? Warum reagiert er so und nicht anders? Welche Erfahrungen braucht er unbedingt, welche sollte man ihm besser ersparen? Ein kurzer Ausflug in die Entwicklungsbiologie des Hundes ist eine gute Basis, um sein Verhalten besser zu verstehen. Der Blick auf die Entwicklungsphasen gibt wichtige Hinweise, in welchen sensiblen Lebensabschnitten Sie besonders gute Chancen haben, Ihrem Vierbeiner das Richtige zu vermitteln. Oder sich darüber klar zu werden, was Ihr Hund in einer seiner früheren und prägenden Phasen womöglich verpasst hat und er deshalb liebevolle Nachhilfe braucht.

Hektische Hundemütter bringen nervöse Welpen zur Welt

Hündinnen tragen ihre Welpen ungefähr neun Wochen lang aus. Die Winzlinge im Mutterleib bekommen in dieser Zeit durchaus schon mit, was sich »draußen« abspielt. Hundemütter, die während der Trächtigkeit häufig Stress ausgesetzt sind, haben später oft auch nervöse und unruhige Welpen und reagieren selbst hektischer auf ihre Kleinen. Auch bestimmte Verhaltensmuster der Mutterhündin beeinflussen schon jetzt das spätere Verhalten der Welpen. Deshalb ist es sehr sinnvoll, sich vor Auswahl eines Hundes seine Mutter und deren Umfeld genau anzuschauen.

Für den Hund sind es wichtige Erfahrungen, wenn er im Beisein seines Halters Neues ausprobieren darf. Das fördert seine Sozialverträglichkeit und Souveränität.

Harte Wochen für die Mutter

Die Welpen kommen mit geschlossenen Augen und Gehörgängen zur Welt. Ihr ganzes Streben gilt Mamas Zitzen, um sich satt zu trinken, sowie dem behaglichen Kuscheln mit ihr und den Geschwistern, damit sie nicht frieren. Die Mutterhündin umsorgt ihre Neugeborenen rund um die Uhr, sie verlässt die Wurfkiste zwischendurch nur kurz, um hastig etwas zu fressen oder schnell ihr Geschäft zu verrichten. In den ersten 14 Tagen ihres Lebens reagieren die Kleinen reflexartig, sie »lernen« noch nicht im eigentlichen Sinne. Aber die Atmosphäre rundherum – entspannt oder stressig – nehmen sie durchaus schon verhaltensformend wahr. Im Verlauf der 3. Woche öffnen sich Augen und Ohren komplett, die Welpen beginnen zu sehen und zu hören. Ihre Fähigkeit, die eigenen Bewegungen zu koordinieren, nimmt stetig zu, und sie beschäftigten sich mehr und mehr aktiv mit ihrer Umwelt. Die Mutter muss auch nicht mehr ständig ihre Bäuchlein mit der Zunge massieren, damit die Babys Kot und Urin absetzen können, das geht nun auch ohne diese Unterstützung. Mamas Milchbar ist zwar nach wie vor beliebtester Welpentreff, aber auch das selbstständige Fressen funktioniert allmählich. Die kleinen Hunde beginnen zu wedeln, setzen ihre Pfötchen beim Erkunden ein und zeigen auch schon mal die typische Spielaufforderung: Vorderkörper runter, Po in der Luft.

Die sensible Zeit der Sozialisierung

Im Alter von vier Wochen kommt der kleine Hund in die erste entscheidende Phase seines Lebens, die Sozialisierungsphase. Sie dauert etwa bis zur 16. Woche und gilt deshalb als sensibel, weil die in dieser Zeit gemachten Erfahrungen und die damit verknüpften Emotionen dauerhaft im Gehirn des Junghunds abgespeichert werden. **Vertrauen aufbauen** In den ersten Lebenswochen sind die Mutter und seine Geschwister für das Hundekind als gut funktionierender Sozialverband unverzichtbar, um die innerartlichen Kommunikationsformen zu erlernen. Im Schutz der Familie kann der Welpe alle angebotenen Reize

Spielerisch die neue Welt entdecken: Das klappt für junge Hunde am besten, wenn ihnen Mutterhündin und Geschwister Sicherheit geben. Ein guter Züchter macht den Welpen viele Beschäftigungsangebote.

erkunden – eine Pflanze, das Stuhlbein oder den im Zimmer herumliegenden Ball.

Frust ertragen lernen Meist beginnt die Hundemutter jetzt auch damit, ihrem Nachwuchs beizubringen, wie er Frustrationen bewältigen muss. Etwa indem sie nicht immer sofort kommt, wenn ein Welpe nach ihr ruft oder sie ihm ein Spielzeug wegnimmt. Der junge Hund lernt auf diese Weise, dass er nicht immer das bekommt, was er haben möchte, und dass nicht alle sofort nach seiner Pfeife tanzen, wenn ihm danach ist.

An den Menschen binden Wenn der neue Halter den acht bis zwölf Wochen alten Welpen zu sich holt, übernimmt er die beschützende und souveräne Rolle der Mutterhündin. In der veränderten Konstellation ist eine stabile soziale Beziehung (→ Seite 45) von großer Wichtigkeit. Wird sie behutsam aufgebaut, kann der Welpe die Umwelt an der Seite eines souveränen Besitzers entspannt erkunden. Er entfaltet dadurch eine vertrauensvolle Offenheit gegenüber allem Fremden und sammelt die fürs spätere Leben unverzichtbaren Kenntnisse und Erfahrungen.

Erfahrungen fürs Leben Während der Sozialisierungsphase ist der Welpe extrem aufnahmebereit und nimmt jedes Detail und jede Veränderung um sich herum mit allen Sinnen wahr. Die Verhaltenskundler sprechen von einem weiten Lernfenster. Positive wie negative Erfahrungen, die der kleine Hund in dieser Phase macht, speichert er fest ab. Viele gute Erfahrungen ermöglichen es ihm, später ähnliche Situationen und Begegnungen als »bekannt« oder »vertraut« abzurufen – er fühlt sich ihnen gewachsen. Hat er zum Beispiel in der Sozialisierungsphase andere Tiere kennengelernt und die Erfahrung gemacht, dass sie ihm nichts tun, wird er sehr wahrscheinlich auch als halbwüchsiger und erwachsener Hund gelassen reagieren, wenn ihm Pferd, Kuh, Katze, Schaf oder noch völlig unbekannte Tierarten begegnen. Denn er hat ja schon als sehr junger Hund eine geeignete Strategie entwickeln können, Begeg-

nungen dieser Art ohne Gefahr zu bewältigen. Auch das Kennenlernen anderer Hunderassen ist in dieser Zeit wichtig. Ihr unterschiedliches Aussehen – manche Hunde haben Stehohren, andere Schlappohren; manche eine kurze Rute, andere eine hoch getragene; manche kurzes Fell, andere langes – sorgt dafür, dass das hundetypische Ausdrucksverhalten bei jeder Rasse etwas anderes ausfällt: bei Mops und Co. zum Beispiel wegen ihres gerunzelten Nasenrückens sogar eher bedrohlich, noch dazu schnaufen manche seltsam. Der frühe Umgang mit diesen Eigenheiten macht die Kleinen fit für gelassene Begegnungen. Das gilt natürlich auch für Umweltreize aller Art, wie unbekannte Gerüche, Geräusche, Gegenstände und Bodenbeschaffenheiten.

Liebevolle Konsequenz Etwa ab der 14. Woche setzt bei den Hundekindern der Zahnwechsel ein, der sich oft bis zum 6. oder 7. Lebensmonat hin-

> Die Welpenzeit ist eine Zeit der großen Entdeckungen und aufregenden Bekanntschaften.

zieht. Vor allem anfangs bringt das die Kleinen ganz schön durcheinander. Das geht häufig so weit, dass gelegentlich wieder ein Pfützchen auf dem Teppich landet, obwohl der Vierbeiner doch schon stubenrein war. Und auch das Gehorchen macht ihm während des Zahnwechsels ganz schön Mühe. Wenn Sie den heranwachsenden Hund jetzt weiterhin liebevoll und geduldig erziehen, geben Sie ihm Sicherheit und helfen ihm, die schwierige Zeit gut zu bewältigen.

Der Welpe entdeckt die Welt

Ab der 16. Lebenswoche wird es spannend, denn jetzt kommt der Welpe in die Erkundungsphase, die meist bis zur 20. Woche dauert. Diese Zeit ist

EXTRA WENN JUNGE HUNDE
ZU ROWDYS WERDEN

»Was ist nur in ihn gefahren?«, fragen Sie sich vielleicht, wenn Ihr bis gestern noch so braver Vierbeiner immer öfter aus der Rolle fällt. Auch Hunde kommen in die Pubertät und damit in eine Identitätskrise. Das rüpelhafte Verhalten sollten Sie als Frage verstehen: »Wo ist mein Platz im Leben?« Antworten Sie darauf souverän – mit klaren Regeln und Hilfestellungen für ein harmonisches Miteinander.

Achterbahn der Gefühle

Nicht mehr kleiner, süßer Welpe, aber auch noch nicht so richtig erwachsen: Jeder Hund macht die Pubertät durch. Meist beginnt sie zwischen dem 6. und 12. Monat; die kleineren Rassen fangen früher an, die großen deutlich später. Auch die Dauer variiert stark : Kleine Hunde sind oft im 10. Monat schon durch, große brauchen zum Teil bis zum 18. oder 24. Lebensmonat.

● Auslöser fürs Einsetzen der Pubertät sind die Sexualhormone, die nun verstärkt produziert werden. Durch das manchmal auch als »Macho-Hormon« bezeichnete Testosteron hebt der Rüde dann erstmals das Bein, entdeckt allmählich sein Interesse für die weiblichen Artgenossen und markiert gegenüber anderen Rüden gern einmal den Stärkeren. Vorwiegend durch das Hormon Östrogen wird die Hündin mit der Pubertät oftmals anhänglicher und verschmuster – und nach einigen Tagen meist das erste Mal läufig. Wie der junge Mensch ist auch der Hund in der Pubertät auf einem Selbsterfahrungs-Trip und testet, was machbar ist: Mal sehen, wie weit man gehen kann bei Menschen und Artgenossen.

Stürmische Zeiten

Erste Erziehungserfolge geraten wegen des hormonellen Durcheinanders in Vergessenheit, das Alleinbleiben kann wieder zum Problem werden und beim Spazierengehen dehnt Ihr Hund plötzlich seinen Radius beunruhigend weit aus. Die Rüden haben öfter Streit mit anderen Rüden, manchmal reagieren auch die Hündinnen zickig.

● Die Pubertät verläuft nicht bei allen Hunden gleich. Doch wie Sie darauf reagieren, stellt in jedem Fall die Weichen für das spätere Verhalten Ihres Hundes. Nachgeben wäre jetzt das absolut falsche Signal: In dieser zweiten sensiblen Entwicklungsphase des Hundes ist das Lernfenster noch einmal weit offen. Nutzen Sie diese Zeit!

● Manchem Hund darf man jetzt nur wenige Privilegien zugestehen, damit er seinen Menschen nicht auf der Nase herumtanzt. Regeln, Grenzen und Anweisungen werden gerne hinterfragt, bestehen Sie deswegen auf ihrer Einhaltung. Stoppen Sie Ihren Rüden, wenn er sich wie ein Rowdy benimmt – aber auch die Hündin: Oft kommt es nach der zweiten Läufigkeit mit anderthalb bis zwei Jahren noch einmal zu einer kritischen Phase, in der die Hündin womöglich damit beginnt, Menschen zu verbellen oder andere Hunde zu attackieren.

● Verständnis ja, durchgehen lassen nein! Für Ihren jungen Hund, ob Rüde oder Hündin, ist die Zeit der Pubertät die schwerste Phase in seinem Leben. Er braucht Sie jetzt als Navigator in das Erwachsenenleben. Kommunizieren Sie Ihrem Vierbeiner über klare Regeln wohlwollend, geduldig, aber stets sehr konsequent, wo sein Platz in Ihrem Leben und in Ihrer Familie ist.

von einer paradoxen Entwicklung gekennzeichnet: Einerseits wird der junge Hund neugieriger, weitet erstmals seinen Radius deutlich aus und geht forscher auf seine Umwelt zu, andererseits ist er unsicherer als zuvor. Plötzlich erschrickt er vor dem mit einer Plane abgedeckten Motorrad, an dem er schon zigmal ungerührt vorbeilief, oder bellt in der Dämmerung den Nachbarn an, den er bis dahin immer begeistert begrüßt hatte. Das scheinbar widersprüchliche Verhalten hat in der Hundeentwicklung durchaus seinen Sinn: Ein unsicherer Hund orientiert sich leichter an souveränen Rudelmitgliedern – in der Mensch-Hund-Beziehung sind Sie das.

Hilfen und Strategien anbieten Als Hundehalter haben Sie in dieser Phase besonders gute Chancen, ihre Rolle als souveräner Chef zu festigen. Wenn Sie konsequent Regeln vorgeben und in schwierigen Situationen Lösungen und Strategien anbieten, erfährt Ihr Hund bei Ihnen Sicherheit und lernt Ihnen zu vertrauen. Das gibt ihm die notwendige Orientierung für richtiges Verhalten und vertieft seine Beziehung zu Ihnen.

Rambazamba in der Pubertät Hebt der Rüde das Bein oder wird die Hündin das erste Mal läufig, beginnt die Pubertät: je nach Größe des Hundes passiert das zwischen dem 6. und 12. Lebensmonat. Viele Junghunde kommen dann in eine regelrechte Flegelphase. In dieser zweiten sensiblen Phase muss sich der kleine Vierbeiner noch einmal neu orientieren (→ »Wenn junge Hunde zu Rowdys werden«, linke Seite).

Vom quirligen Junghund zum souveränen Erwachsenen

Selbstsicher und verträglich Ist der Hund erwachsen, was bei sehr großen Rassen bis zu drei Jahren dauern kann, sollte er ein gutes Sozialverhalten im Umgang mit Mensch, Artgenossen und anderen Tieren zeigen, beim Spaziergang einen bestimmten Radius einhalten, ordentlich an der lockeren Leine gehen und möglichst auch in Stresssituationen souverän reagieren. Lassen Sie aber bitte auch dann nicht nach, wenn alles optimal läuft! Ihr Hund registriert sofort, wenn Sie sich auf den gemeinsam erarbeiteten Lorbeeren ausruhen und immer öfter ein Auge zudrücken, wo eigentlich Konsequenz gefragt ist. Außerdem macht er täglich neue Erfahrungen, die sein Verhalten formen (→ »Diese Einflüsse bestimmen Verhalten und Reaktionen des Hundes«, Seite 34 ff.). Und das muss von seinem Halter in die richtigen Bahnen gelenkt werden.

Fürsorge für den Oldie Eine neue Phase beginnt für Mensch und Hund, wenn der Vierbeiner ein Senior wird, je nach Rasse zwischen dem 6. und 10. Lebensjahr (→ Seite 30 ff.). Die Sinne lassen nach und Wehwehchen und kleine Marotten stellen sich ein. Rücksicht ist selbstverständlich und fair, aber bitte kein falsches Mitleid: Ein Hundeleben braucht Ihre Fürsorge inklusive Kompass und Beschäftigung bis zum letzten Tag!

Ob Youngster oder Oldie: Jeder Hund braucht ausgedehnte Ruhe- und Schlafzeiten, um den Anforderungen des Alltags aufmerksam und entspannt zu begegnen.

EXTRA

EIN HÄNDCHEN FÜR
DEN ÄLTEREN HUND

Wir wissen es alle: Selbst wenn es lange währt, ist ein Hundeleben viel zu kurz! Umso wichtiger ist es, jede einzelne Lebensphase bis ins hohe Alter so freudig und intensiv wie möglich miteinander zu erleben. Je kleiner der Hund, desto mehr Jahre werden ihm vermutlich geschenkt, 14, 15 oder auch mehr Lebensjahre sind nicht selten. Große Hunde wie die Dogge oder ein Irischer Wolfshund erreichen hingegen meist nur ein Durchschnittsalter von acht oder neun Jahren. Je mehr Jahre ein Vierbeiner zählt, desto größer ist

zwangsläufig auch die Wahrscheinlichkeit von alterstypischen Beschwerden oder Erkrankungen: Augenlicht und Gehör lassen erkennbar nach, Organe und Gelenke werden anfälliger, und auch das Gehirn ist in hohem Alter oft nicht mehr so fit wie früher.

Gesundheits- und Fitness-Check

Krankheitsvorsorge Auch wenn Sie bei Ihrem in die Jahre gekommenen Hund noch keine echten Beschwerden bemerken, sollte der jährliche Besuch beim Tierarzt mit Abtasten des Körpers, Check der Blutwerte und eventuell weiterer Untersuchungen fest in Ihrem Kalender stehen. Auf diese Weise kann Ihr Tierarzt mögliche Erkrankungen frühzeitig erkennen und oftmals auch noch schnell und erfolgreich behandeln oder zumindest kontrollieren. Für den Tierarzt ist auch wichtig zu erfahren, was Sie selbst an Ihrem Vierbeiner beobachten: Schreiben Sie sich auf, was Ihnen seltsam vorkommt oder was nicht seinem normalen Verhalten entspricht. Mit der regelmäßigen Kontrolle und – nach Absprache mit dem Tierarzt – gegebenenfalls einer Diät oder unterstützenden Medikamenten können Sie Ihrem älteren Hund trotz Wehwehchen viel Lebensqualität erhalten oder wiedergeben.

Futter und Fitness Zu rund ist leider gar nicht gesund, das wissen wir alle. Jedes Kilo zu viel belastet Knochen und Gelenke, schadet Herz, Kreislauf und anderen Organen. Daher sollten Sie rechtzeitig auf ein Futter umsteigen, das in seiner Zusammensetzung und den Zutaten dem Alter, Bewegungsbedarf und möglichen Krank-

Alte Hunde hören und sehen meist schlechter und versuchen oft, mit Bellen auf sich aufmerksam zu machen.

heitsbild des Hundes angepasst ist. Besprechen Sie das am besten mit Ihrem Tierarzt oder einem Ernährungsexperten für Hunde. Sie kennen Ihren Hund seit vielen Jahren und wissen sicher, was ihm in seinem fortgeschrittenen Alter gut tut. Gehen Sie nicht mehr so lange, dafür lieber öfter am Tag mit ihm spazieren – etwa vier bis sechs Mal. Wenn ihm das Einsteigen ins Auto beschwerlich wird, klappt das mit einer speziellen Rampe aus dem Zoofachhandel sicherlich viel leichter. Massage und Physiotherapie halten auch betagte Hunde beweglich, und die meisten Oldies genießen es sehr.

Augen und Ohren

Er sieht nicht mehr gut. Wie bei uns Menschen kann auch beim Hund das Augenlicht mit den Jahren nachlassen. Zunächst sollte der Tierarzt abklären, ob ein irreversibles Altersleiden oder eine behandelbare Erkrankung vorliegt. Wird das Augenlicht tatsächlich schlechter und kann nicht therapiert werden, dann beobachten Sie Ihren Hund genau und versuchen herauszubekommen, wie er sich orientiert. Hunde sind von Haus aus »Gewohnheitstiere« und finden sich sehr gut zurecht, vorausgesetzt, alles ist so platziert wie immer. Helfen Sie Ihrem Hund, indem Sie auf

SENIOREN SINNVOLL BESCHÄFTIGEN

● Bieten Sie dem alten Hund unterwegs kleine Spielchen oder Aufgaben an, die ihm Freude machen. Nachlassendes Sehvermögen gleicht das »Superorgan Nase« meist hervorragend aus: So macht vielen älteren Hunden die Suche nach dem Futterbeutel noch viel Spaß. Falls Ihr Senior die Übung noch nicht kennt, bauen Sie das Training in kleinen Schritten auf. Loben Sie ihn ausgiebig, wenn er erfolgreich ist und belohnen Sie ihn aus dem Futterbeutel. Hat er früher schon Fährtenlesen oder Mantrailing kennengelernt, kann das eine schöne Beschäftigung im Alter sein, sofern die Strecken an seine Leistungsfähigkeit angepasst werden.

● Wirkt Ihr Hund antriebslos, kann das eine Reaktion auf Überforderung sein. Möglich ist auch das Gegenteil: Viele Hunde ziehen sich zurück, wenn Sie das Gefühl haben, nicht mehr gebraucht zu werden, dauernd Schmerzen haben oder sie sich wegen ihres nachlassenden

Hör- oder Sehvermögens nicht mehr zurechtfinden. Mit liebevoller Aufmerksamkeit und tierärztlicher Hilfe finden Sie bestimmt heraus, woran es liegt. Fordern Sie Ihren Hund in dem Maße, wie er es zu leisten vermag und gerne mitmacht. Erkunden Sie zum Beispiel mit einem blinden Hund gemeinsam Gegenstände auf dem Spaziergang, denn viele dieser gehandicapten Vierbeiner trauen sich alleine nicht mehr, daran zu schnuppern.

● Bringen Sie Ihrem Senior bei, Ihnen und Ihrem Schritt zu folgen, damit er Sicherheit bekommt und sich neu zu orientieren lernt und loben und belohnen Sie ihn dafür. Er lernt sicher noch sehr gern mit Ihnen, wenn Sie ihn gut motivieren und kräftig loben. Lassen Sie den älteren Hund nie Enttäuschung spüren, wenn etwas nicht mehr ganz so perfekt klappt wie früher: Er gibt alles, was er in seinem Alter noch zu geben hat.

seinen üblichen Laufwegen nichts herumstehen lassen, keine Stühle, Kartons, Körbe, Tüten oder Ähnliches. Wenn bei Ihnen zu Hause die Türen meist offen stehen, sollten sie auch immer offen bleiben, damit Ihr sehbehinderter Vierbeiner sich nicht doch einmal die Nase stößt.

- Wenn er kaum noch etwas sieht, aber noch gut hört und geistig fit ist, können Sie ihm eine Art Gefahrensignal beibringen, etwa »Achtung«. Überlegen Sie vor Trainingsbeginn, ob es für Sie beide sinnvoller ist, wenn er dann stehen bleibt oder zu Ihnen zurückkehrt. Legen Sie ihm im Training eine kleine Barriere in den Weg und führen Sie ihn vorsichtig dorthin. Rechtzeitig bevor er an die Barriere stößt, geben Sie ihm ruhig und bestimmt das Signal. Berührt er dann das Objekt mit den Pfoten und Sie weisen ihm anschließend behutsam den Weg ums Hindernis herum, stellt er nach einigen Übungseinheiten fest, dass Sie ihm helfen möchten. Dabei ist es wichtig, dass Sie Ihrem Hund die Gelegenheit geben, alles in Ruhe zu verarbeiten.

- Nehmen Sie ihn draußen sicherheitshalber an Brustgeschirr und Schleppleine. So verhindern Sie, dass er doch einmal gegen einen Gegenstand läuft und sich womöglich verletzt oder in die falsche Richtung läuft.

Er hört nicht mehr viel. Für Hunde ist das eingeschränkte Hörvermögen kaum ein Problem. Wenn kein Geräusch mehr stört, läuft ein Hund einfach etwas entspannter durch die Welt, und schließlich hat er ja noch seine Nase. Ein Hund, der schlecht hört, macht eher seinem Menschen das Leben schwerer, denn durch Zuruf ist er nun nicht mehr gut zu kontrollieren.

- Warten Sie nicht erst, bis Ihr Hund ganz taub ist: Sobald Sie merken, dass sein Gehör nachlässt, sollten Sie beim Spaziergang seinen Radius verringern. Das gelingt durch Richtungswechsel oder auch mit der Schleppleine. Belohnen Sie ihn für jede Aufmerksamkeit, die er Ihnen schenkt und üben Sie mit ihm Sichtzeichen statt Hörzeichen.

- Wenn Hören und Sehen ihren Dienst versagen, führen Sie Ihren Hund immer an der Leine oder an der am Brustgeschirr befestigten Schleppleine. Denn ein tauber und blinder Hund kann schnell die Orientierung verlieren und ziellos weglaufen oder gegen einen Gegenstand rennen, besonders in Stresssituationen. Früh erblindeten oder ganz blinden Hunden kann auch ein Vibrationshalsband helfen. Dabei wird mit einer Fernbedienung eine harmlose Vibration in einem am Halsband befestigten Kästchen ausgelöst. Der Hund wird darauf trainiert, bei einer Vibration Kontakt mit seinem Menschen aufzunehmen. Loben und Belohnen sind selbstverständlich auch hier wichtig, um das richtige Verhalten zu verstärken.

Er bellt ständig grundlos oder ist extrem unruhig

Besitzer alter Hunde erleben es recht häufig, dass ihr Vierbeiner ohne ersichtlichen Anlass bellt. Dafür kann es mehrere Gründe geben:

- Er bellt, weil er schlecht sieht und hört und nicht mehr weiß, wo seine Menschen sind. Womöglich hat der Hund aber auch Schmerzen, fühlt sich allgemein unwohl oder leidet an einer Veränderung im Gehirn, ähnlich einer Demenz. Lassen Sie daher zunächst einen medizinischen Check durchführen. Bei organischen Problemen kann häufig der Tierarzt helfen.

- Es ist möglich, dass eine Veränderung des Umfeldes oder des Alltags Ihren Hund verwirrt, denn damit kommt er im hohen Alter oft nicht mehr so gut zurecht. Versuchen Sie, Ihren Alltag und den Ihres Hundes so zu gestalten, dass er die meisten seiner Gewohnheiten beibehalten kann. Vor allem Ruhe- und Schlafplatz und die Ruhezeiten sollten Sie nicht ohne Grund verändern.

- Vielleicht handelt es sich bei den »Bell-Arien« um eine schon früher erlernte Untugend, die sich im Alter verstärkt, beispielsweise, weil der Hund durch Bellen immer Aufmerksamkeit erfährt.

● Langeweile ist zwar kein typisches Altersproblem, trotzdem kann es auch bei einem Hund vorkommen, der alt an Jahren, aber noch jung an Unternehmensfreude ist. Alte Hunde werden oft viel mehr geschont, als es für sie sinnvoll ist. Dem kann man mit sinnvoller Beschäftigung abhelfen. Bieten Sie Ihrem munteren Oldie über den Tag verteilt kleinere Aufgaben an. Auch ein Spaziergang muss nicht immer die gleiche Routine sein, sondern kann abwechslungsreich gestaltet werden. Manchmal reicht schon ein neuer Weg durch den Wald. Achten Sie unterwegs darauf, dass Ihr Senior nicht zu sehr von übermütigen jüngeren Artgenossen genervt wird.

● Starten Sie das Beschäftigungsprogramm niemals dann, wenn der Hund gerade bellt, denn das würde er als Belohnung interpretieren. Warten Sie ab, bis er sich ruhig und entspannt verhält, dann gibt es dafür ein Spielchen, eine Aufgabe oder einen Spaziergang als Belohnung, je nachdem, was er besonders liebt.

Er reagiert zunehmend aggressiver

Auch gesteigerte Intoleranz und Aggressivität älterer Hunde haben oft verschiedene Ursachen.

● Vielleicht reagierte der Hund früher manchmal aggressiv, blieb dabei aber einschätzbar. Jetzt kann das Aggressionsverhalten unkontrollierter auftreten und wird damit unberechenbarer.

● Wenn er schlecht sieht oder hört, erschrickt er womöglich heftig, sobald sich ihm Artgenossen oder Menschen nähern, ohne dass er es bemerkt. Dann kann er auch plötzlich zuschnappen.

● Schmerzgepeinigte Hunde sind gestresst und gereizt und neigen daher leichter zu aggressiven Reaktionen.

● Ein alter Hund kann auch überanstrengt sein, weil er zu wenig Ruhe- und Schlafphasen hat, oder weil es zu viele Stressoren für ihn gibt.

● Bitten Sie für die Ursachenforschung Ihren Tierarzt oder einen Verhaltenstherapeuten um Mithilfe. Oft kann dem Hund sehr gut geholfen werden. Sind alle erwähnten Ursachen ausgeschlossen, beobachten Sie, gegen wen sich die Aggression richtet und wann sie auftritt. Lesen Sie hierzu die Coaching-Tipps zur Therapie aggressiven Verhaltens auf den Seiten 130 ff. und 136 ff.

Lieb haben bitte!

Für den Senior wird mit den Jahren alles anstrengender. Er will Sie also ganz bestimmt nicht ärgern, wenn er plötzlich nicht mehr so gut »funktioniert« wie früher oder womöglich stur wirkt. Schimpfen Sie Ihren Hund nie für seine Schwierigkeiten, das verwirrt und frustriert ihn nur. Bleiben Sie zwar konsequent, aber vergessen Sie das Lob nicht, wenn er etwas richtig macht und belohnen Sie ihn ruhig öfter. In dieser Phase seines Lebens braucht er Ihre Liebe noch mehr als bisher: Weil er bis zum letzten Tag Ihr bester Freund sein will.

Dieser Senior gehört noch lange nicht zum alten Eisen. Er wartet darauf, eine Aufgabe gestellt zu bekommen, die er dann mit Bedacht, aber viel Freude absolviert.

Diese Einflüsse bestimmen
Verhalten und Reaktionen des Hundes

Wie oft haben Sie schon über Ihren Hund gestaunt? Wenn Sie Ihren Vierbeiner aufmerksam beobachten, entdecken Sie immer wieder aufs Neue Überraschendes und Anrührendes: seine grenzenlose Zuneigung, die Sie beide innig verbindet; die große Palette an liebenswerten, zum Teil auch schrulligen Eigenheiten, die ihn so einzigartig macht; die Situationskomik, die Sie fast täglich zum Lachen bringt; und sein Arbeitseifer, den Sie bewundern und der Sie begeistert. All das macht das Zusammenleben mit dem Hund so faszinierend – und nicht nur für die Menschen, die es tagtäglich erleben dürfen. Auch die Wissenschaft hat den Hund als Forschungsthema entdeckt und liefert ständig neue Erkenntnisse,

etwa über seine kognitiven Fähigkeiten. Die Gene spielen dabei zweifelsohne eine wichtige Rolle. Jedoch ist eine präzise Bestimmung dessen, was biologisch festgeschrieben ist und was nicht, scheinbar kaum möglich. Deshalb liefert Ihnen die Rassezugehörigkeit oder der Rasse-Mix Ihres Hundes zwar Anhaltspunkte dafür, welche Verhaltenstendenzen er wahrscheinlich zeigen wird – in Stein gemeißelt ist das aber keineswegs. Oft erleben wir, dass sich ein Rassehund genau so verhält, wie es im Rassestandard beschrieben ist, ein anderer der gleichen Rasse hingegen scheinbar völlig „untypisch".

Was Hunde können
und was Hunde wollen

Tag für Tag ist der Hund unzähligen Außenreizen ausgesetzt, die sein Verhalten beeinflussen und seine Reaktionen bestimmen. Das beginnt bei den neugeborenen Welpen, bei denen bereits kleine Begebenheiten prägend für ihr späteres Leben sein können. Ein schwacher Welpe zum Beispiel muss an der Milchbar seiner Mutter mehr kämpfen und genießt nicht den wärmsten Schlafplatz zwischen den Geschwistern. So lernt er schon früh, mit Frustration umzugehen – eine Erfahrung, die ihm in seinem weiteren Leben nützlich sein wird. Ein etwas älterer Welpe, der beim Spaziergang von einem erwachsenen Hund übermäßig zurechtgewiesen wurde, reagiert ab diesem Zeitpunkt vielleicht unsicherer bei Begegnungen mit Artgenossen und knüpft nicht mehr so unbeschwert Kontakte wie zuvor. Wird diese

Ein rassetypisch gerunzelter Nasenrücken kann von anderen Hunden als Drohung missverstanden werden.

negative Erfahrung nicht durch positiven Umgang mit anderen Hunden kompensiert, zeigt sich die Verhaltensbeeinflussung häufig vor allem nach der Pubertät, wenn der Vierbeiner seine Unsicherheit nicht ablegt, oder Artgenossen nach dem Motto »Angriff ist die beste Verteidigung« auf Abstand hält. Auch schlechte Vorbilder können Hunde zu unerwünschten Verhaltensweisen verleiten, zum Beispiel Artgenossen anzubellen oder sich beim Spaziergang zu weit zu entfernen.

INFO NICHT JEDER STRESS IST SCHLECHT

Auch stressige Situationen gehören ganz normal zum Hundealltag: Wenn Ihr Hund »Sitz« machen soll, obwohl seine Hundefreundin gerade vorbeiläuft; wenn Sie ihm Grenzen setzen und er zum Beispiel an der lockeren Leine gehen soll, obwohl ein anderer Hund in Sicht kommt – das alles kann für einen Hund Stress bedeuten. Prinzipiell trifft das für alles zu, was Sie von ihm fordern, wozu er aber gerade keine Lust hat. Diese Form von Stress ist in Ordnung, wenn Sie dem Hund Lösungen anbieten und ihn für gutes Verhalten belohnen. Überfordern Sie ihn nicht mit Aufgaben und bringen Sie ihn nicht in Situationen, die er nicht bewältigen kann. Beispiel oben: Vergrößern Sie zuerst die Distanz zum anderen Hund und üben dort entspannt die lockere Leine.

Fremde Sinneswelten

Als Halter können Sie nicht alles wahrnehmen, was Ihr Hund an Erfahrungen sammelt – logisch, dafür ist das Leben viel zu komplex. Noch dazu bewegt sich Ihr Hund in Sinneswelten, die Ihnen naturgemäß mehr oder weniger verschlossen bleiben. Er hört und riecht sehr viel besser als wir, er analysiert andere Hunde viel schneller und genauer als ein Mensch dies je könnte. Schon gar nicht kann ein Hundehalter immer wissen, mit welchen Erfahrungen sein Vierbeiner ein Erlebnis verknüpft und welche Bedeutung es für ihn hat. Dennoch können Sie daran mitwirken, welche Erfahrungen Ihr Hund macht und wie er sie verarbeitet (→ unten).

Jeder Hund verfügt über ein individuelles Verhaltensrepertoire

Die Möglichkeiten, den Hund im positiven Sinn zu beeinflussen und ihm beispielsweise zu mehr Souveränität zu verhelfen, reichen weit, aber sie sind nicht grenzenlos. Das zu wissen, versetzt Sie in die Lage, sich und Ihrem Hund realistische Ziele vorzugeben. Aus einem quirligen Rassetyp kann kein gemächlicher Vierbeiner werden. Und ein Hund, der in den ersten Lebensmonaten oder -jahren als »Straßenhund« keine oder zu wenige positive Erfahrungen mit Menschen gemacht hat, wird ein gewisses Quantum Misstrauen wohl nie ablegen. Ein Welpe, der von Anfang an scheu und übervorsichtig wirkt, entwickelt sich womöglich nicht so unbeschwert wie ein Hundebaby, das mit einer Extra-Portion Neugier auf die Welt kam. Jeder Hund bewegt sich mit seinem Verhaltensrepertoire in einem gewissen Rahmen. Als Halter können Sie jedoch viel dazu beitragen, dass er diesen Rahmen voll ausschöpft und seine individuellen Fähigkeiten und Talente nutzt.

Eine prägende Partnerschaft

Die gemeinsamen Lebensumstände sind für viele Faktoren verantwortlich, die das Verhalten des Hundes mitbestimmen. Ist er ein Single-Hund, lebt er bei einem Paar oder in einer Familie? Ist er ein Großstadthund, wohnt er in einem ruhigen

EXTRA 10 REGELN
FÜR GUTE PARTNERSCHAFT

Auch das gehört zur Souveränität im Umgang mit dem Hund: auf andere Menschen und Tiere Rücksicht nehmen und die Hundehaltung von ihrer besten Seite zu präsentieren. Wenn Sie den Vierbeiner in diesem Sinne anleiten, wird er zu einem von allen akzeptierten und wichtigen Mitglied unserer Gesellschaft – genauso wie Sie es sich für ihn und sich selbst wünschen. Etikette und Rücksichtnahme sind der sicherste Weg, Ihre Liebe zum Hund mit anderen Menschen zu teilen und dafür zu sorgen, dass die Freiheiten der Vierbeiner in Stadt und Land nicht unnötig eingeschränkt werden. Die folgenden zehn Regeln sind die Basis für eine gute Partnerschaft.

Nicht immer verhalten sich Hunde im Zusammenleben mit dem Menschen richtig. Mit regelmäßig trainierten Regeln sorgen Sie für eine gute Partnerschaft.

Rücksicht nehmen heißt, ...

1| ... dass er nicht zu anderen Menschen läuft und sie beschnüffelt. Manche Menschen – vor allem Kinder – haben großen Respekt oder gar Angst vor Hunden. Ein souveräner Hund, der gelassen an Kindern, Spaziergängern, Joggern und Fahrradfahrern vorbeiläuft oder geduldig bei Ihnen wartet, wird oft wohlwollend bemerkt. Falls Ihr Hund andere Menschen anbellt oder anspringt, lesen Sie bitte nach auf Seite 98.

2| ... seine Hinterlassenschaften entsorgen. Ob Hundehalter oder nicht, im Slalom um Hundehäufchen laufen zu müssen, ist ärgerlich, und noch schlimmer ist es, eine »Tretmine« zu erwischen. Unabhängig davon schreiben die städtischen Ordnungsämter deren Beseitigung auf Gehwegen und in öffentlichen Anlagen vor, sonst ist ein Bußgeld fällig. Handeln Sie vorbildlich und halten Sie entsprechende Einwegtüten einsatzbereit. »Wildes« Pinkeln macht Ihren Vierbeiner ebenfalls unbeliebt, denn der Urin hinterlässt hässliche Flecken an Hauswänden, Blumenkübeln etc. und riecht unangenehm. Es findet sich für Ihren Hund unterwegs sicher ein Plätzchen, wo seine Pfütze niemanden stört.

3| ... dass er sich im Restaurant gut benimmt. Ein unruhiger, bettelnder oder bellender Hund stört das nette Ambiente im Restaurant empfindlich und sollte zu Hause bleiben. Leinen Sie auch den gut erzogenen Vierbeiner in Gaststätte oder Biergarten an und nehmen Sie eine Decke mit, damit er leichter seinen Platz findet.

4| ... dass er auf den Wegen bleibt. Abseits der Spazierwege könnten sich Jungtiere wie Rehkitze und Häschen im hohen Gras versteckt halten,

und auf den Wiesen verschmutzt Hundekot das Futter für die Weidetiere. Außerdem haben Sie auf den Wegen mehr Kontrolle über Ihren Hund, der im Gebüsch darüber hinaus etwas Ungutes oder Gesundheitsschädliches fressen oder eine Wildspur aufnehmen könnte – und außer Reichweite viel schwieriger wieder zu stoppen ist.

5 | ... ihn nicht zu angeleinten Hunden laufen zu lassen. An der Leine kann ein Hund nicht artgerecht kommunizieren und reagiert eventuell aggressiv (→ Seite 139). Auch Ihr Vierbeiner nutzt die Situation womöglich aus und lässt allen angeleinten Kollegen gegenüber den »Macker« raushängen. Bedenken Sie, dass ein Hundehalter sein Tier nicht ohne Grund an der Leine führt: Vielleicht ist der Hund krank, hat gerade eine Operation hinter sich, ist aggressiv oder ängstlich, die Hündin ist läufig oder, oder, oder ... Ganz gleich, was der Beweggrund auch sein mag, respektieren Sie die Entscheidung des anderen Hundebesitzers und belehren Sie ihn nicht, wie wichtig es ist, dass doch jeder Hund Kontakt zu anderen braucht ...

6 | ... ihn nicht mit jedem Hund raufen lassen. Den Satz: »Das machen die beiden schon unter sich aus«, hört man immer wieder. Er ist aber trotzdem falsch, denn Raufereien gehen immer zu Lasten des schwächeren Hundes und verstärken dessen Unsicherheit noch – was irgendwann zu Angst oder Aggression führen kann. Oder er wird sogar verletzt. Bleiben Sie daher bei jeder Hundebegegnung aufmerksam und beobachten Sie, wie die Vierbeiner sich verhalten, um notfalls regulierend eingreifen zu können. Lassen Sie sich dabei nicht von anderen, vermeintlich lässigen Hundebesitzern beeindrucken, die Sie als zu streng empfinden. Erklären Sie freundlich, dass alle mehr davon haben, wenn die Begegnungen friedlich verlaufen.

7 | ... ihm nicht gestatten aufzureiten. Aufreiten auf andere Hunde wird vorzugsweise bei Hündinnen oder kastrierten Rüden gezeigt. Das nervt alle Beteiligten! Nicht selten provoziert der aufreitende Hund auch eine Auseinandersetzung, wenn der andere Hund sich dieses Verhalten nicht gefallen lässt. Unsichere Hunde werden durch das Aufreiten zusätzlich verunsichert.

8 | ... nie zu erlauben, dass er Wildtiere und Katzen als spielerische Jagdbeute betrachtet. Wenn Sie bisher nach dem Motto handelten »Er kriegt sie ja doch nicht ...«, und immer ein Auge zudrückten, sollten Sie diese Einstellung umgehend revidieren. Jede Hetzjagd Ihres Hundes versetzt Wildtiere oder Katzen in Panik. Vor allem Jungwild, das sich noch nicht daran gewöhnt hat, von »frechen« Vierbeinern verfolgt zu werden, gerät in große Not oder wird gar erwischt, weil es sich beim Flüchten noch ungeschickt anstellt. In einigen Bundesländern dürfen Hunde vom Jagdaufseher erschossen werden, wenn sie beim Jagen erwischt werden, unabhängig davon, was sie verfolgten. Sie schützen Ihren Hund also, wenn Sie ihm jeden Jagdversuch verbieten.

9 | ... ihn in der Nähe einer Schaf- oder Kuhherde anzuleinen. Wenn Sie beim Spazierengehen zu einer Weide kommen, sollten Sie Ihren Hund zu sich rufen. Nur wenn er absolut zuverlässig gehorcht, darf er ohne Leine dicht an Ihrer Seite laufen, während Sie die Herde weiträumig umgehen – ansonsten muss er an die Leine. Die Schafe auf der Weide sollen in Ruhe grasen. Ein fremder Hund erschreckt sie, sie hören dann auf zu fressen, und es dauert eine ganze Weile, bis sie ihre Mahlzeit fortsetzen. Noch schlimmer ist es natürlich, wenn ein Hund auf die Weide läuft und die Tiere vor sich hertreibt. Mit der Leine gehen Sie auf Nummer sicher.

10 | ... ihn zu sich zu rufen, sobald ein Reiter in Sicht kommt. Wie ein Hund auf Pferde reagiert, weiß man nie so genau. Ist er bei Ihnen, gehen Sie langsam in einem Bogen an Pferd und Reiter vorbei. Warten Sie mit dem Ableinen noch eine Weile, damit Ihr Hund nicht doch noch eine Kehrtwende macht und dem Pferd nachsetzt.

Vorort oder gar auf dem Land? Gibt es weitere Hunde im Haushalt oder andere Tiere? Das Verhalten eines Hundes muss immer auch in Bezug zu seinem Umfeld gesetzt werden, damit Sie ihn beispielsweise nicht überfordern beziehungsweise mit der richtigen Strategie und mit Geduld auf ungewohnte Situationen vorbereiten können. So kann sich ein »Land-Hund« in seiner gewohnten Umgebung sehr souverän verhalten, aber ein Tag im ungewohnten Trubel einer hektischen Stadt überfordert ihn möglicherweise total, selbst wenn Sie ihm dabei als souveränes Vorbild zur Seite stehen. Dann braucht er ein geduldiges Schritt-für-Schritt-Training, um auch solche Situationen in Zukunft gelassen zu meistern.

Ebenso haben Krankheit oder Schmerzen einen bestimmenden Einfluss auf das Verhalten eines Hundes: Fühlt er sich unwohl, dann lernt er nicht gern oder verweigert sich völlig. Und wenn er Schmerzen hat, ist er schneller gereizt und reagiert vielleicht sogar abwehrend aggressiv.

Wichtig: Vor allem für schnell auftretende Verhaltensänderungen sind nicht selten gesundheitliche Probleme verantwortlich. Da man seinem Hund darüber hinaus viele Erkrankungen, etwa eine Schilddrüsenunterfunktion, nicht unbedingt ansieht, sollten Sie im Zweifelsfall einen Gesundheitscheck vom Tierarzt durchführen lassen.

Mit gutem Beispiel voran: der souveräne Halter

Sie teilen Ihr Leben mit Ihrem Hund und können am besten einschätzen, welche Situationen ihn zu sehr stressen und was er schon sicher beherrscht. Und hier beginnt Ihr Part: Helfen Sie ihm über Unsicherheiten hinweg, setzen Sie ihm aber auch vernünftige Grenzen. Ihr Vierbeiner erwartet von Ihnen genaue Vorgaben, was er darf und was er nicht darf, um sich in diesem Rahmen sicher und souverän zu bewegen.

Ihre Ruhe gibt dem Hund Sicherheit

Reagieren Sie möglichst gelassen auf die Geschehnisse um Sie und Ihren Hund herum. Die Wirkung einer ruhigen Ausstrahlung auf den Hund ist nicht zu unterschätzen, da er mit seinem feinen Gespür sofort registriert, ob Sie aufgeregt oder angespannt sind: Er nimmt jeden Ihrer Blicke, Ihre Körperhaltung und Tonlage wahr und macht sich darauf seinen Reim.

› Ein Beispiel: Sie gehen mit Ihrem Hund an einer Baustelle vorbei und plötzlich dröhnt ein Presslufthammer. Ihr Hund erschrickt und blickt zu Ihnen hoch. »Ist das schlimm und gefährlich für uns?«, fragt sein Blick. Wenn Sie jetzt hektisch zur Maschine schauen, dann zu Ihrem Hund und wieder zur Maschine blicken, bestärkt ihn das in

Rücksicht nehmen: Nicht jeder mag Hunde. Mancher fühlt sich bedroht, wenn ihm ein Hund zu nahe kommt.

seiner Aufregung, weil er Ihr Verhalten als Alarmsignal deutet. Auch wenn Sie ihn mit zwitschernder Stimme zu beruhigen versuchen: »Es ist gar nichts passiert, alles in Ordnung …«, kann ihn das ebenfalls in seiner Unsicherheit bestärken, denn es scheint ja tatsächlich etwas Ungutes oder gar Unheilvolles vor sich zu gehen. Auch ruppiges Weiterzerren und Schimpfen regt ihn zusätzlich auf, denn Sie sind offensichtlich selbst aus dem Häuschen. Mit Ruhe aber geben Sie ihm genau das richtige Signal. Ignorieren Sie den Lärm und gehen Sie ruhig und entspannt weiter. Sie können den Blick Ihres Hundes freundlich erwidern, auch ein »Alles okay« mit ganz normaler Stimme tut ihm gut. Probieren Sie einfach aus, ob Ihr Hund sich am schnellsten entspannt, wenn Sie sich so verhalten, als hätten Sie überhaupt nichts bemerkt, oder ob Sie besser seinen fragenden Blick kurz kommentieren. Das kann von Hund zu Hund, aber auch vom Stresslevel der jeweiligen Situation abhängig sein.

› Diese Ausgeglichenheit kann Ihnen und Ihrem Hund Aufregungen ersparen und dafür sorgen, dass eine schwierige Situation nicht zusätzlich eskaliert. Vielleicht fällt es Ihnen anfangs nicht immer leicht, ruhig und gelassen zu bleiben, doch das lässt sich trainieren. Rufen Sie sich dazu vor jedem Spaziergang noch einmal ein ruhiges Verhalten ins Bewusstsein oder stellen Sie sich typische Aufregersituationen in einer gemäßigten Version vor. Sobald Sie selbst mehr Souveränität ausstrahlen, passt sich auch Ihr Hund dieser ausgeglichenen Grundstimmung an.

› Die Biologin Andrea Weidt (→ Bücher, Seite 189) sieht das Phänomen der Stimmungsübertragung so: »Hierbei führt das Tun oder Nichttun anderer zu Mitmach-Effekten und damit zu einer situationsbezogenen Synchronisation des Verhaltens in der Gemeinschaft.« Gut nachvollziehbar sei das auch in der Beziehung zwischen Hund und Mensch: »So können beispielsweise situationsbezogene Stimmungen der Ängstlichkeit oder

auch Gelassenheit auf den Hund, vor allem wenn er noch sehr jung ist, übertragen werden.« Doch ganz gleich, wie alt Ihr Vierbeiner ist, Ihr souveränes Vorbild kommt bei ihm an und verändert nach und nach auch sein Verhalten.

So schützen Sie ihn vor Stress

Was ein Hund nervlich gut verkraftet und was ihn überfordert, ist von Typ zu Typ sehr unterschiedlich und hängt zudem von seinem Alter und von den Erfahrungen ab, die er gemacht hat. Für den Menschen sind die daraus resultierenden Reaktionen seines Hundes nicht immer auf Anhieb nachvollziehbar.

› Schon ein mit einer Plane abgedecktes Motorrad, das an der Straße geparkt ist, bereitet Ihrem Vierbeiner Stress, wenn er »das Ding« nicht als harmlos einordnen kann. Möglicherweise hat er

> Nur ein souveräner Halter kann seinem Hund Sicherheit und Souveränität vermitteln.

in seiner Jugend nur wenige positive Erfahrungen mit verschiedenen Objekten in seinem Lebensumfeld machen dürfen oder er hatte tatsächlich einmal ein ängstigendes Erlebnis, weil eine Plane vom Wind auf ihn zugetrieben wurde. Wichtiger als die oft schwierige Ursachenforschung ist der richtige Umgang damit: Statt der erzwungenen Annäherung an den gefürchteten Gegenstand, wählen Sie besser eine Strategie, die es Ihrem Hund ermöglicht, aus eigenem Antrieb zu erfahren, dass das fremde Objekt ungefährlich ist.

› Es gibt aber auch Stresssituationen, die man einem Hund grundsätzlich ersparen sollte, zum Beispiel jeden Morgen von einem bestimmten Artgenossen angegiftet zu werden. Überfordern können ihn aber auch Situationen, die auf den

DAS RICHTIGE VERHALTEN TRAINIEREN

1 Nicht alle Kinder reagieren so gelassen, wenn ein Hund sich beinahe hautnah ins Geschehen einbringt. Auf Augenhöhe wirkt er für die Kleinen besonders bedrohlich, und auch für die Eltern ist das eine beunruhigende Situation: Was wird der Hund als Nächstes tun?

2 So ist es richtig: Wenn Sie mit dem Hund in gebührendem Abstand – oder wie im Bild, auf der abgewandten Seite – am Kinderwagen vorbeigehen, bleiben alle entspannt, auch Ihr Hund. Im Zusammensein mit fremden Kindern ist Distanz eine selbstverständliche Rücksichtnahme.

3 Unfair! Der frei laufende Hund provoziert einen angeleinten Artgenossen. Oftmals gibt es einen Grund dafür, warum ein Hundehalter seinen Vierbeiner an der Leine führt. Respektieren Sie das ohne Kommentar, rufen Sie Ihren Hund zu sich – oder, wenn das nicht verlässlich klappt, nehmen Sie ihn ebenfalls an die Leine.

4 Ganz ohne Stress: Die angeleinten Vierbeiner erleben sich in entspannter Distanz. Die Halter sorgen souverän dafür, dass kein Hund den anderen anstarrt, was ängstliche oder aggressive Reaktionen hervorrufen könnte.

ersten Blick harmlos erscheinen, etwa, wenn ihn Kinder umringen und alle ihn streicheln wollen. Oder wenn er grundsätzlich vor anderen Hunden Angst hat: Dann sollten Sie Kontakte vermeiden, bei denen er anderen Hunden nahe kommt oder von ihnen bedrängt werden kann, also nicht mit ihm frontal auf fremde Hunde zusteuern und natürlich auch nicht mitten in eine Hundegruppe hineinlaufen (→ »Die wichtigsten Dog Coaching Strategien«, Seite 70 ff.).

› Unbewältigter Stress kann zu Denkblockaden und einem Gefühl von Aussichtslosigkeit und Hilflosigkeit führen. Dadurch wird der Hund nicht nur weiter psychisch instabil, sondern das schwächt unter anderem das Immunsystem und erhöht das Krankheitsrisiko.

Die Leine beruhigt

Wenn Sie beim Spaziergang spüren, dass Ihr Hund unsicher ist, leinen Sie ihn in aller Ruhe und ohne Kommentar an. Auf unsichere Hunde wirkt das oft beruhigend und sie beziehen daraus Sicherheit. Sollte das noch nicht der Fall sein, lernt Ihr Hund es mit Ihrer Hilfe sicher schnell. Andere Situationen halten Sie von vornherein stressfrei, indem Sie ihn rechtzeitig an die Leine nehmen: Wenn andere Hunde angeleint sind, wenn Menschen in Gegenwart Ihres Hundes unsicher sind, wenn Sie an der Straße laufen.

Temperament und Vorlieben

Hunde sind eigenständige Persönlichkeiten mit unterschiedlichem Temperament und individuellen Vorlieben. Mit einer sinnvollen Kombination aus Beschäftigung und Ruhepausen kann der Hund seiner Umwelt entspannt begegnen. Während der eine für sein Leben gern spielt, setzt der andere lieber seine Nase ein, um Spannendes zu entdecken, und der Dritte ist eher der gemütliche Kandidat, der hinter seinem Besitzer hertrottet.

Sinnvolle Aufgaben stellen Ihr Hund braucht Jobs, das macht ihn stolz und glücklich. Erlaubt ist alles, was Spaß bringt und ihm körperlich nicht schadet. Das heißt natürlich nicht, dass er sich wie ein Rüpel aufführen darf – Grenzen müssen eingehalten werden. Rücksicht auf Mitmenschen, andere Hunde und die Umwelt ist selbstverständlich. Mit dem erwachsenen Hund ein bis zwei Mal pro Woche Mantrailing oder Agility trainieren ist optimal. Und beim Spaziergang kann man gut kleine Übungen einbauen.

Pausen bauen Stress ab. Für jeden Hund sind Ruhephasen wichtig, um eventuell vorhandenen Stress abzubauen und neue Energie zu tanken. Manche Hunde nehmen sich diese Ruhe selber und legen sich einfach mal ein Stündchen aufs Ohr. Anderen muss man die Ruhezeit zuteilen, weil sie von sich aus keine Pausen einlegen, eventuell muss das trainiert werden. Hilfreich kann für diesen Zweck ein ruhiger Raum sein, den der Hund gut kennt. Alternativ eignet sich auch eine Hundebox. Hier findet der Hund selbst dann Ruhe, wenn es im Haus hoch hergeht, oder die Kinder ausgelassen herumtoben. Gönnen Sie Ihrem Hund etwa zweimal täglich Ruhephasen von zwei bis vier Stunden zusätzlich zur Nachtruhe. Bei Bedarf auch mehr.

Ignorieren Wenn Ihr Hund nervt, weil er Sie zum Beispiel fortlaufend zum Spielen auffordert, sollten Sie ihn ignorieren. Einerseits wird für ihn so die Dauerbetreuung nicht selbstverständlich, andererseits setzen Sie ein Signal ein, das auch von Hunden untereinander benutzt wird, wenn ihnen ein Artgenosse »auf den Geist geht«: Sie ignorieren den Nervtöter und stärken damit zugleich ihren Status in der Gruppe.

Beistand vom Experten Wenn Sie in der Beurteilung Ihres Hundes unsicher sind und nicht gut einschätzen können, wie viel Ruhe und wie viel Beschäftigung er braucht, hilft Ihnen ein Hundetrainer oder ein Verhaltenstherapeut für Hunde gerne mit wertvollen Tipps weiter.

41

Hunde lernen schnell und leicht
und ihr ganzes Leben lang

Lernen ist eine Strategie der Natur, dank der es Mensch und Tier gelingt, sich den ständigen Veränderungen der Umwelt anzupassen. Die Hunde verdanken ihre besonders hoch entwickelte Lernfähigkeit auch ihrer Lebensform im Rudel. Hier lernen sie unter anderem die Mimik der Gruppenmitglieder zu unterscheiden oder auf den gemeinsamen Jagdzügen zu kooperieren. Die angeborene Lernfähigkeit seines Hundes ist für den Halter Chance und Herausforderung zugleich: Die Chance, weil der Hund lernen kann, sich optimal unseren Lebensumständen anzupassen, und die Herausforderung, weil richtiges Lernen eine gekonnte Vermittlung voraussetzt.

Richtig trainieren: Um den Hund nicht zu überfordern, übt man zuerst ausschließlich den Bewegungsablauf. Erst dann kommen die Sicht- und Lautsignale dazu.

Die Formen des Lernens beim Hund

Prägung Prägungslernen ist nur in den sensiblen Entwicklungsphasen (→ Seite 25 ff.) möglich. Erlerntes, aber auch Versäumtes während dieser wichtigen Zeiten sind nur schwer, manchmal gar nicht mehr zu korrigieren. Beispiel: Ein Welpe, der auf der Straße aufgewachsen ist und von Menschen oft verjagt wurde, wird wahrscheinlich eine lebenslange Vorsicht gegenüber fremden Menschen beibehalten. Doch auch ein solcher Hund kann lernen, mit seiner Vorsicht richtig umzugehen. Gemeinsam mit einem souveränen

> Erfahrungen und Erlebnisse in seiner frühen Jugendzeit prägen den Hund fürs Leben.

Besitzer kann er durchaus ein Verhalten trainieren, das ihm ein soziales Leben im Umgang mit Menschen möglich macht.

Soziales Lernen Hunde kommen zwar mit den genetischen Vorgaben für ein Leben in sozialen Verbänden auf die Welt, die dafür notwendigen Umgangsformen müssen sie aber Schritt für Schritt lernen. Auch das Erkennen von Signalen, Kommunikationsformen und die passenden Reaktionen darauf werden erlernt. Welpen lernen beispielsweise im Spiel, dass der hemmungslose Einsatz ihrer spitzen Zähnchen gar nicht gut bei den Wurfkollegen ankommt, denn wenn man denen damit weh tut, jaulen sie empört auf, brechen das Spiel ab oder setzen ebenfalls die Zähne ein. Auch der Umgang mit den erwachsenen

Rudelmitgliedern will gelernt sein. Beispiel: Ein Welpe nähert sich einem erwachsenen Hund, der gerade an einem Knochen kaut. Bekommt der Kleine nicht mit, dass der Große innehält und ihn anstarrt, kann es durchaus passieren, dass der erwachsene Vierbeiner ihn anknurrt oder sogar drohend nach ihm schnappt. Beim nächsten Mal passt das Hundekind garantiert etwas besser auf. Auch im Umgang mit dem Menschen muss der Hund lernen, was erlaubt ist und was nicht. Legt er zu wenig Rücksicht an den Tag, dann muss man ihm seine Grenzen so lange aufzeigen, bis er sie akzeptiert und verinnerlicht hat.

Gewöhnung Hunde können sich an Umweltreize gewöhnen, beispielsweise an Geräusche. Wenn Sie zum Beispiel in der Nähe von Bahngleisen wohnen, erschrickt Ihr Hund vielleicht zu Beginn noch, wenn ein Zug vorbeifährt, doch nach einiger Zeit reagiert er überhaupt nicht mehr darauf.

Lebenslang lernen Was immer Hunde machen, sie lernen dabei ständig, und zwar meist, ohne dass wir es bemerken oder beabsichtigen. Beim Spaziergang lernt Ihr Hund vielleicht, dass sich in der Nähe von Mülleimern leckere Häppchen finden lassen. Und im Spiel mit dem Menschen macht er möglicherweise die Erfahrung, dass sich der Spielpartner ganz wunderbar zum Weiterspielen animieren lässt, wenn man ihn ständig anstupst oder ausdauernd und herzzerreißend fiept. Beim Herumtoben mit seinen Artgenossen lernt er eventuell, dass Raufen auf die anderen großen Eindruck macht und sie dann kuschen.

Lernen durch Verknüpfen Hunde können mehrere Ereignisse miteinander verknüpfen. Ein Hund, der sich vor der Sirene des Feuerwehrautos fürchtet und gleichzeitig ein vorbeifahrendes Moped beobachtet, kann das Gefühl der Furcht auch auf das Moped übertragen.

› Positive Verknüpfungen kann man beim Hund zum Glück relativ rasch und stabil aufbauen. Das richtige Ausführen eines Kommandos verknüpft er schon nach wenigen Wiederholungen mit dem Leckerli, das sofort danach als Belohnung folgt. Die zeitliche Nähe ist hier sehr wichtig. Die Bestärkung zeigt dem Hund, dass er etwas richtig gemacht hat – und der Erfolg sorgt für die entsprechende Verknüpfung in seinem Gehirn. Das funktioniert bei Übungen wie »Sitz« und »Platz« und bei Tricks und Kunststücken. Es ist auch eine gute Methode, um zufällige erwünschte Verhaltensangebote zu festigen. Sie bleiben zum Beispiel auf der Straße stehen, um mit einer Nachbarin zu plaudern. Nach einer Weile setzt sich Ihr Hund unaufgefordert hin. Loben und belohnen Sie ihn dafür sofort! Dann ist die Wahrscheinlichkeit groß, dass er das Verhalten beim nächsten Mal wieder zeigt und allmählich in sein Verhaltensprogramm übernimmt.

› Manchmal reicht positives Bestärken nicht aus, um eine Verhaltensweise zu festigen. Meist ist das der Fall, wenn andere Umweltreize stärker sind. Läuft Ihr Hund zum Beispiel trotz des Trainings mit positiver Bestärkung ohne Ihre Erlaubnis

VERKNÜPFEN – ABER RICHTIG

Viele Hundehalter belohnen ihren Hund, ganz gleich, was er gerade angestellt hat. »Aber er ist doch brav gekommen«, heißt es etwa, wenn er zunächst hinter einem Jogger hergerannt ist und erst auf Anruf wieder zurücktrottet – um sich seine Belohnung abzuholen. Der Hund verknüpft: Wenn ich Jogger jage und zurückkomme, gibt es Leckerlis. Besser ist es, mit dem Hund ein sinnvolles Training aufzubauen: Gehen Sie mit ihm in der nächsten Zeit mit Brustgeschirr und Schleppleine spazieren und üben Sie ein Abbruchsignal (→ »Grenzen setzen«, Seite 69).

über den Bordstein auf die Straße, dann drängen Sie ihn sofort zurück. In der Hundesprache ist das ein strafendes Verhalten. Setzen Sie jedoch nie hundeuntypische Strafen ein, und auf keinen Fall solche, die dem Hund Schmerzen bereiten. Das würde das Vertrauen Ihres Hundes zu Ihnen für lange Zeit erschüttern (→ »Grenzen setzen«, Seite 69). Am sinnvollsten ist es ohnehin, jedwede Strafe durch rechtzeitig vermittelte Strategien überflüssig zu machen.

Lernen durch Misserfolge Auch ein negatives Erlebnis für den Hund kann Sinn machen, etwa wenn unerwünschte Verhaltensweisen gelöscht werden sollen. Nervt Ihr Hund, weil er ständig winselt oder Sie bedrängt und anstupst, damit Sie sich mit ihm beschäftigen, hilft es oft, wenn Sie ihn ignorieren. Also: nicht anschauen, nicht ansprechen, nicht maßregeln. Das ist eine einfache, aber wirksame Methode, den Querulanten dazu zu bringen, das störende Verhalten einzustellen – weil er keinen Erfolg damit hat. Leider funktioniert Ignorieren nicht bei allen Marotten. Bellt Ihr Hund die Nachbarn an, hilft es wenig, ihn zu ignorieren. Hier brauchen Sie eine gezielte Strategie (→ »Er hat bestimmte Feindbilder, die er lautstark anbellt«, Seite 126). Ignorieren ist dann sinnvoll, wenn das Verhalten des Hundes durch Ihre Aufmerksamkeit verstärkt und ohne diese Zuwendung wieder unterlassen wird.

Lernen am Vorbild Ein Hund kann sich gute und schlechte Eigenschaften von anderen Hunden abgucken. Weil negatives Verhalten häufig einen selbstbelohnenden Charakter hat, geht es damit oft schneller: Mal eben mit dem Kumpel in den Wald geflitzt oder Passanten verbellt – das macht riesig Spaß! Und schon ist das Spaß-Programm im Gehirn abgespeichert. Doch ebenso gut kann sich der Hund auf diese Weise positives Verhalten aneignen. Ein Vierbeiner, der neben sich einen Artgenossen in Platz-Position sieht, führt die gleiche Übung leichter aus. Auch ein schwieriges Hindernis lässt sich einfacher überwinden, wenn

ein anderer Hund vormacht, wie es am besten geht. Ein souveränes Vorbild auf vier Pfoten kann sogar zeigen, wie eine positive Kontaktaufnahme mit Artgenossen funktioniert. Und es kann durch sein entspanntes Verhalten signalisieren, dass zum Beispiel der entgegenkommende Mensch keine Gefahr bedeutet. Das heißt für Sie: Suchen Sie sich die richtigen Vorbilder für Ihren Hund aus und schließen Sie sich ihnen immer wieder einmal an, wenn die anderen Hundehalter damit einverstanden sind.

So lernt Ihr Hunde leichter

Ein paar Voraussetzungen müssen erfüllt sein, damit Ihr Vierbeiner leicht lernt. Dazu zählt vor allem ein stressfreies Umfeld: Wenn Sie Ihrem Hund ein neues Kommando beibringen wollen, üben Sie es zunächst dort, wo er sich sicher fühlt und es keine oder kaum Ablenkung gibt. Auch die Bindung zum Besitzer ist wichtig: Der Hund muss auf Fairness vertrauen können und darauf, dass er nicht überfordert wird (→ »Das Band der Sympathie«, rechte Seite). Wichtig sind außerdem klare Signale: akustisch, visuell und über die Körpersprache (→ »Sicht- und Lautzeichen«, Seite 57). Üben Sie nicht, wenn Sie keine Lust oder Zeit haben. Ihr Unmut und Ihre Ungeduld übertragen sich auf Ihren Hund und machen ihn nervös. Am besten funktioniert das Training, wenn Sie ein Konzept haben: Machen Sie sich klar, was Sie von Ihrem Hund wollen und wie Sie ihm die Aufgabe am besten vermitteln. Überlegen Sie, wann und für welche Teilschritte es eine Belohnung gibt, und wie attraktiv sie sein soll, damit der Hund sinnvoll verknüpft. Planen Sie frühzeitig, wie Sie den Schwierigkeitsgrad einer Übung steigern, und wie Sie Belohnungen Schritt für Schritt wieder abbauen. Nicht zuletzt ist auch Ihre Körpersprache ist ein wichtiges Kriterium für den Lernerfolg (→ »Ohne Missverständnisse mit dem Hund kommunizieren«, Seite 52).

MENSCH UND HUND:
DAS BAND DER SYMPATHIE

EXTRA

»Bindung gut – alles gut«: Eine Feststellung, die oft als Zauberformel für alle Fälle benutzt wird. Ganz so einfach ist es zwar nicht, aber wenn das emotionale Band zwischen Ihnen und Ihrem Vierbeiner stabil und belastbar ist, dann kommen auch Ihre Botschaften besser bei ihm an.

Vertrauen und Verlässlichkeit

Zuwendung und Konsequenz Menschen und ihre Hunde gehen meist eine tiefe gefühlsmäßige Beziehung ein. Dabei fürchten viele Halter, die Liebe des Hundes aufs Spiel zu setzen, wenn sie ihm nicht jeden Wunsch von der Schnauze ab-

lesen. Das Gegenteil ist der Fall: Die richtige Kombination aus Konsequenz und Freiheit, aus Zuwendung und Abgrenzung stärkt das Vertrauensverhältnis, und Ihr Hund wird sich noch bereitwilliger an Ihnen orientieren. Einige Rassen haben dazu eine größere Bereitschaft als andere. Doch jeder Vierbeiner ist in der Lage, ein gutes Bindungsverhalten zu entwickeln – und das unabhängig von seinem Lebensalter.

Verlässlichkeit Ihr Hund vertraut Ihnen, wenn Sie auf sein Verhalten verlässlich reagieren und nicht impulsiv. Soll er etwas unterlassen, machen Sie ihm das ohne Wenn und Aber mit den passenden Regeln und Strategien (→ Seite 64 ff. und 70 ff.) klar. Bleiben Sie bei Ihrer Linie und fahren Sie in der Erziehung keinen Schlingerkurs.

Fordern, nicht überfordern Schützen Sie Ihren Vierbeiner vor zu viel Stress (→ Seite 35), vor Begegnungen mit aggressiven Artgenossen, vor Lärm, Hektik und anstrengenden Menschen. Wenn Sie ihn genau beobachten, erkennen Sie schnell, was Ihren Hund überfordert. Sie sollen ihn nicht »in Watte packen«, aber Anspannung und Entspannung richtig dosieren.

Beschäftigen und motivieren Spiel, Sport und Aufgaben mit Lerncharakter begeistern Ihren Hund. Motivieren Sie ihn mit attraktiven Belohnungen, wie besonderen Leckereien oder spannenden Spielen. Konzentrieren Sie sich dabei voll und ganz auf ihn. Dafür sollte er aber auch akzeptieren, wann Pausen angesagt sind: Die Auszeiten gehören zum Miteinander dazu, sonst betrachtet Ihr Hund Sie nämlich irgendwann als Alleinunterhalter, den man nach Lust und Laune engagieren kann.

INFO

SICHERHEIT GEBEN,
FREIHEITEN ERLAUBEN

Ein zu großer Radius Ihres Hundes beim Spaziergang muss kein Zeichen für eine schwache Bindung sein. Vielleicht geben Sie ihm durch ständiges Rufen und Hinterherlaufen sogar zu viel Sicherheit, weil er immer weiß, wo Sie gerade sind. Setzen Sie den Rückruf sparsam ein und halten Sie ihn auf diese Weise spannend. Zieht der Hund zu große Kreise, bauen Sie häufiger Richtungswechsel (→ Seite 91) ein und laufen Sie mit ihm öfter in Gegenden, die er noch nicht gut kennt. Er muss sich nach Ihnen umschauen – und nicht Sie sich nach ihm.

Die Grundlagen der
Kommunikation zwischen Hunden

Hundehalter leben mit einem Sprachtalent zusammen: Die Kommunikation des Rudeltieres Hund ist faszinierend reich an Ausdrucksformen. Selbst kleinste Botschaften kann er äußerst differenziert über seine Körperhaltung, die Mimik und die Lautsprache vermitteln. Ein schneller Blick, eine leichtes Seitwärtsdrehen der Ohren, die Drehung der Körperachse, das Aufstellen des Fells, ein Senken oder Heben der Rute, ein kaum hörbares Grummeln oder Knurren – und jeder Artgenosse weiß sofort, was gemeint ist.

Lernen Sie, das Verhalten Ihres Hundes zu verstehen

Dem Menschen fällt es verständlicherweise ungleich schwerer, die Signale des Hundes richtig zu deuten und zu entschlüsseln. Doch wer sich einmal ein bisschen intensiver mit den Grundlagen des Verhaltens und der Verständigung der Hunde beschäftigt, wird schon bald sehr viel besser verstehen, was die Vierbeiner uns und ihrer Umwelt mitzuteilen haben.

Übung macht den Meister

Beobachten Sie Hunde so oft wie möglich dabei, wie sie miteinander umgehen und welche Signale sie austauschen, wenn sie sich begrüßen, spielen, ein Hühnchen miteinander zu rupfen haben und vieles mehr. Auf diese Weise lernen Sie, ihr Verhalten in jeder Situation richtig zu interpretieren. Auf den folgenden Seiten werden die wichtigsten Verhaltensweisen und Signale beschrieben.

Souveräne Haltung Ein entspannter Hund bewegt sich lässig, seine Rute schwingt locker hin und her, er schaut hierhin und dorthin. Die Ohren können nach oben oder vorne gerichtet, aber auch locker angelegt sein. Bei Begegnungen mit Artgenossen kann sich die Spannung im Körper manchmal leicht erhöhen, um dem Gegenüber zu demonstrieren, dass man souverän und selbstsicher ist. Genauso locker und relaxt geht ein souveräner Hund oft aber auch an anderen Hunden vorbei – natürlich in gebührendem Abstand.

Freundlicher Kontakt Die Hunde bewegen sich in entspannter Haltung, ruhigem Tempo und einem leichten Bogen aufeinander zu. Zuerst hält man eine höfliche Distanz ein, die je nach Rasse und Temperament unterschiedlich ausfallen kann.

› Bei der Begrüßung beschnuppern die Hunde sich gegenseitig – vor allem am Hinterteil. Dabei umkreisen sie sich in der Regel ohne Hektik. Unsichere Hunde stellen vielleicht auch die Haare am Rücken hoch. Ängstliche Tiere lassen die Begutachtung durch den Artgenossen nicht immer zu. Sie kneifen die Rute ein, um zu verhindern, dass der andere an ihrem Hinterteil schnuppert.

› Wie es weitergeht, hängt von den Vierbeinern ab. Wird der Spaziergang gemeinsam fortgesetzt, geht bei erfahrenen und souveränen Hunden meist jeder seinen Interessen nach. Andere geben vielleicht ein bisschen an und rennen beispielsweise mit dem Artgenossen um die Wette.

Spielaufforderung und Spielverhalten Fordert ein Hund andere zum Spiel auf, zeigt er die typische Vorderkörper-Tiefstellung: Vorderkörper und Vorderbeine liegen auf dem Boden, das Hinterteil ist aufgerichtet. Dabei springt er auch oft

um den anderen herum und nimmt immer wieder die Aufforderungshaltung ein. Wichtigste Kennzeichen des Hundespiels sind übertriebene Mimik und häufiger Rollentausch: Mal rennt der eine hinter dem Spielpartner her, gleich läuft es umgekehrt. Beim spielerischen Raufen liegt der eine auf dem Boden, Sekunden später der andere. Die besondere Mimik des Spielgesichts signalisiert, dass alles in friedlicher Absicht passiert.

Komfortverhalten Fühlt sich ein Hund rundum wohl, streckt er sich ausgiebig, räkelt oder kratzt sich genüsslich und lässt es sich sichtlich gut gehen. Auch in der Kommunikation untereinander spielt Komfortverhalten eine wichtige Rolle: Die Vierbeiner putzen sich gegenseitig das Fell oder lecken sich die Ohren. Das stärkt die Beziehung und ist wichtig fürs soziale Miteinander. Auch als Halter können Sie das nutzen, indem Sie Ihren Hund streicheln, kraulen und ihm zum Beispiel beim Kontaktliegen Nähe vermitteln.

Distanz und Desinteresse Wenn der Hund keine Lust zum Spielen oder Herumtoben hat oder es ihm nicht gut geht, erkennt man das meist an seinem Verhalten: Verlangsamte Bewegungen, herabhängende, häufig sogar angelegte Ohren, hängende Rute und Desinteresse an allem, was um ihn herum passiert, machen den Gemütszustand offenkundig.

Aggressionsverhalten Zum normalen Verhaltensrepertoire des Hundes gehört generell auch das Aggressionsverhalten. Eine situationsspezfische Aggression stempelt ihn dabei keineswegs zum bösen Buben. Er ist nicht generell aggressiv, sondern lediglich in einer bestimmten Konstellation. Ein Hund hingegen, der grundlos übertrieben aggressiv reagiert, verhält sich unsouverän – was man nicht zulassen darf. Um genau zu beurteilen, was ein Hund mit einer Aggression ausdrücken will, muss stets die gesamte Situation mit allen Interaktionen berücksichtigt werden. Das erfordert etwas Übung, denn oft treten dabei sowohl Signale der defensiven wie offensiven Aggression (→ Seite 48) auf. Dabei kommt es gleichermaßen auf die Mimik wie die gesamte Körperhaltung des Hundes an. Oder anders formuliert: Zähnefletschen ist nicht gleich Zähnefletschen.

Hundebegegnung: Der schwarz-weiße Vierbeiner signalisiert mit aufrechter Haltung und hochgestellten Ohren Souveränität. Die braune Hündin verhält sich mit leicht geduckter Körperhaltung und angelegten Ohren eher devot.

VERSTEHST DU MICH EIGENTLICH?

Die Sprache des Hundes ist für uns eine Fremdsprache. Und wie es mit fremden Sprachen so geht, kann es auch in der Kommunikation mit dem Hund zu Missverständnissen kommen. Dann sollten Sie immer die Gesamtsituation betrachten. Einige typische Beispiele:

● **Der Hund schüttelt sich.** *Missverständnis:* Der Besitzer glaubt, sein Hund nimmt ein zurechtweisendes Schimpfen nicht ernst, sondern »schüttelt« die Gardinenpredigt einfach ab.
Richtig: Der Hund versucht, seine Anspannung nach der Zurechtweisung loszuwerden und »abzuschütteln«. Das heißt aber nicht, dass er das vorangegangene Schimpfen nicht akzeptiert hat, sondern vielmehr, dass die Sache für ihn jetzt abgeschlossen und erledigt ist. Wenn sich nach einem Konflikt unter Hunden beide schütteln, ist der Streit in der Regel beendet und die Kontrahenten gehen wieder normal und freundlich miteinander um.

Er gähnt ständig. *Missverständnis:* Der Hund gähnt, weil ihn andere Hunde langweilen.
Richtig: Wenn Ihr Hund auffällig häufig gähnt, kann das ein Zeichen dafür sein, dass er sich überfordert fühlt. Was könnte die Ursache sein? Wenn er angespannt ist, weil Sie ihm ein Sitz-Signal gegeben haben, er aber lieber spielen möchte, dann ist das zumutbar. Fühlt er sich jedoch in einer Situation unwohl, können Sie ihm helfen, die Situation ruhig zu verlassen. Gähnen in vertrauter häuslicher Umgebung kann aber natürlich auch einfach nur Müdigkeit bedeuten.

● **Er wendet den Blick ab.** *Missverständnis:* Der Hund nimmt mich als Halter nicht ernst, wenn ich mit ihm schimpfe und er wegschaut.
Richtig: Unter Hunden gilt es als Provokation, den Blickkontakt aufrechtzuerhalten. Ihr Vierbeiner signalisiert mit seinem Blickabwenden also, dass er keinen Konflikt möchte.

› Defensive Aggression: Der Hund fürchtet um sein Leben und versucht sich mit abwehrendem Aggressionsverhalten zu schützen. Dabei sind in der Regel die Beine eingeknickt, die Körperhaltung ist sehr angespannt und die Rute wird oft zwischen den Beinen eingeklemmt. Manchmal legt sich der Hund auch auf den Rücken (→ »Verhaltensdolmetscher«, Seite 50). Zusätzlich sind die Ohren angelegt, der Nasenrücken ist gerunzelt. Bei gefletschten Zähnen sind wegen der langen Maulspalte die Backenzähne zu sehen. Beeindruckt das Abwehrdrohen den Angreifer nicht und er attackiert, dann setzt sich auch der in die Enge getriebene Hund zur Wehr. Anderes Beispiel: Ein ängstlicher Hund wird von einem anderen Hund bedroht und reagiert defensiv aggressiv. Hat er damit Erfolg, weil sein Gegenüber zurückweicht oder sich entfernt, wird er bei künftigen Begegnungen, die ihm Angst machen, schon frühzeitig defensiv aggressiv reagieren. Er geht quasi mit seinem Aggressionsverhalten in die Offensive, nach dem Motto »Angriff ist die beste Verteidigung«.

› Offensive Aggression: Sie ist typisch für einen Hund, der wichtige Ressourcen verteidigt, etwa sein Revier (→ »Verhaltensdolmetscher«, Seite 51). Er steht aufrecht, der Körper ist angespannt, die Nackenhaare sind meist aufgestellt. Der drohende Hund trägt die Rute höher und richtet die Ohren nach vorne. Er runzelt den Nasenrücken

und fletscht die Zähne. Hier aber nur mit kurzer Mauspalte, so dass lediglich die Eckzähne zu sehen sind. Reagiert der Kontrahent nicht unterwürfig und weicht er auch nicht zurück, kommt es meist zum Kampf. Gerät ein offensiv drohender Hund an einen stärkeren Gegner, wird er oft unsicher. Besteht die Bedrohung durch den Gegner unvermindert fort, schlägt sein offensives Drohen zumindest für kurze Zeit in defensives Aggressionsverhalten um, bevor er die Konfrontation beendet, sich abwendet und weggeht.

Streitschlichter Auch unter Hunden gibt es Friedensapostel, die ausgleichend eingreifen, um den Frieden wiederherzustellen. Streiten sich zwei Artgenossen oder wird aus Spiel plötzlich ernst, geht der Streitschlichter dazwischen und versucht durch Wegdrücken, die Kontrahenten zu trennen. Manchmal kann man aber nicht erkennen, ob ein Hund tatsächlich als Friedensstifter agiert oder nicht vielleicht selbst bei den Streitigkeiten mitmischen will. Denn auch in Hundekreisen ist Mobbing nicht unbekannt!

Beschwichtigungssignale Mit ihnen demonstriert ein Hund seine friedliche Absicht und versucht, auch sein Gegenüber friedlich zu stimmen. Das soll beiderseitigen Stress reduzieren, zum Beispiel bei Hundebegegnungen: Die Körperhaltung des unterwürfigen Hundes ist geduckt und er züngelt oder leckt die Lefzen des anderen Hundes. Diese Geste stammt aus frühester Welpenzeit, wo das Mundwinkelschlecken der Kleinen bei ihrer Mutter zum Erbrechen von Futter führt. Manchmal legt er ein Hund auch zur Beschwichtigung vor Artgenossen oder Menschen auf den Rücken. Das ist ebenfalls ein frühkindliches Verhalten: Die Mutterhündin massiert den auf dem Rücken liegenden Welpen den Bauch, um dann deren Urin und Kot aufzunehmen.

Übersprunghandlungen Hat ein Hund Stress, bringt er das oft über Verhaltensweisen zum Ausdruck, die nicht zu der Situation passen, in der er sich gerade befindet, sondern in einen anderen Verhaltenskontext gehören. Er gähnt, streckt oder kratzt sich zum Beispiel, wenn er am Straßenrand »Sitz« machen soll, und das eigentlich nicht will. Natürlich sind solche Signale nicht immer Teil von Übersprunghandlungen, sie werden auch im eigentlichen Funktionskreis gezeigt.

Hunde müssen die richtigen Umgangsformen lernen

Auch wenn Hunden die Fähigkeit zur differenzierten Kommunikation in die Wiege gelegt ist, müssen sie erst lernen, wie es perfekt läuft. Manchmal klappt es eben nicht so richtig. Hinzu kommt, dass nicht jeder Hund in jeder Situation

> Als Rudeltiere verfügen Hunde über eine Vielzahl unterschiedlicher Kommunikationsformen.

gleich reagiert. Es kommt vor, dass er nicht die richtigen Signale oder gar keine aussendet. Das hängt nicht zuletzt vom Feedback ab, das er bisher auf seine Verständigungsangebote erhielt: Waren die Rückmeldungen eher dürftig, wird er die bisherigen Signale kaum noch oder gar nicht mehr zeigen. Hunden, die sehr reizarm und ohne Kontakt zu anderen Hunden aufwachsen, fehlt die Gelegenheit, die hündischen Umgangsformen kennenzulernen und zu trainieren. Sie wissen daher womöglich gar nicht, wie sie freundliche Kontakte herstellen können, verstehen die Signale der anderen nicht und sind auch nicht in der Lage, sie angemessen zu beantworten.

› Sie können Ihrem Hund helfen, seine Kommunikation zu verbessern, indem Sie für ihn einen Spielfreund mit ausgeprägtem Sozialverhalten suchen. Was Ihr Vierbeiner hier lernt, kann er dann bei anderen Begegnungen mit Artgenossen ausprobieren und festigen.

VERHALTENSDOLMETSCHER

Beschwichtigung

Bei diesem Chihuahua signalisieren geduckte Körperhaltung und herabhängende Rute unmissverständlich, dass er sich unwohl und sehr unsicher fühlt. Er versucht sich noch kleiner zu machen als er schon ist, um sein Gegenüber in einer stressigen und unüberschaubaren Situation zu beschwichtigen und seine friedfertigen Absichten zu demonstrieren. Dazu gehören auch das Abwenden des Blicks, die angelegten Ohren und das Belecken der Schnauze.

Defensive Aggression

Je nach Situation können Hunde gleichzeitig verschiedene und sich überlagernde Verhaltensmuster zeigen. Dieser Vierbeiner verhält sich unterwürfig und präsentiert in Seiten- bzw. Rückenlage seine verletzliche Unterseite. Die angelegten Ohren und die nach hinten gezogenen Mundwinkel verraten Unsicherheit und Angst, aber der stark gerunzelte Nasenrücken zeigt auch, dass sich der Hund im äußersten Notfall zur Wehr setzen wird.

Freundliches Interesse

Nach vorn gerichtete Ohren, ein hellwacher Blick, das leicht geöffnete Maul und der erwartungsvoll schief gehaltene Kopf sind typisch für einen aufmerksamen und selbstsicheren Hund.

Komfort oder Übersprung

Hunde kratzen sich meist, weil etwas im Fell juckt. Manchmal ist auch ein schlecht sitzendes Halsband oder Brustgeschirr der Auslöser. Und nicht selten wird Kratzen auch als Übersprunghandlung (→ Seite 49) gezeigt, wenn der Hund in stressigen Situationen nicht weiß, wie er sich entscheiden soll.

Offene Aggression

Aufrechte Körperhaltung, Nackenhaare gesträubt, Ohren nach vorn gerichtet, starrer Blick, Zähne gebleckt: Dieser Hund ist bereit, eine wichtige Ressource (Revier, Fressen, Spielzeug) zu verteidigen. Ein souveräner Hund beendet die Drohung, sobald sein Besitz gesichert ist.

Unsicherheit und Angst

Geduckte Körperhaltung und leicht angelegte Ohren signalisieren Unsicherheit. Die Mundwinkel sind leicht nach hinten gezogen, der Blick geht von unten nach oben. Wenn aus Unsicherheit Angst wird, fixiert der Hund das Angst auslösende Objekt.

Ohne Missverständnisse
mit dem Hund kommunizieren

Um sich mitzuteilen, setzen Hunde vor allem ihre Körpersprache ein. Freude oder Aggression, Angst oder Selbstsicherheit und vieles mehr signalisieren sie hauptsächlich über Körperhaltung, Gesten und die Mimik, ihren außerordentlich facettenreichen Gesichtsausdruck. Menschen hingegen kommunizieren vor allem verbal, auch mit dem Hund. Die Signale unseres Körpers senden wir dabei meist unbewusst aus. Und lassen damit aber eine große Ressource weitgehend ungenutzt: Über eine aufeinander abgestimmte Kombination von Laut- und Körpersignalen können wir uns mit dem Hund sehr präzise und zugleich gelassen verständigen. Dabei geht es nicht um das genaue Kopieren der hundlichen Ausdrucksformen, sondern um eine klare Körpersprache, die der Hund interpretieren kann, ohne dass es zu Missverständnissen kommt. Sie müssen Ihren Hund also nicht zurückbeißen, wenn er einmal nach Ihnen schnappen sollte, oder ihn anknurren, damit er ein unerwünschtes Verhalten einstellt. Verhalten Sie sich souverän und bieten Sie ihm eindeutige und verständliche Lösungen an, die ihn nicht überfordern.

So setzen Sie Signale mit Ihrer Körperhaltung

Gelassen und aufrecht Wenn Sie entspannt und in aufrechter Haltung gehen, wirkt das souverän auf Ihren Hund und hat im Umgang miteinander große Bedeutung. In Stresssituationen können Sie diese Wirkung hervorragend nutzen, indem Sie dem Hund mit gelassener Körperhaltung signalisieren, dass Sie die Lage voll im Griff haben.

Rückwärtsgehen Wenn Sie Ihren Hund näher bei sich haben wollen, gehen Sie nicht etwa auf ihn zu, sondern bewegen Sie sich zuerst einmal von ihm weg. Damit signalisieren Sie ihm freundlich »Folge mir« beziehungsweise »Komm näher«. Das ist zum Beispiel beim Rückruf hilfreich: Schaut er nach dem Rückruf zu Ihnen hin, gehen Sie einige Schritte rückwärts und drehen sich leicht zur Seite. Damit unterstützen Sie ihn beim Herankommen. Wenn Sie allerdings ein unerwünschtes Verhalten Ihres Hundes abbrechen müssen, bleibt Ihnen nichts übrig, als zu ihm hinzugehen und ihn anzuleinen.

Nicht über den Hund beugen Besonders bei einem kleinen Hund neigt man fast automatisch dazu, sich über ihn zu beugen. Das empfinden viele Hunde als bedrohlich, besonders in Kombination mit einem akustischen oder visuellen Signal, etwa während einer Übung. Dann kann es passieren, dass der Hund nicht nah genug herankommt oder ausweicht. Bleiben Sie bei Signalgabe immer aufrecht stehen (→ Foto rechts). Allerdings wollen Sie Ihren Hund auch belohnen, und dazu müssen Sie sich in der Regel zu ihm hinunterbeugen. Verknüpfen sie das immer mit einem Lob und schauen Sie dem Hund dabei nicht direkt in die Augen.

Grenzen setzen Stellen Sie sich ein Spiel unter Hunden vor: Der eine hat ein Spielzeug, der Spielpartner will es haben. Der Spielzeugbesitzer dreht sich ruckartig mit seinem Spielzeug von dem anderen weg, um es zu schützen. Der aber bleibt hartnäckig und versucht an das Objekt zu kommen. Stellen Sie sich nun selber mit einem Spielzeug in der Hand vor, Sie wollen das Spiel

beenden, nehmen Ihrem Hund das Spielzeug weg, reißen es zu sich hoch oder verstecken es hinter Ihrem Rücken. Mit dem Ergebnis, dass Ihr Vierbeiner sich animiert fühlt, mit Ihnen weiterzuspielen. Das richtige Signal für das Spielende sieht so aus: Bleiben Sie aufrecht stehen und halten Sie das Spielzeug auf Brusthöhe vor Ihren Körper. Will der Hund an Ihnen hochspringen, schauen Sie ihn streng an, machen einen Schritt auf ihn zu und halten ihn notfalls mit der freien Hand davon ab, noch einmal hochzuspringen. Sie dürfen dabei durchaus bedrohlich wirken, denn das rüpelhafte Verhalten Ihres Hundes braucht eine klar signalisierte Grenze – und das erreichen Sie mit der Körpersprache. Neben vielen anderen

Einsatzmöglichkeiten ist das auch für Zerrspiele sinnvoll: Bleiben Sie locker, aber geben Sie konsequent die Grenzen vor. Wenn Sie möchten, dass Ihr Hund das Zerrspielzeug freigibt, bleiben Sie unbeweglich stehen, halten das Spielzeug fest und schauen Ihren Hund streng an.

Zur Seite drehen Folgende Situation: Sie fürchten eine Auseinandersetzung zwischen Ihrem und einem anderen Hund. Vermutlich sind Sie angespannt und richten den Blick auf den anderen Hund. Ihr Hund steht vor Ihnen, zeigt die gleiche Anspannung und fixiert den Gegner ebenfalls. Es liegt auf der Hand, wie er Ihr Verhalten deutet: Mein Mensch hält den anderen Hund ebenfalls für bedrohlich! Vermitteln Sie ihm ein anderes

FALSCH UND RICHTIG: EINLADUNG ZUM HERBEIKOMMEN

1 Die Ausbilderin ruft den Hund und beugt sich dabei leicht nach vorne. Auch wenn ihre Einladung freundlich klingt, signalisiert diese Körperhaltung dem Hund doch »Lieber wegbleiben«. Wer direkt auf einen Hund zugeht, ihn mit Blicken fixiert oder den Oberkörper zum Hund hinbeugt, hält ihn damit auf Distanz und macht ihm das Herbeikommen unnötig schwer – was dieses Foto mit der Unsicherheitsgeste des Schnauzenleckens verdeutlicht.

2 Hier steht die Lehrerin aufrecht mit leichter Tendenz zum Rückwärtsgehen. Auf den Vierbeiner wirkt das wie eine freundliche Einladung, er versteht: »Ich bin freundlich gestimmt, komm zu mir!« Optimal ist es, wenn der Blick bei der Signalgabe vom Hund zu der Position wandert, die er einnehmen soll. Vergrößert man beim Rückrufsignal gleichzeitig die Distanz zum Hund, verstärkt das seine Bereitschaft, dem Signal Folge zu leisten.

Signal: Nähert sich ein fremder Hund, drehen Sie sich leicht zur Seite und gehen zusammen mit Ihrem Hund ruhig und entspannt im Bogen von dem anderen weg. Sinnvoll ist es, mit der Aktion zu beginnen, solange Ihr Hund noch entspannt auf Sie reagiert und der andere genügend weit weg ist. Tun Sie geradezu gelangweilt, denn damit signalisieren Sie, dass Sie den fremden Hund zwar wahrgenommen haben, er aber für Sie keine Bedrohung darstellt. Das Prozedere funktioniert auch bei Menschen, die Ihr Hund als bedrohlich empfindet. Wenn seine Anspannung allerdings in offenes Aggressionsverhalten umschlägt und er attackieren will, muss er an die Leine. Lesen Sie dazu »Er hat bestimmte Feindbilder, die er lautstark verbellt« (→ Seite 126). Bei hartnäckigen Fällen sollten Sie die professionelle Hilfe eines Verhaltensexperten in Anspruch nehmen.

Zielorientiert Gehen Sie dem angeleinten Hund nicht nach, wenn er irgendwo schnuppern will, sondern bleiben Sie stehen. Beugen Sie sich auch nicht nach vorn oder strecken als Verlängerung der Leine den Arm aus. Das alles registriert ein Hund als Nachgiebigkeit. Verständlicherweise meint er, Tempo und Richtung vorgeben zu müssen. Gehen Sie konsequent in die von Ihnen gewählte Richtung und schauen Sie auch dorthin. Das unterstreicht Ihre Zielstrebigkeit. Auch hier ist eine aufrechte Körperhaltung wichtig, um Souveränität zu signalisieren.

Ruhe ausstrahlen Die Art und Weise, mit der Sie gehen, verrät Ihrem Hund viel: Gehen Sie schnell und unruhig, kommt das bei ihm als Hektik an. Vermindern Sie daher in Stresssituationen, etwa bei Begegnungen mit Fremden, Ihr Lauftempo und bleiben Sie dabei relaxt. Dann entspannt sich auch Ihr vierbeiniger Begleiter.

Was Ihre Augen verraten

Ein Blick von Ihnen kann für Ihren Hund viele Bedeutungen haben: Sie können ihn freundlich anschauen, einladend oder auffordernd. Ihr Blick kann signalisieren, dass etwas ernst gemeint ist, zum Beispiel, wenn Sie sauer über ein rüpelhaftes oder aufsässiges Verhalten sind. Ihr Blick kann aber auch Unsicherheit ausdrücken. Setzen Sie Ihren Blick daher in der Kommunikation mit dem Hund ganz bewusst ein. Die meisten Hunde verstehen das oder lernen es schnell. Der gezielt eingesetzte Blickkontakt vermeidet außerdem unerwünschte Resultate wie diese: Ein Jogger läuft an Ihnen und Ihrem Hund vorbei. Zuerst schauen Sie den Jogger an, dann Ihren Hund und schließlich wieder den Jogger – weil Sie vielleicht befürchten, dass der Vierbeiner ihm hinterherläuft. Bei Ihrem Hund kann diese Jogger-Hund-Jogger-Blickfolge als Aufforderung ankommen, … und dann läuft er ihm tatsächlich hinterher, obwohl er es eigentlich überhaupt nicht vorhatte. Blicken Sie deshalb irgendwo anders hin, nachdem Sie einen Jogger oder Radfahrer gesehen haben. So signalisieren Sie Ihrem Hund, dass Sie

INFO DER KÖRPER-CHECK IN EIGENER SACHE

Trotz bester Absicht, ihrem Hund über die eigene Körpersprache Souveränität zu vermitteln, verfallen viele Hundehalter oft wieder in alte Verhaltensmuster. Wenn Sie das Gefühl haben, dass beim Training mit Ihrem Hund oder in einer Alltagssituation irgendetwas nicht passt, kann der Körper-Check in eigener Sache sehr hilfreich sein: »Stehe ich aufrecht oder beuge ich mich über meinen Hund? Fixiere ich unbewusst den Jogger, Radfahrer oder den fremden Hund?« Selbst kleinste Veränderungen schaffen schnell eine stressfreie Lernsituation.

den Jogger zwar registriert haben, ihn aber als uninteressant und ungefährlich einstufen. Das gleiche Blickverhalten gilt für Begegnungen mit fremden Hunden, um zu signalisieren, dass die für Sie »völlig in Ordnung« sind. Aus den Augenwinkeln behalten Sie die Situation natürlich trotz allem im Blick, um unliebsame Entwicklungen rechtzeitig mitzubekommen und entsprechend reagieren zu können.

Der Ton macht die Musik

Ihr Hund hat nicht nur ein außergewöhnliches Hörvermögen, er registriert auch feinste Veränderungen der Tonlage. Mit Ihrer Stimme können

Sie ihm daher signalisieren, wann er etwas richtig gemacht und wann er sich daneben benommen hat. Brüllen und Anschreien ist damit aber nicht gemeint, das wirkt auf Hunde eher unsouverän. Und auch ein Wortschwall kommt nicht gut an, der verwirrt den Vierbeiner in der Regel nur. Geben Sie Ihre Signale grundsätzlich mit leiser Stimme, das zwingt ihn zum Zuhören. Wenn Sie ihn in seinem Tun bestärken wollen, sprechen Sie freundlich, und wenn Sie etwas nicht möchten, sprechen Sie leise, aber streng – aber wirklich nur in dem Moment, wo er sich falsch verhält. Allerdings ist es oft gar nicht notwendig, viel mit dem Hund zu reden, denn Sie können sich auch ohne Worte sehr gut mit ihm verständigen.

FALSCH UND RICHTIG: RICHTUNGSWEISENDER BLICK

1 Der Hund soll sich neben die Ausbilderin setzen. Zur Aufforderung klopft Sie auf den Oberschenkel und schaut den Hund dabei an. Doch er versteht offensichtlich nicht, was von ihm erwartet wird. Der Blick des Menschen ist nicht richtungsweisend, sondern ruht nach der Aufgabenstellung weiterhin auf dem Hund. Auf den Vierbeiner wirkt dieses Verhalten wie eine unschlüssige Frage: »Ich weiß auch nicht so genau, was Du machen sollst ...«

2 Auch auf diesem Foto steht die Halterin aufrecht vor ihrem Hund und klopft sich seitlich auf den Oberschenkel. Dieses Mal schaut sie jedoch genau dorthin, wo ihr Schüler sich hinsetzen soll. Der Hund bewegt sich daraufhin aus einem »Sitz« vor der Ausbilderin an ihre Seite. Hier gibt der Blick des Menschen die gewünschte Richtung vor: »Komm an meine Seite!« In vielen ähnlichen Situationen wirkt ein lenkender Blick Wunder.

Die richtigen Signale geben

Wenn Sie mit Ihrem Hund etwas üben, können Sie ihn mit Ihrem Blick unterstützen. Schaut er Sie in Erwartung der neuen Aufgabe aufmerksam an, erwidern Sie zunächst freundlich den Blickkontakt. Anschließend lassen Sie Ihren Blick bei der Signalgabe dorthin wandern, wo Ihr Hund die Aufgabe ausführen soll. Bei »Platz«-Übungen schauen Sie also vor dem Hund auf den Boden. Wenn er um einen Gegenstand herumgehen soll, blicken Sie auf das Objekt.

Signale für ängstliche Hunde Mit Ihrer Unterstützung kann ein ängstlicher Hund seine Angst Schritt für Schritt abbauen. Vermitteln Sie ihm, dass Sie für ihn da sind, jedoch mit den richtigen Hilfestellungen. Ihre nonverbale Kommunikation mit ihm ist dabei ein sehr wichtiges Instrument. Achten Sie ganz genau auf die Signale, die Ihnen der Hund sendet, und setzen Sie Ihre Körpersprache sehr bewusst ein.

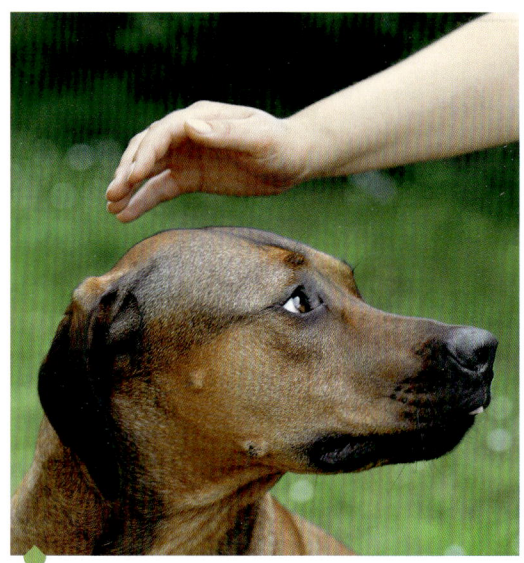

Dieser Rhodesian Ridgeback beschwichtigt. Angelegte Ohren, Blickrichtung und leichtes Züngeln zeigen, dass ihm die Hand über seinem Kopf unangenehm ist.

Ein Hund registriert selbst kleinste Veränderungen der Körperhaltung und Stimme seines Menschen.

› Bleiben Sie ruhig und souverän und lassen Sie sich nicht aus der Ruhe bringen. Mit Ihrer Körpersprache können Sie dem Hund signalisieren, wie harmlos ein in seinen Augen bedrohlicher Gegenstand oder eine entgegenkommende Person tatsächlich sind: Wenden Sie sich dazu von dem Angstobjekt leicht ab, statt sich frontal zu ihm zu stellen. Die Körperdrehung unterstreicht die Nichtbeachtung und sagt Ihrem Hund: Für meinen Menschen ist das Ding unwichtig, also kann es auch nicht so gefährlich sein.

› Gehen Sie betont langsam und signalisieren Sie so völlige Entspannung. Schnelles Laufen könnte Ihr Hund als Flucht interpretieren, vor allem, wenn er vor Ihnen läuft oder an der Leine zieht.

› Versuchen Sie Ihren Hund nicht zu etwas hinzulocken, vor dem er Angst hat. Damit würden Sie sein Misstrauen nur noch steigern: Warum reagiert mein Mensch ausgerechnet jetzt ganz anders als ich es von ihm kenne? Da muss ja etwas ziemlich faul sein …

› Wenn Sie Ihren Hund mit einem Gegenstand vertraut machen wollen, bekunden Sie Ihr eigenes Interesse an diesem Objekt. Inspizieren Sie den Gegenstand beiläufig, ohne sich dem Hund zuzuwenden. Am besten gehen Sie dabei in die Hocke, was die meisten Hunde als Einladung zum Näherkommen betrachten. Überwindet Ihr Hund seine Zurückhaltung und nimmt den Gegenstand in Augenschein, reagieren Sie nicht darauf, sondern befassen sich weiter selbst mit dem Objekt. Ein für den Hund leicht erreichbar ausgelegtes Leckerli ist hilfreich. Dann stehen Sie einfach auf und gehen weiter, ohne Ihren Hund zu beachten. Ihre Beiläufigkeit sorgt dafür, dass der Gegenstand nicht mehr bedrohlich wirkt.

Sicht- und Lautzeichen
sind die Basis der Verständigung

Wort- und Handsignale sind die Grundlage der Verständigung mit dem Hund. Sie müssen so gestaltet sein, dass sie klar bei ihm ankommen. Er dankt es Ihnen mit seiner Kooperation.

Gut kombiniert

Sichtzeichen Visuelle Signale sind meist Handzeichen. Der Hund lernt sie in der Regel schneller als akustische Signale. Machen Sie ihn deshalb zunächst nur mit dem Sichtzeichen vertraut, wenn Sie mit ihm eine neue Übung erarbeiten.
Lautzeichen Hat der Hund das Handzeichen nach einigen Wiederholungen sicher gelernt,

Richtig kommunizieren: Bei aufrechter Körperhaltung, klaren visuellen Signalen und einem freundlichen Blick führt ein Hund seine Übungen sicher und gern aus.

kommt das entsprechende Wortsignal dazu. Am besten verknüpfen kann Ihr Hund die beiden Signale, wenn Sie das neue Signal unmittelbar vor dem schon bekannten Handzeichen geben. Ideal sind Lautsignale, die aus einem oder zwei Worten bestehen. Achten Sie aber darauf, dass Sie für eine Übung immer das gleiche Signal oder die gleiche Signalkombination verwenden und das Kommandowort nur einmal geben, und zwar stets in ruhiger Tonlage.
Körpersprache kontrollieren Überprüfen Sie Ihre Körpersprache, wenn Sie das Gefühl haben, dass Ihre Anweisungen nicht so recht bei Ihrem Hund ankommen. Versuchen Sie, sich möglichst ruhig zu bewegen und jede Geste ganz deutlich auszuführen. Ist der Hund nicht bei der Sache, schalten Sie eine Aufmerksamkeitsübung (→ Seite 76) dazwischen. Setzen Sie das Training erst dann fort, wenn er sich wieder auf Sie konzentriert. Sowohl die akustischen wie die visuellen Signale kann man durch Haltung und Drehung des Körpers, durch Kopfbewegungen und eine bestimmte Blickrichtung wirksam unterstützen.
Auflösungssignal Für den Trainingserfolg ist die richtige Ausführung eines Signals entscheidend. Genauso wichtig ist es, das Signal am Ende der Übung aufzuheben. Wenn Ihr Hund zum Beispiel aus dem »Platz« wieder aufstehen darf, geben Sie ein Lautzeichen (etwa »Auf«), treten einen Schritt zur Seite und machen gleichzeitig eine einladende Handbewegung. Ihr Blick geht dabei vom Hund in die Richtung, in die Ihre Hand weist. Das Auflösen der Spannung während der Übung ist selbstbelohnend und braucht daher kein extra Leckerli.

EXTRA KIND UND HUND:
ANLEITUNG ZUM MITEINANDER

Für Kinder und Hunde ist es etwas ganz Besonderes, wenn sie miteinander aufwachsen – und es ist eine Bereicherung für die ganze Familie. Sie können das kleine Dream-Team unterstützen und fördern, indem Sie mit den beiden viele aufregende Dinge unternehmen, zusammen spielen und Aufgaben lösen und sie mit viel Liebe, Fürsorge und wohlwollender Konsequenz auf ihrem Weg ins Leben begleiten.

Ein Baby kommt

Alte und neue Hausregeln Im Zusammenleben mit dem Hund sind Regeln eine unabdingbare Voraussetzung für ein dauerhaft harmonisches Miteinander von Mensch und Tier. Das gilt umso mehr, wenn Kinder da sind – spätestens dann sollte Ihr Hund wissen, was erlaubt ist und was nicht. Bringen Sie wieder neuen Schwung in den Umgang mit Ihrem Vierbeiner und achten Sie sanft, aber bestimmt auf Einhaltung der Hausordnung (→ »Regeln für drinnen«, Seite 65), vor allem, wenn das zuletzt im Alltagstrott etwas vernachlässigt wurde. Bauen Sie rechtzeitig auch einige Privilegien des Hundes ab, damit er später gar nicht erst auf die Idee kommt, wegen »Baby« auf etwas verzichten zu müssen:

- Vielleicht möchten Sie, dass das Kinderzimmer für Ihren Hund tabu ist. Dann trainieren Sie das mit ihm schon lange, bevor das neue Familienmitglied einzieht.
- Schmusen ist herrlich, aber wenn es mehrere Bewerber um die besten Plätze gibt, kann es eng werden. Falls Ihr Hund gerne einmal mit im Bett schläft oder es sich auf Ihrem Schoß gemütlich macht, erklären Sie diese Plätze nun zur Tabuzone, denn das werden bald auch die Lieblingsplätze des Kindes sein. Damit Ihr Hund und Sie nicht traurig sind, bieten Sie ihm Alternativen: Wie wäre es mit einem extra großen Kuschelkissen? Sie wissen schon, was er am liebsten hat!

- Gewöhnen Sie Ihren Vierbeiner an den Geruch des Babys, wenn es noch im Krankenhaus ist. Lassen Sie ihn an einem Strampler oder einem Hemdchen schnuppern, in aller Ruhe und ohne jeden Zwang. Legen Sie die Babysachen aber nicht einfach in den Korb, denn der Hund soll keinesfalls damit spielen – daran riechen genügt!

- Machen Sie den Hund frühzeitig vor Ankunft des Babys mit seinem »Paradiesplatz« (→ Seite 60) vertraut und üben Sie mit ihm, sich dort auf Ihr Signal hin aufzuhalten. Falls es sinnvoll ist, dass der Vierbeiner später zeitweise einen Maulkorb trägt (→ Seite 75), sollte auch das bereits jetzt vorbereitet werden.

Willkommen Baby! Vor der Ankunft von Mutter und Säugling aus dem Krankenhaus bringen Sie Ihren Hund zunächst in ein anderes Zimmer. Frauchen sollte den Vierbeiner dort dann ruhig und freundlich begrüßen und einige Minuten mit ihm verbringen. Wenn der Hund keine größeren Anzeichen von Aufregung zeigt, kann die Tür dabei offen stehen. Ist er sehr aufgeregt, lassen Sie ihn noch eine Weile in diesem Raum und geben ihm dort beispielsweise etwas Leckeres zu kauen, damit er sich entspannt.

Kennenlernen In den ersten beiden Wochen ist besondere Vorsicht geboten: Die vielen fremden Geräusche, Gerüche und Bewegungen rund um den Familienzuwachs können Ihren Hund ganz

schön durcheinander bringen. Erst wenn er sich in Anwesenheit des Babys ruhig und gesittet verhält, können Sie eine erste Annäherung zulassen. Schritt für Schritt und ganz behutsam.

● Während der ersten Begegnung ist der Hund an der Leine oder wird sanft am Brustkorb festgehalten. Aus einer Entfernung von etwa zwei Meter darf er nun das fremde Wesen zum ersten Mal in Augenschein nehmen. Belohnen Sie ihn mit Leckerlis für braves Sitzen und ruhiges Verhalten – und wiederholen Sie alles mehrmals.

● Bleibt der Hund beim Betrachten des Babys grundsätzlich ruhig, darf er es auch einmal beschnuppern. Das geht aber nur dann, wenn er in der Nähe des Kindes keinerlei Aufregung zeigt. Fordern Sie ihn auf keinen Fall zu einer Berührung auf und halten Sie ihm das Baby nicht hin. Er sollte selbstständig seiner Neugier folgen und vorsichtig am neuen Mitglied der Familie riechen dürfen. Nehmen Sie ihn für diese Kennenlern-Übung am besten an die Leine und legen Sie ihm auf jeden Fall das Halsband oder Brustgeschirr an, um ihn notfalls zurückziehen zu können.

● Zur Sicherheit des Babys kann es bei manchen Hunden sinnvoll sein, ihnen einen Maulkorb anzulegen. Das bietet sich auch an, wenn man selber unsicher ist, wie sich der Hund verhält. Achten Sie darauf, dass er das Anlegen des Maulkorbs nicht mit dem Erscheinen und der Gegenwart des Kindes in Zusammenhang bringt. Das klappt am besten, wenn er den Maulkorb gelegentlich auch in Abwesenheit des Kindes trägt und Sie ihm den Maulkorb schon eine geraume Zeit vorher anlegen, bevor er das Baby zu Gesicht bekommt. Betrachten Sie den Maulkorb nicht als Strafe für den Vierbeiner, sondern als fürsorgliche Sicherheitsmaßnahme für beide, das Baby und den Hund. Versuchen Sie daher auch nicht, ihn mit »Entschuldigungen« zu trösten.

Kleinkind und Hund

Sobald Kinder zu krabbeln und laufen beginnen, kann ein Hund sie nur noch schwer einschätzen. Er muss eine neue Strategie im Umgang mit den tapsigen Wesen entwickeln, beispielsweise wenn

Eine innige Freundschaft zwischen Kind und Hund ist ein wundervolles Geschenk. Damit die Harmonie ungetrübt bleibt, müssen beide lernen, richtig miteinander umzugehen und den anderen zu respektieren.

das Kleinkind zu ihm krabbelt. Es gibt für den Vierbeiner drei Möglichkeiten, mit einer solchen ungewohnten Konfliktsituation umzugehen:

• Er bleibt auch in Gegenwart des Kindes völlig entspannt und freut sich über den Kontakt.

• Er lässt die plötzliche »Attacke« mit Gleichmut über sich ergehen oder zeigt Meideverhalten und zieht sich ohne weitere Reaktion zurück.

• Er knurrt oder schnappt nach dem Kind, vor allem dann, wenn er keinen anderen Ausweg oder Fluchtweg mehr sieht.

Perfekt ist natürlich die erste Reaktion, akzeptieren können Sie auch die zweite noch. Variante drei ist im Zusammensein mit einem Kind ein großes Risiko: Knurren und Zähnefletschen sind zwar ein natürlicher Bestandteil der Kommunikation unter Hunden, stellen im Umgang mit dem Kleinkind aber eine erhebliche und unwägbare Gefahr dar, da man die Folgereaktionen des Hundes oft nicht voraussehen kann. Gehen Sie auf Nummer sicher, legen Sie dem Hund einen

Maulkorb an und nehmen Sie unbedingt die Hilfe eines Fachmanns in Anspruch. Ein speziell geschulter und erfahrener Verhaltenstherapeut für Hunde oder ein Hundetrainer sind die richtigen Ansprechpartner.

Dabei sein ist alles!

Spaß haben Damit Ihr Hund die Anwesenheit des Kindes positiv verknüpft, gibt es einen sehr einfachen Trick: Bieten Sie ihm gerade dann interessante Beschäftigungsmöglichkeiten, wenn das Kind dabei ist. In der Wohnung können das Suchspiele sein, zum Beispiel Leckerlis aus einem aufgerollten Handtuch wickeln oder in einem mit zerknülltem Zeitungspapier gefüllten Karton suchen. Für die gemeinsame Zeit draußen bieten sich je nach Können des Hundes unter anderem Suchspiele mit Futterbeutel oder Freestyle Agility an, wobei der Hund über quer liegende Baumstämme balanciert oder Pfosten umrundet und vieles mehr. Weitere Anregungen finden Sie in der Literaturliste im Anhang (→ »Bücher, die weiterhelfen«, Seite 189). Je nach Reife können Kinder ab drei bis fünf Jahren in kleine Übungen einbezogen werden, um etwa Spielzeug für den Hund zu verstecken. Achten Sie aber darauf, dass er dabei auf keinen Fall am Kind hochspringt. Die fröhlichen gemeinsamen Stunden sind die ideale Basis einer innigen und verständnisvollen Freundschaft für viele glückliche Jahre.

Vorfreude ist die schönste Freude Versuchen Sie zusätzlich, Ihren Hund in Abwesenheit des Kindes etwas weniger zu beachten, zum Beispiel während es Mittagsschlaf hält. Wer meint, jetzt sei doch endlich Zeit nur für den Hund, sollte es aus seiner Sicht sehen: »Kein Kind, nichts los – schade. Kind da, wir dürfen spielen – super!«

Ein Paradiesplatz für den Hund Kinder und Hunde spielen mit Begeisterung. Doch zu viel kann überfordern, auch den Vierbeiner. Schaffen Sie Ihrem Hund eine gemütliche Rückzugsmög-

Hunde schenken Nähe und Wärme: Unbeaufsichtigt sollten Kinder und Hunde jedoch nicht sein. Die liebevolle Fürsorge der Erwachsenen gibt Sicherheit.

lichkeit mit Familienanschluss, zum Beispiel in der kuscheligen Ecke eines Zimmers, zu dem Ihr Kind keinen Zugang hat. Dort kann er eine Auszeit nehmen, um sich vom turbulenten Spiel zu erholen und seine Ruhe zu genießen.

• Damit der Hund es nicht als »Strafversetzung« auffasst, wenn ihm dieser Platz angeboten wird, sollten Sie dort immer etwas ganz Besonderes deponieren, einen Kauknochen, ein Futterhäppchen oder ein mit Leckerbissen gefülltes Spielzeug. Wenn er seinen Paradiesplatz damit verlassen will, nehmen Sie den Kauknochen oder das Spielzeug wieder an sich. Loben Sie ihn, wenn er den Platz von selber aufsucht. Sie können sich auch zu ihm setzen und ihn streicheln, sofern er das gern hat. Ein Trinknapf steht hier natürlich immer zur Verfügung.

• Zeigen Sie Ihrem Hund, dass sein Paradiesplatz für ihn der Fluchtpunkt aus einer schwierigen Situation sein kann: Locken Sie ihn fröhlich und entspannt zu seinem persönlichen Refugium, sobald Sie eine Anspannung zwischen ihm und Ihrem Kind bemerken. Bieten Sie ihm dort etwas Leckeres an, sofern er vorher nicht aggressiv reagiert hat. Im Laufe der Zeit wird Ihr Hund dieses Angebot gern akzeptieren und seinen Paradiesplatz aus eigenem Antrieb aufsuchen.

Das tut dem Hund gut. Nimmt der Vierbeiner gerade seine Auszeit und schlummert irgendwo friedlich, bedeutet das auch fürs Kind: Streichelpause. Denn die Regeln des Miteinander gelten nicht nur für den Hund, sondern auch für das Kind. Lassen Sie daher nicht zu, dass Ihr Kind dem Vierbeiner etwas wegnimmt. Das verstehen schon die Kleinsten gut, weil sie das selbst auch nicht mögen. Und von Anfang an ist es selbstverständlich, dass der vierbeinige Spielpartner nie geärgert wird: An Ohren, Schwanz oder am Fell ziehen, auf ihn klettern oder gar in sein Gesicht greifen ist tabu. Vom Kind freundlich gemeinte Gesten wie Hochheben und Umarmen wirken auf Hunde bedrohlich und sollten unterbleiben.

Gemeinsam toben ist toll! Auch Kinder können schon lernen, dass es fürs Spielen mit dem Hund Regeln gibt – zum Beispiel ein »Stopp«, wenn es zu wild wird.

Vorsicht ist besser als Kummer

Viele Hunde lieben Kinder und verhalten sich ihnen gegenüber deutlich rücksichtsvoller als gegenüber Erwachsenen. Trotzdem muss immer ein Erwachsener in der Nähe sein, der dem Hund und dem Kind die Grenzen zeigt. Lassen Sie beide daher niemals miteinander allein, auch nicht für eine Minute. Nur wenn Sie ständig dabei sind, können Sie brenzlige Situationen rechtzeitig erkennen und schlichtend eingreifen – ein Kind ist damit eindeutig überfordert. Überlegen Sie auch, ob der Babysitter für die verantwortungsvolle Beaufsichtigung von Kind und Hund tatsächlich geeignet ist. Wer sich mit Hunden überhaupt nicht auskennt, macht womöglich unwissentlich Fehler. Zeigen Sie lieber einmal zu viel Vorsicht als einmal zu wenig – dann steht der großen Freundschaft von Kind und Hund nichts mehr im Weg.

Regeln und Strategien

Kapitel 3 AUCH FÜR DEN HUND ZÄHLEN BENIMM
UND ETIKETTE. NUR WENN ER DIE GRENZEN NICHT
ÜBERSCHREITET, DARF ER FREIHEITEN GENIESSEN.

Regeln für Ihren Hund stärken die Partnerschaft

KLARE REGELN GEBEN SICHERHEIT Schauen Sie sich Menschen und ihre Hunde einmal genauer an: Wirklich entspannt erleben wir die, die ohne viele Worte miteinander auskommen. Die stressfreie Partnerschaft basiert darauf, dass der Hund weiß, welche Freiheiten und welche Grenzen er hat, weil sein Halter ihm die Freiräume durch eindeutige Regeln signalisiert. Für Mensch und Hund ist das ein Wohlfühlfaktor, der das Zusammenleben herrlich unkompliziert macht.

Ob zu Hause oder in der Natur: Mit Regeln schaffen Sie Ihrem Hund einen Lebens- und Bewegungsraum, in dem er sich nicht überfordert fühlt, sondern die Sicherheit findet, die er braucht. Als Rudeltier entspricht das genau seiner Veranlagung. Sie outen sich also nicht als zwanghafter Kontrollfreak, wenn Sie darauf achten, dass Ihr Vierbeiner die Dog Coaching Regeln einhält, sondern es ist vielmehr ein Beweis dafür, dass Sie die Hundeseele verstanden haben.

Erfolgreich trainieren mit den
Dog Coaching Regeln

Sie begleiten Ihren Hund auf seinem Lebensweg und sind der Reiseleiter – wenn er das beherzigt, müssen Sie gar nicht viel an ihm herumerziehen. Eine verlässliche Ordnung für den Benimm in der Wohnung und klare Regeln für draußen sind die Voraussetzungen, damit Sie und Ihr vierbeiniger Partner bestens miteinander auskommen.

Regeln für drinnen

Jetzt ist Spielzeit Anfang und Ende der gemeinsamen Aktivitäten gibt in aller Regel der Mensch vor – ob Spiel oder Kuschelrunde. Schalten Sie stets auf stur, wenn Ihr Hund winselnd, bellend oder mit rüpelhaftem Verhalten seine Wünsche durchzusetzen versucht. Laden Sie ihn andererseits zur Spiel- oder Schmuserunde ein, wenn er es gar nicht erwartet. Auf diese Weise sichern Sie sich seine volle Aufmerksamkeit. Das heißt wiederum nicht, dass Sie nicht auf angemessene Schmuse- oder Spielanregungen von seiner Seite eingehen dürfen. Machen Sie es vom Verhalten Ihres Hundes abhängig: Kennt er seine Position genau, können Sie gelegentlich auch seinen Aufforderungen nachgeben. Testet er jedoch aus, wer das Sagen im Haus hat, dann auf keinen Fall!
Mein und Dein In jedem Hundehaushalt sammelt sich mit der Zeit eine Menge Spielzeug für den Vierbeiner an – vom alten Fußball bis zum Tüftelbrettspiel aus dem Fachhandel. Das ist gut so, denn Hunde sind intelligent und wollen beschäftigt sein. Nutzen Sie diese Ressourcen zur Motivation, Belohnung und nicht zuletzt zur Stärkung der Beziehung zu Ihrem Hund. Voraussetzung sind klare Besitzverhältnisse zwischen

Ihnen und ihm: Alles gehört Ihnen, Sie regeln Zugang und Verfügbarkeit, und er muss es auf Verlangen hergeben. Damit festigen Sie Ihre Chefposition im Team und erhalten den hohen Reiz des Spielzeugs. Liegt immer alles frei verfügbar herum, wird es für den Hund schon bald langweilig. Geben Sie ihm immer nur zwei bis drei Spielsachen und tauschen sie ab und zu aus.
Ein gemütlicher Platz Ein Platz im Zentrum der Wohnung, wo ständig Trubel herrscht, eignet sich nicht als Stammplatz für den Hund. Ruhe

AUF EINEN BLICK

Coaching-Ziel
Ihr Hund kennt die Regeln und hält sich auch daran. Das bietet ihm einen sicheren Handlungsrahmen sowie viele Freiheiten im Haus und unterwegs. Ihnen ermöglicht es darüber hinaus einen entspannten Umgang mit Ihrem Vierbeiner, ohne dass Sie ihn ständig korrigieren müssen.

Hilfsmittel
Abhängig von der jeweiligen Regel und der entsprechenden Übung.

Tipps und Trainingszeiten
Ihr Hund sollte die Dog Coaching Regeln in jeder Situation einhalten. Warten Sie nicht zu lange, wenn einzelne Regeln neu erlernt oder aufgefrischt werden müssen. Stecken Sie die Trainingsziele nicht zu hoch, um Ihren Schüler nicht zu überfordern.

würde er in dieser Hektik kaum finden. Wenn er dabei auch noch alle Türen und Fenster im Blick hat, käme das für ihn einem Bewachungsauftrag gleich, den er – obwohl nicht dazu aufgefordert – unter Umständen sehr ernst nehmen würde. An Ruhe und Schlaf wäre dann kaum mehr zu denken. Reservieren Sie ihm daher einen Platz, wo er sich geschützt fühlt und das Geschehen im Haus aus der Distanz mitverfolgen kann, wenn ihm danach ist.

Erlaubnis für Sofa und Sessel Dort wo mein Mensch sitzt, will ich auch sitzen: Sofa und Sessel sind begehrte Plätze für fast jeden Hund. Selbstbedienung ist aber grundsätzlich nicht angesagt, der Zugang ist vielmehr ein großes Privileg. Gestehen Sie Ihrem Hund den Vorzugsplatz nur dann zu, wenn er insgesamt guten Benimm zeigt, frei ist von Angst- oder Aggressionsverhalten, in

Mit Nachdruck, wenn auch freundlich, fordert der Hund Aufmerksamkeit. Geben Sie ihm nicht immer nach.

allen Lebenslagen gut auf Sie reagiert und zuverlässig gehorcht. So regeln Sie die Erlaubnis für Sessel und Sofa richtig: Ihr Hund darf rauf, wenn Sie es gestatten, und er muss runter, sobald Sie es wünschen. Legen Sie ihm eine Schmusedecke in eine Ecke des Sofas. Nur dort ist sein Platz, die übrige Sitzfläche bleibt tabu.

Etikette beim Essen Ihr Hund gibt Ruhe, bis serviert ist: Während Sie den Napf füllen, bellt und winselt er nicht und springt nicht an Ihnen hoch, sondern wartet geduldig und in gebührendem Abstand.

❭ Stellen Sie den Napf ab, treten zwei Schritte zurück und geben das Futter mit einem Wortsignal wie »Du darfst« und einer einladenden Handbewegung frei. Ist der Hund zu ungestüm, nehmen Sie die Futterschüssel auf Brusthöhe und warten, bis er sich von selbst hinsetzt. Steht er auf, bevor Sie den Napf abgestellt haben, nehmen Sie die Schüssel wieder hoch. Wiederholen Sie das, bis Ihr Hund verstanden hat, dass er sein Fressen nur bekommt, wenn er sich geduldet. Klappt das nach zehn Minuten noch nicht, brechen Sie ganz ab. Füttern Sie diese Futterration beim nächsten Spaziergang aus der Hand.

❭ Fordert er seine Mahlzeit lautstark und frech ein, wandert der Napf in den Schrank und Sie gehen weg, ohne den Querulanten weiter zu beachten. Starten Sie einen neuen Versuch, sobald er sich einige Zeit ruhig verhalten hat.

❭ Knurrt Ihr Hund Sie an, wenn Sie ihm beim Fressen zu nahe kommen, trainieren Sie mit ihm die Lektion »Er bedroht mich, wenn ich ihm beim Fressen zu nahe komme« (→ Seite 123).

Benimm bei Tisch Hier scheiden sich oft die Geister: Für die einen beginnt Betteln (→ Seite 161) erst, wenn die Hundeschnauze auf dem Tisch oder auf dem Oberschenkel des Essenden liegt, für andere schon, wenn der Vierbeiner sehnsüchtige Blicke auf die Leckereien wirft. Stellen Sie klare Regeln auf, an die sich die ganze Familie und auch Ihre Besucher halten.

Anfassen lassen Kuscheln mag er – Pfoten ab-
putzen aber nicht? Und beim Tierarzt reagiert er
grantig, wenn der ihm zu nahe kommt oder ihn
gar abtasten will? Das darf nicht sein, nicht zuletzt, weil es jede Hilfeleistung erschwert oder
unmöglich macht. Ihr Hund muss Berührungen
zulassen! Das Training dazu beginnen Sie am
besten, wenn Sie mit ihm kuscheln. Streichen Sie
ihm dabei ganz beiläufig über Flanken, Pfoten
oder Rute. Duldet er die Kontakte, dann testen
Sie, ob er sich in die Ohren schauen lässt, eine
Gebisskontrolle erlaubt oder bei der Inspektion
der Pfotenballen ruhig bleibt. Für vorbildliches
Verhalten gibt es natürlich jede Menge Lob und
immer wieder Belohnungen.

Richtig begrüßen Wenn es an der Tür klingelt,
stehen viele Hunde schon in vorderster Reihe,
um die Besucher zuerst zu begrüßen. Die sind
von dieser vermeintlichen Wertschätzung häufig
so gerührt, dass sie prompt falsch reagieren: mit
einem großen Hallo für den Vierbeiner, und erst
danach mit der Begrüßung von Herrchen und
Frauchen … Das Resultat ist vorhersehbar, weil
der Hund den Ablauf so interpretiert: In der Familie komme immer erst ich, ich bin die Nr. 1!
Das aber ist eine Rolle, der auf Dauer kein Vierbeiner gewachsen ist. Verabreden Sie mit Ihren
Gästen künftig eine andere Reihenfolge: Erst begrüßen sich die Zweibeiner in aller Ruhe, der
Hund wird dabei überhaupt nicht beachtet. Nur
wenn er sich unaufdringlich verhält, bekommt er
die Aufmerksamkeit der Besucher. Reagiert er
darauf ohne hochzuspringen oder zu winseln,
verdient er sich auch eine Streicheleinheit.

Anspringen – nein danke! Ob Zuhause oder
beim Spaziergang: Dulden Sie nie, dass Ihr Hund
an Besuchern oder Fremden hochspringt – auch
wenn es freundlich gemeint ist. Jeder Hund kann
lernen, Begeisterung so auszudrücken, dass er
mit seinen vier Pfoten nicht die Bodenhaftung
verliert (→ »Aus lauter Freude springt er alle
Menschen an«, Seite 98).

Rüpelhaftes Anspringen ist tabu, auch wenn es in
bester Spiellaune erfolgt. Machen Sie das Ihrem Hund
jedes Mal klar, sobald er den Versuch dazu startet.

Regeln für draußen

Sie führen Regie. Beim Spaziergang darf ein
Hund nicht nach der Devise handeln: »Hier bin
ich in meinem Element, also bestimme ich, wo es
langgeht.« Achten Sie darauf, dass er seine Aufmerksamkeit möglichst oft Ihnen und nicht nur
Dingen widmet, die seine Nase interessieren. Dazu gehört auch, dass er an der lockeren Leine
läuft. Dann nämlich achtet er auf Ihr Tempo und
Ihre Körperhaltung, um zu erkennen, wohin die
Reise geht. In »Spazierengehen ist Stress, weil er
ständig an der Leine zerrt« (→ Seite 95) lesen
Sie, wie er die lockere Leine lieben lernt.

Vernünftiger Radius Gönnen Sie Ihrem Hund
die Freiheit ohne Leine zu laufen, wenn es in
Ihrem Spaziergebiet erlaubt ist und er diese
Freiheit nicht als grenzenlos interpretiert: Auch
gut erzogene Hunde sollten sich nicht außer

Mit dem, was vor der Haustür passiert, ist der Hund oft überfordert. Den Job des »Aufpassers« sollten Sie übernehmen und ruhig und souverän vorausgehen.

Die richtigen Rahmenbedingungen

> Die ideale Zeit fürs Training ist eine entspannte Situation für Hund und Mensch. Eile, Ungeduld oder starke Emotionen wie Verzweiflung oder Wut sind keine guten Rahmenbedingungen und gefährden oder verhindern den Trainingserfolg. Die Übungen dauern selten länger als fünf bis maximal zehn Minuten. Planen oder notieren Sie vorher jeden Übungsschritt und spielen Sie in Gedanken auch die möglichen Reaktionen Ihres Hundes durch. Üben Sie nicht zu häufig hintereinander: Zwei oder drei Wiederholungen sind fast immer ausreichend. Ist alles richtig gelaufen, hören Sie mit diesem Top-Ergebnis auf – selbst dann, wenn es gleich beim ersten Versuch gut geklappt hat. Denn so verinnerlicht Ihr Hund diesen optimalen Übungsablauf und ist für spätere Wiederholungen bestens motiviert.
> Damit Ihr Hund Regeln begreift und beachtet, braucht er Anleitung: Bleiben Sie konsequent und lassen Sie keine Ausnahmen zu. Nachgiebigkeit kann den bisher erreichten Trainingserfolg schnell in Frage stellen. Denn Ihr Hund erkennt dann, dass er nur lange genug quengeln muss, bis Sie klein beigeben.

Sichtweite entfernen, sondern einen Radius von 10–20 Meter (erwachsene Hunde) beziehungsweise 7–8 Meter (Welpen und Junghunde) einhalten. Missachtet Ihr Hund diese Grenze, ist ständiges Rufen kontraproduktiv – bald hört er nicht mehr hin. Trainieren Sie den akzeptablen Radius mit System (→ Seite 86 ff.).

Spielzeug ist keine Dauerleihgabe. Lassen Sie Ihren Hund unterwegs nicht ständig mit seinem Spielzeug in der Schnauze herumlaufen, sondern setzen Sie es für ein Spiel oder eine Aufgabe ein und nehmen es dann wieder an sich. Ansonsten beschäftigt er sich nicht genug mit anderen Hunden, es kann zu Streit mit Artgenossen um das Spielzeug kommen, und wenn das Objekt auf die Straße rollt, wird es schnell gefährlich. Steht es immer zur Verfügung, eignet es sich darüber hinaus auch nicht mehr als wichtige Ressource, weil es für den Hund an Reiz verliert.

KNIGGE FÜRS AUTO TIPP

Ihr Hund darf stets nur mit Ihrer Erlaubnis aus dem Auto springen. Das gehört nicht nur zum guten Benehmen, sondern vermeidet auch Gefahrenmomente, weil er sonst eventuell unkontrolliert auf die Straße läuft, Passanten erschreckt oder mit anderen Hunden Händel anfängt. Leinen Sie ihn daher grundsätzlich vor Verlassen des Wagens an, selbst wenn er kurz darauf frei laufen darf.

GRENZEN SETZEN:
WAS DARF ER UND WAS NICHT?

EXTRA

Mit positiver Verstärkung erreicht man viel beim Hund, aber nicht alles. Grenzen sind wichtig, damit er weiß, was erlaubt ist und was nicht. Als Halter geben Sie ihm einen klar erkennbaren Handlungs- und Reaktionsrahmen vor – und müssen dann wirksame Maßnahmen ergreifen, wenn er dessen Grenzen einmal missachtet.

Bis hierher und nicht weiter: die wirksamsten Maßnahmen

Ignorieren Den Hund wie Luft zu behandeln, hört sich zuerst einmal sehr passiv und wenig Erfolg versprechend an. Doch Ignorieren erweist sich bei bestimmten Aktionen Ihres Hundes als außerordentlich wirkungsvoll. Etwa wenn er ständig nörgelt und drängelt, weil er Leckerlis haben oder mit Ihnen spielen will, obwohl Sie anderweitig beschäftigt sind. Ignorieren Sie ihn, damit er lernt, dass er seinen Willen nicht durchsetzen kann: Schauen Sie ihn nicht an, fassen Sie ihn nicht an und sprechen Sie nicht mit ihm. Dieses absolute Nicht-Reagieren sagt dem Hund klipp und klar »Jetzt nicht und so nicht«. Konsequent angewendet, versteht und akzeptiert Ihr Hund schnell, was Sie von ihm erwarten. Setzen Sie das Ignorieren aber nicht ständig ein, denn gerade für sensible Vierbeiner stellt es eine einschneidende Erfahrung dar.

Abbruchsignal Ihr Hund bellt den Nachbarn an oder verfolgt Jogger. Mit Ignorieren erzielt man hier keinen Erfolg, im Gegenteil, es würde den Übeltäter eher noch in seiner Aktion bestärken. Hunde empfinden Jagen und Verbellen als lustvoll und selbstbelohnend. Je länger und öfter Sie

Ihren Vierbeiner gewähren lassen, desto selbstverständlicher wird er sich dieses Vergnügen gönnen. In solchen Fällen ist ein Abbruchsignal notwendig. Beispiel: Sie spielen mit Ihrem Hund und er wird zu wild. Sagen Sie dann laut und ernst zum Beispiel »Schluss!« Beruhigt er sich jetzt nicht, brechen Sie das Spiel ab, verlassen den Raum und kommen erst einige Minuten später zurück. Reagiert er nun friedlich und begrüßt Sie freundlich, sagen Sie knapp »Alles okay« und machen kein Aufheben mehr um die Sache. So lernt Ihr Hund, dass der Spaß endet, wenn er nicht auf Ihr Abbruchsignal reagiert.

Körperlich begrenzen Körperliche Begrenzung bedeutet selbstverständlich nicht, dass der Hund geschlagen oder ähnlich gezüchtigt wird. Auch der Einsatz von Würge- oder Stachelhalsbändern ist tabu – und sollte es generell schon längst sein. Hier geht es vielmehr darum, den Hund durch gezielten Körpereinsatz in seine Schranken zu weisen. Das kann sinnvoll und erfolgreich sein, wenn er Sie aus Trotz oder Unmut anspringt. Eine abrupte Körperwendung zu dem Flegel hin, einen oder zwei entschlossene Schritte auf ihn zu, eventuell auch eine kurze Berührung mit dem Bein, und alles mit entsprechend ernstem Blick – das zeigt ihm unmissverständlich, dass Sie ein solches rüpelhaftes Verhalten grundsätzlich nicht dulden. Natürlich achten Sie dabei darauf, ihn nicht versehentlich zu treten oder ihm anderweitig Schmerzen zuzufügen. Lassen Sie sich die Körpertechnik am besten von einem Profi zeigen.

Wichtig: Wenden Sie die Methode nicht an, wenn Sie befürchten, dass Ihr Hund Sie beißt.

Die wichtigsten Dog Coaching Strategien

STRATEGIEN FÜR DEN ALLTAG Helfen Sie Ihrem Hund, Verhaltensmuster zu erlernen, die es ihm erleichtern, seine Umwelt konfliktfrei und ohne Stress wahrzunehmen und zu bewältigen. Die vier grundlegenden Dog Coaching Strategien basieren auf überschaubaren Übungen, die dem Hund in bestimmten Situationen die bestmöglichen Lösungen anbieten. Dazu zählen Splitten, Bogengehen, das Vergrößern der Distanz und die Aufmerksamkeitsübung.

Wichtige Voraussetzungen sind konsequentes Anwenden sowie Lob und Belohnung für Ihren Schüler selbst bei kleinsten Trainingserfolgen. Wappnen Sie sich mit Geduld, wenn ein tief verankertes Problemverhalten doch einmal etwas mehr Durchhaltevermögen erfordert. Und lassen Sie sich nicht von Hundehaltern beirren, die für Ihre Trainingsmethoden möglicherweise kein Verständnis aufbringen. Wenn Sie ihnen erklären, worum es geht, gewinnen Sie schnell Verbündete.

Trainings- und Verhaltensstrategien, die den Alltag erleichtern

Im Alltag mit Ihrem Hund wird es immer wieder einmal Situationen geben, bei denen er unter Stress gerät, sei es durch Artgenossen, andere Menschen oder Umweltreize – unabhängig davon, ob Ihr Vierbeiner zu den souveränen Typen gehört, gerne einmal eine große Klappe riskiert oder sich leicht verunsichern lässt. Vermeiden lassen sich solche Situationen nicht immer, doch Sie können Ihrem Hund Lösungen anbieten, damit er gelassener mit ihnen umgeht.

Vier Strategien für ein harmonisches Miteinander

Die hier beschriebenen Lösungsmöglichkeiten sind grundsätzliche Strategien, die Sie Ihrem Hund immer anbieten sollten, ganz unabhängig davon, ob er Stress in einer bestimmten Situation hat oder nicht. Warten Sie daher nicht, bis Stress entsteht, sondern machen Sie dem Vierbeiner rechtzeitig ein entspanntes Verhaltensangebot, damit er sich souverän zeigen kann. Auch Ihre Mitmenschen werden es Ihnen danken, wenn sie sehen, dass Sie Ihren Hund unter Kontrolle haben. Unbedingt notwendig sind die Strategien, wenn der Hund in bestimmten Situationen kein adäquates Verhalten kennt oder es nicht einsetzt. Wurde er zum Beispiel nicht genügend im Umgang mit anderen Hunden sozialisiert, versteht er die Sprache seiner Artgenossen nicht richtig und zeigt deswegen ein unangepasstes Aggressions- oder Angstverhalten. Oder Ihr Hund hat es sich angewöhnt, auf eine bestimmte Art zu reagieren: Vielleicht hatte er bisher immer Erfolg damit,

wenn er andere Hunde bedroht, oder es macht ihm einfach Spaß, an Passanten hochzuspringen, jedes vorbeifahrende Auto lauthals zu verbellen oder hinter Joggern herzujagen.

Gespür entwickeln Warten Sie nicht, bis es zu einer Problemsituation kommt, sondern üben Sie jede dieser vier Strategien erst einmal für sich in entspannter Atmosphäre. Auf diese Weise lernen Sie das Handling in aller Ruhe und bekommen Routine. Je nach Situation können die Strategien auch miteinander kombiniert werden.

AUF EINEN BLICK

Coaching-Ziel

Mit den Dog Coaching Strategien bieten Sie Ihrem Hund die Möglichkeit, auch in stressigen und komplexen Situationen gelassen zu bleiben. Die Strategien vermitteln dem souveränen Hund, wie er seine selbstsichere Haltung bewahrt, dem unsicheren oder aggressiven Vierbeiner, wie er neue, sozial verträgliche Verhaltensmuster lernen kann. Als Halter bleiben Sie entspannt und geben Ihrem Hund zusätzlich Sicherheit.

Hilfsmittel

Leckerlis, Leine und eventuell Schleppleine mit Brustgeschirr, in besonderen Fällen auch ein Maulkorb.

Tipps und Trainingszeiten

Üben Sie mehrmals pro Woche. Achten Sie darauf, Ihren Hund nicht zu überfordern.

71

Souverän und gelassen Gehen Sie bei allen Strategien aufrecht und bleiben Sie immer ruhig und gelassen. Nehmen Sie in Stresssituationen das Tempo raus und gehen Sie langsam – fast so, als wäre Ihnen langweilig. Schauen Sie dabei nicht vom Stressauslöser zu Ihrem Hund und wieder zurück. Verhalten Sie sich so, als ob alles selbstverständlich und beiläufig passiert. Ihr Hund soll nicht den Eindruck haben, dass es sich um eine Übung handelt, sondern es als normales Verhalten empfinden.

Splitten

Splitten ist eine Methode, die vom Verhalten der Hunde abgeschaut wurde. Unsichere Hunde nehmen gern einen souveränen Artgenossen oder ihren Besitzer als Schutz vor einem Angst auslösenden Objekt. Diese Strategie lässt sich im Alltag einfach und schnell verwenden: Sie haben Ihren Hund an der Leine, beispielsweise auf der

Frontales Aufeinanderzugehen gilt unter Hunden als Bedrohung. Bieten Sie auch einem selbstbewussten Hund immer einen leichten Bogen an.

linken Seite. Auf einem schmalen Weg müssen Sie an einem anderen Hund vorbeigehen. Damit die Hunde sich nicht direkt und ohne die Möglichkeit des Begrüßungsrituals begegnen – was in Hundekreisen als Bedrohung gilt –, nehmen Sie Ihren Hund auf die rechte Seite. Nun laufen Sie zwischen beiden Hunden, Sie »splitten«, und bieten Ihrem Vierbeiner damit Schutz. Am besten üben Sie den Seitenwechsel so, dass Ihr Hund hinter Ihnen auf die andere Seite geht, etwa auf das Lautsignal »Geh links« oder »Geh rechts«. Splitten können Sie immer dann, wenn Sie verhindern wollen, dass der Hund jemandem zu nahe kommt, etwa einem Fußgänger, oder wenn Sie ihn vor etwas schützen wollen, das er fürchtet, beispielsweise den Müllwagen.

Bogengehen

Bogengehen dient in der Kommunikation unter Hunden dazu, Konflikte zu vermeiden und freundliches Verhalten zu signalisieren, zum Beispiel, wenn ein unbekannter Hund oder Mensch entgegenkommt.

> An der Seite des Menschen hat der Hund nicht immer die Möglichkeit, im Bogen zu gehen, weil er entweder angeleint ist oder es gelernt hat, seinem Besitzer nicht von der Seite zu weichen. Bieten Sie Ihrem Hund diese Technik in leichter Form und mit kleinem Bogen regelmäßig an. In brenzligen Situationen wird der Bogen den Begebenheiten angepasst und ausgeweitet.

> Der Bogenlauf hat den Sinn, dem Hund aus sicherer Entfernung ein alternatives Verhalten zu ermöglichen – nämlich Gelassenheit statt Furcht oder Aggression.

Beispiel: Ihr Hund fürchtet sich vor anderen Menschen. Um ihm zu zeigen, dass Menschen ungefährlich sind, gehen Sie mit ihm im großen Bogen um alle Personen herum, die Ihnen begegnen. Nehmen Sie ihn dafür an die Leine oder nehmen Sie die Schleppleine auf. Beginnen Sie

den Bogen rechtzeitig und wählen Sie die Distanz zu den Passanten so groß, dass Ihr Hund keine Anzeichen von Stress zeigt. Trotzdem nimmt er den oder die Menschen wahr und macht nun – aus sicherer Entfernung – die Erfahrung, dass ihm nichts geschieht. Wenn sich dieses positive Erlebnis mehrmals wiederholt (→ »Mein Hund fürchtet sich vor fremden Menschen«, Seite 143), verdrängt es nach und nach frühere, wahrscheinlich schlechte Erfahrungen mit Menschen oder eine Unsicherheit, die eventuell auf ungenügende Sozialisation zurückgeht.

› Erst wenn Ihr Vierbeiner bei Begegnungen auf Distanz völlig ruhig und gelassen bleibt, können Sie den Abstand verringern – aber nur in kleinen Schritten: Ein halber Meter ist da manchmal schon eine ganze Welt. Funktioniert das gut, behalten Sie diese Bogendistanz für einige Zeit bei. Zeigt der Hund hingegen Stress, kam die Distanzverringerung noch zu früh. Dann kehren Sie zu einem Abstand zurück, der ihm wieder vollkommene Gelassenheit ermöglicht. Bogengehen funktioniert bei allem, was Ihren Hund aufregt oder vor dem er sich fürchtet. Gehen Sie in der Anfangszeit mit ihm nur dort spazieren, wo Sie die Strategie sinnvoll einsetzen können. Also nicht auf engen Wegen ohne Ausweichmöglichkeiten oder in Gebieten, wo mit vielen Stress auslösenden Reizen zu rechnen ist und Bogengehen zum Dauerslalom ausarten würde.

HALLO, HIER SPIELT DIE MUSIK!

1 Sie wollen mit Ihrem Hund trainieren, doch der hat anderes im Kopf: Speziell junge Hunde lassen sich gern ablenken. Hat sich da etwas im Gras bewegt? Oder riecht es hier verführerisch? Und dann gibt es Vierbeiner, die erst einmal testen wollen, ob das wirklich sein muss mit der Übung ...

2 Schalten Sie eine Aufmerksamkeitsübung ein. Dabei spielt Ihre Körpersprache eine wichtige Rolle: Rückwärtsgehend die Distanz vergrößern heißt »Folge mir«. Das sollten Sie zunächst in entspannter Situation üben: Nehmen Sie eine Hand mit Leckerlis auf den Rücken und gehen Sie rückwärts in die entgegengesetzte Richtung, die Ihr Hund einschlägt. Nimmt er Blickkontakt zu Ihnen auf, wird er belohnt. Beenden Sie die erste Übungseinheit nach drei Wiederholungen.

3 Ein aufmerksamer Hund führt jede gewünschte Übung entspannt und zuverlässig aus.

EXTRA

HILFSMITTEL FÜR DAS
TRAINING MIT IHREM HUND

Hilfsmittel erleichtern Ihnen das Training mit Ihrem Hund: Mit Leckerlis und Spielzeug als Anreiz und Belohnung versteht er schneller, was Sie von ihm erwarten. Und bei vielen Übungen kommen Sie mit Leine, Kopfhalfter, Schleppleine und Brustgeschirr stressfreier und auch deutlich schneller zum Ziel.

Mit der richtigen Ausstattung läuft alles leichter

Leine Sie schützt vor Gefahr und ist im Training unverzichtbar. Beim Üben soll die Leine locker durchhängen. Dabei läuft der Hund in der Regel neben Ihnen, weil er sich so am besten an Ihnen orientieren kann. Wählen Sie die Leine passend zur Größe Ihres Hundes und achten Sie auf einen stabilen, aber nicht zu schweren Karabiner, der die Leine am Halsband sichert.

Brustgeschirr Ein Brustgeschirr kommt zum Einsatz, wenn Sie mit Ihrem Hund ein Schlepp-leinentraining (→ Seite 89) durchführen, aber auch, um ihn ans Laufen an lockerer Leine zu gewöhnen. Beim Kauf des Brustgeschirrs sollten Sie darauf achten, dass es weich gepolstert ist, gut sitzt und die Riemen auch bei Zug nicht ver-rutschen, was sonst dazu führen kann, dass der Brustgurt Druck auf den sensiblen Halsbereich ausübt. Der Bauchgurt muss auf den Rippen aufliegen, bei kleinen Hunden mindestens zwei bis drei Finger breit von der letzten Rippe weg, bei großen eine Handfläche breit entfernt.

Zu einem erfolgreichen Training gehören immer auch Lob und Belohnung. Das Leckerli sollte für Ihren Hund etwas Besonderes sein, mit ein bisschen Trockenfutter lassen sich die meisten Hunde nicht motivieren.

Schleppleine Die Schleppleine lässt sich außerordentlich vielseitig einsetzen: wenn Sie den Radius des Hundes begrenzen wollen, beim Anti-Jagdtraining, bei Problemen mit aggressivem Verhalten oder dem Anleinen. Auch bei einem jungen oder neuen Hund bewährt es sich, die ersten Freilaufversuche an der Schleppleine zu testen. Die Schleppleine wird nie am Halsband, sondern ausschließlich am Brustgeschirr befestigt. Wie das Schleppleinentraining funktioniert, erfahren Sie auf den Seiten 89 ff.

Spielzeug Mit Spielzeug lassen sich die meisten Hunde motivieren. Vermeiden Sie stupides Ballwerfen: Es belastet vor allem bei jungen Hunden die Gelenke sehr stark und bietet Ihrem Vierbeiner zudem keine geistige Auslastung. Testen Sie Alternativen, die dem Hund Spaß machen und ihn geistig fordern.

Kopfhalfter Ein richtig eingesetztes Kopfhalfter (→ Seite 134) ist eine große Hilfe, etwa bei Hunden, die ständig stark ziehen. Aber auch beim Anti-Aggressionstraining macht es Sinn, weil Sie den Hund damit besser kontrollieren.

Maulkorb Hundehalter sind verpflichtet, dafür zu sorgen, dass andere Lebewesen durch ihren Hund nicht zu Schaden kommen. Wenn Sie befürchten, dass Ihr Hund beißt, legen Sie ihm einen Maulkorb an. Der Maulkorb allein verändert aber nicht das unerwünschte Verhalten. Bei einem bissigen Hund sollten sie im Zweifelsfall professionelle Hilfe in Anspruch nehmen.

Belohnungen Manche Vierbeiner geben alles für ein Bröckchen Trockenfutter, andere müssen mit attraktiveren Belohnungen motiviert werden. Testen Sie, mit welchen Leckerlis sich Ihr Hund fürs Training gewinnen lässt und variieren Sie die Häppchen immer wieder einmal. Grundsätzlich sollten Leckerlis kalorienarm und zuckerfrei sein. Je nach Konsistenz kauen Hunde oft lange darauf herum, was das Training behindern kann. Bieten Sie dann zum Beispiel Leberwurst aus der Tube an, die Ihr Hund aufschlecken darf.

WAS BRINGT DAS CLICKERTRAINING?

Im Clickertraining wird der Hund auf einen Clicklaut konditioniert.

○ Sowohl beim Erarbeiten von komplexen Übungen als auch bei der Korrektur von Fehlverhalten ist eine positive Verstärkung die Grundvoraussetzung für den Lernerfolg. Denn wer stressfrei lernt, lernt deutlich schneller.

○ Der Clicker bietet Ihnen eine effektive Möglichkeit, richtiges Verhalten Ihres Hundes zeitnah zu bestätigen. Dazu muss er erst einmal auf den Clicklaut konditioniert werden: Clicken Sie und geben dem Hund ein Leckerli. Wiederholen Sie das mehrmals, schon bald wird Ihr Hund nach dem Clicklaut ein Leckerli erwarten.

○ Starten Sie nach der Grundkonditionierung mit einfachen und überschaubaren Übungen. Clicken Sie nur noch dann, wenn Ihr Vierbeiner eine Leistung gezeigt hat, die gut oder besser als beim vorangegangenen Übungsschritt war. Wichtig: Nach jedem Click gibt es ein Leckerli. So ist der Click die Bestätigung für das richtige Verhalten und der Gutschein für Lob und Belohnung.

○ Der Clicker ersetzt natürlich nicht die persönliche Beziehung. Zeigen Sie Ihrem Hund immer deutlich, wenn Sie sich über eine tolle Leistung von ihm freuen und loben und belohnen Sie ihn dafür.

Distanz vergrößern

Distanz vergrößern bedeutet: Sie drehen sich um und verlassen die stressauslösende Situation – zügig, aber souverän und ohne Hektik. Die Methode bewährt sich dann, wenn Sie beispielsweise mit Ihrem Hund einer schwierigen Situation nicht rechtzeitig ausweichen konnten, wenn er Angst hat oder Ihnen jemand entgegenkommt, den Ihr Hund wahrscheinlich anbellt. Vermeiden Sie, vor dem Stressauslöser herzulaufen, weichen Sie lieber in eine Seitenstraße aus oder wechseln Sie die Straßenseite. Bietet sich in einer unvorhersehbaren Situation auf die Schnelle jedoch keine Möglichkeit auf Distanz zu gehen, bleibt immer noch Splitten (→ Seite 72) als Alternative.

Aufmerksamkeitsübung

Diese Übung hat den Sinn, die Aufmerksamkeit Ihres Hundes ganz zu sich zu holen. Denn nur dann wendet er seine Aufmerksamkeit nicht

Splitten: Nehmen Sie Ihren Hund vor einem Objekt, das ihm nicht ganz geheuer ist, auf die abgewandte Seite, um ihm dadurch Schutz und mehr Sicherheit zu geben.

mehr einem Objekt zu, vor dem er sich womöglich fürchtet, auf das er aggressiv reagiert oder das er jagen will. Die Aufmerksamkeitsübung fördert auch die Konzentration des Hundes, wenn Sie zum Beispiel mit ihm trainieren wollen, er aber abgelenkt und mit seinen Gedanken ganz woanders ist (→ Foto links, Seite 73).

> Wichtig beim Anti-Angst-, Anti-Jagd- oder Anti-Aggressionstraining: Hier macht eine Aufmerksamkeitsübung nur Sinn, wenn der Hund sich noch nicht völlig in dem unerwünschten Verhaltenskontext befindet, sondern erst einen leisen Ansatz dazu zeigt, zum Beispiel, wenn er beginnt, ein Jagd-, Angst-, oder Aggressionsobjekt anzustarren. Es hilft jedoch in der Regel nichts mehr, wenn er vor lauter Furcht schon ein zitterndes Häufchen Elend ist, sein Jagdobjekt bereits verfolgt oder lauthals Artgenossen oder den Postboten anpöbelt. Es ist also ganz entscheidend, dass Sie die Aufmerksamkeit Ihres Hundes immer rechtzeitig auf sich lenken.

> Üben Sie zu Beginn »trocken«, also ohne eine Situation, die Ihren Hund ablenkt. So begreift er am besten, was Sie von ihm wollen. Sie lernen dabei den Ablauf und wie Sie sich bewegen müssen, damit der Hund die Übung gut ausführt.

> Wiederholen Sie die Aufmerksamkeitsübung zwei- bis dreimal am Tag mit jeweils vier bis fünf Leckerlis. Falls Sie die Übung in eine Trainingsaufgabe einbinden wollen, um Ihren Hund zu konzentrierter Mitarbeit zu bewegen, führen Sie die Aufmerksamkeitsübung zunächst einige Male ohne die eigentliche Trainingsaufgabe durch, bis alles perfekt läuft. Erst wenn es fast automatisch klappt, schließen Sie das normale Training an.

Und so geht's: Ihr Hund ist an der Leine. In der einen Hand haben Sie die Leine, in der anderen vier bis fünf Leckerlis; die Hand mit den Leckerlis halten Sie auf dem Rücken.

> Gehen Sie ruhig rückwärts und dabei immer in die andere Richtung, die Ihr Hund wählt – ohne dabei etwas zu sagen. Allmählich begreift er, was

Sie von ihm wollen. Das erkennen Sie daran, dass er schließlich an lockerer Leine in Ihre Richtung mitgeht und meist auch bis auf Ihre Brusthöhe zu Ihnen hochschaut.

› Ihr Ziel ist es natürlich, dass Ihr Hund wirklich Blickkontakt mit Ihnen aufnimmt – und nicht etwa nur auf Ihren Arm schaut, in Erwartung der Leckerlis, die von dort demnächst angeboten werden. Sobald er Ihnen in die Augen schaut, gibt es ein großes Lob und die Futterbelohnung aus der Hand hinter dem Rücken.

Wichtig: Sprechen Sie den Hund nicht an, um ihn zu sich zu locken. Folgt er nicht freiwillig, wenn Sie rückwärts gehen, nehmen Sie ihn sanft, aber ohne zu rucken an der Leine mit. Jeder Blickkontakt wird mit einem Leckerli belohnt.

› Zunächst üben Sie mit Ihrem Hund nur an der Leine. Später an der Schleppleine, speziell dann, wenn Jagd-, Angst oder Aggressionsprobleme Gegenstand des Trainings sind. Die Trainingssituation sollte anfangs möglichst einfach und überschaubar sein, mit dem jeweiligen Objekt auf große Distanz. Klappt das gut, verringern Sie die Entfernung schrittweise.

Strategien im Alltag

Wenn Sie Strategien einsetzen, um Ihrem Hund ein unerwünschtes Verhalten abzugewöhnen, gehen Sie stets auf Nummer sicher. Nehmen wir das Beispiel eines Hundes, der sich gegenüber fremden Menschen aggressiv verhält. Oberstes Gebot im Training ist die Sicherheit der beteiligten Personen. Darüber hinaus soll Ihr Vierbeiner natürlich kein weiteres Erfolgserlebnis für sein unerwünschtes Verhalten haben.

Sicherheit Sichern Sie Ihren Schüler mit Leine, Halsband, Kopfhalfter und eventuell Maulkorb. Bleiben Sie immer in genügend großer Distanz. Mit Hunden, die aggressiv auf andere Menschen reagieren, ist das Training heikel. Die Sicherheit aller Beteiligten muss in jeder Phase gewährleistet

sein. Sprechen Sie sich mit einem Hundetrainer oder Verhaltenstherapeuten für Hunde ab.

Vorausschauend Der Übungsaufbau sollte so konzipiert sein, dass es möglichst nicht oder nur selten zu Rückschlägen kommt. Sie wollen Ihrem Hund beispielsweise beibringen, keine Enten zu jagen. Er ist aber noch nicht perfekt und kann den Wasservögeln einfach nicht widerstehen. Solange er dieses Verhalten zeigt, sollten Sie für einige Wochen nicht dort spazieren gehen, wo es viele Enten gibt – außer bei den Übungen.

Beispiel: An der Leine reagiert Ihr Hund sehr aggressiv auf andere Hunde. Wählen Sie ein Übungsgelände, wo kein fremder Hund frei auf Sie zulaufen kann. Halten Sie zunächst gegenüber angeleinten fremden Hunden eine große Distanz

> Mit den Dog Coaching Strategien wird Ihr vierbeiniger Begleiter gelassener und selbstsicherer.

ein und probieren Sie für sich aus, wie Sie unter Stressbedingungen Ihre Strategien anwenden können. Wenden Sie die Strategien situationsabhängig an, Sie können sie auch kombinieren:

› Vergrößern Sie die Distanz, wenn er seinen Artgenossen anstarrt, oder bieten Sie ihm die Aufmerksamkeitsübung an, falls er noch nicht knurrt oder bellt (→ »Er verhält sich aggressiv gegenüber anderen Hunden«, Seite 130).

› Sobald er sich entspannt, setzen Sie den Weg im Bogen fort und nehmen Ihren Hund auf die abgewandte Seite. Will er den anderen anstarren, drängen Sie ihn weg, bis er sich beruhigt.

› Verringern Sie die Übungsdistanz erst, wenn es auf große Entfernung ohne aggressives Verhalten funktioniert. Belohnen Sie Ihren Hund nur noch dann, wenn er das Objekt seines Missfallens ignoriert, weil er sonst verknüpft: fremden Hund anschauen – Besitzer anschauen – Leckerli.

EXTRA

DIE BESTEN TIPPS, UM
DEN HUND ZU MOTIVIEREN

Die ideale Motivation ist die, die von innen kommt. Das geht Ihnen sicher selbst so: Wenn Sie ein Hobby haben, dann haben Sie Spaß daran und machen es gern und aus freien Stücken. Sie müssen sich also nicht dazu zwingen oder sich eine Belohnung in Aussicht stellen. Auf den Hund übertragen bedeutet das natürlich nicht, dass er alles machen darf, wozu er gerade Lust hat, zum Beispiel hemmungslos anderen Vierbeinern hinterherjagen, wenn die das gar nicht mögen. Aber wenn es Ihnen gelingt, ihm diese innere Motivation auch bei Aufgaben oder im Alltag mit Ihnen zu verschaffen, dann haben Sie schon viel gewonnen. Eine gute Bindung ist die

beste Voraussetzung dafür, denn Ihr Hund lässt sich dann viel leichter motivieren (→ »Mensch und Hund – Das Band der Sympathie«, Seite 45).

So macht Ihr Hund gerne mit und hat Spaß dabei

Bieten Sie Ihrem Hund möglichst oft Aufgaben an, die ihm Spaß machen. Geben Sie nicht gleich auf, wenn es nicht sofort so klappt, wie Sie es sich wünschen. Den Spaß an der Sache muss der Hund unter Umständen erst einmal erkennen.

Besondere Belohnung Mit einer attraktiven Belohnung erhöhen Sie die Bereitschaft Ihres Hundes, mit Ihnen zu arbeiten und bringen ihn in eine positive Grundstimmung. Wählen Sie die richtige Belohnung: Für Übungen, die ein punktgenaues Belohnen erfordern, wie »Sitz« oder Kunststückchen, ist eine Futterbelohnung die beste Wahl. Für Übungen wie Agility, bei denen die Bewegung im Vordergrund steht, kann ein lustiges Spiel den spannenden Abschluss bilden. Aber nicht jeder Hund steht auf Spielen und nicht jeder Hund mag Leckerlis. Testen Sie also zunächst aus, was für Ihren Hund belohnend ist. Und auch Futterbelohnungen werden bald reizlos, wenn es immer die gleichen sind. Einfach nur ein paar Bröckchen vom üblichen Trockenfutter sind für die wenigsten Hunde eine echte Belohnung. Auch Spiele sollten Sie als Belohnung bewusst einsetzen: Wenn Sie Ihrem Hund ein Spiel nur zu besonderen Anlässen anbieten, bleibt es über lange Zeit attraktiv. Spielen Sie mit ihm ausgelassen und konzentrieren Sie sich voll auf ihn. Setzen Sie interessantes Spielzeug ein,

Slalom-Künstler: Der Spaß an ausgiebiger Bewegung ist für den Hund die größte Motivation. Auch ein lustiges Spiel nach Trainingsende ist eine tolle Belohnung.

das normalerweise weggeschlossen ist und das Sie erst dann hervorholen, wenn Sie mit Ihrem Hund spielen wollen.

Freude zeigen Ihrem Hund echte Freude zu zeigen, wenn er etwas gut gemacht hat, ist ganz wichtig. Er merkt genau, ob Sie stolz auf ihn sind oder die Freude nur vortäuschen, weil Sie eigentlich viel mehr erwartet haben. Machen Sie sich immer wieder klar, was für eine tolle Leistung Ihr Hund vollbringt, wenn er mit Ihnen kooperiert – da hat er Ihre Freude verdient! Freude muss nicht laut sein: Nicht jeder Menschen mag Jubelausbrüche, und nicht jeder Vierbeiner verträgt sie. Echte, von Herzen kommende Freude kommt in jeder Lautstärke beim Hund an.

Prioritätenliste erstellen Stellen Sie eine Rangliste Ihrer Aufgaben und Übungen auf und belohnen Sie schwere Aufgaben wie den Rückruf mit echten Highlights, etwa getrocknetem Putenfleisch, Hundeleberwurst, Lunge oder Ähnlichem. Achten Sie auf gesunde Leckerlis, die zuckerfrei und kalorienarm sind.

Positives Lernumfeld Bauen Sie Ihre Übungen gezielt mit der entsprechenden Belohnung auf. Steigern Sie die Anforderungen an Ihren Schüler und belohnen Sie ihn dann nur noch für den höheren Schwierigkeitsgrad. Wenn Sie sich sicher sind, dass er die Übung wirklich gut beherrscht, bekommt er kein Leckerli mehr dafür. Sorgen Sie aber immer für eine positive und entspannte Trainingssituation, damit er hoch motiviert mit Ihnen arbeitet. Beispiel: Sie üben mit ihm die Suche nach einem Spielzeug. Zuerst soll er »Sitz« machen und solange abwarten, bis Sie das Objekt versteckt haben. In diesem Fall gibt es für »Sitz« und »Bleib« keine Belohnung mehr, aber anschließend darf er sein Spielzeug suchen.

Ein Erfolgserlebnis zum Schluss Hören Sie immer dann auf, wenn es am schönsten ist, wenn es Ihrem Hund – und Ihnen! – also gerade am meisten Spaß macht. Das ist nicht einfach, aber es lohnt sich. Sie beenden auf diese Weise die Übung mit einem Erfolgserlebnis für sich und Ihren Hund und starten beim nächsten Mal in der Grundstimmung, dass bei dieser Übung alles bestens läuft.

Das beeinträchtigt seine Motivation

Wenn Ihr sonst immer aufmerksamer und neugieriger Hund über längere Zeit unmotiviert und lustlos erscheint, dann ist etwas nicht in Ordnung mit ihm. Das können die Ursachen sein:

Überforderung Ein Hund, der zu früh zu viele verschiedene Übungen auf einmal lernen soll, ist oft überfordert. Wurde ein Kommando nicht konsequent aufgebaut, versteht er häufig nicht, was Sie von ihm erwarten und kann es nicht direkt umsetzen.

Stress durch falsche Signale Hunde reagieren sehr sensibel auch auf unbewusste Signale, die der Mensch aussendet. Vielleicht wirkt es auf ihn bedrohlich, wenn Sie sich über ihn beugen oder ihn direkt anschauen (→ »Ohne Missverständnisse mit dem Hund kommunizieren«, Seite 52). Möglicherweise versteht Ihr Hund Sie auch nicht, weil Ihre Sicht- und Lautzeichen unpräzise oder Sie zu laut oder zu fordernd sind. Und wenn Sie Kommandos ständig wiederholen, hat der Hund nicht die Ruhe, sie auszuführen. Überlegen Sie auch, ob Sie eine Übung zu oft abrufen: Was man zu häufig macht, wird irgendwann selbst für kooperationswillige Hunde langweilig.

Unpassender Job Es kann durchaus sein, dass Sie noch nicht die passende Aufgabe für Ihren Hund gefunden haben. Vielleicht würde er statt zum Agility lieber auf Fährtensuche gehen …

Krankheit und Schmerzen Schmerzen am Bewegungsapparat, organische Fehlfunktionen, zum Beispiel der Schilddrüse, und Infektionskrankheiten wie die von Zecken übertragene Borreliose, können die Bereitschaft des Hundes, sich körperlichen und geistigen Herausforderungen zu stellen, dämpfen oder ganz unterbinden.

Dog Coaching Praxishelfer

Kapitel 4 MIT SCHRITT-FÜR-SCHRITT-ANLEITUNGEN AUF BASIS DER DOG COACHING STRATEGIEN ALLE ALLTAGSPROBLEME IN DEN GRIFF BEKOMMEN.

Probleme an der Leine, beim Spaziergang und Freilauf

JEDER HUNDEHALTER wird mit einer verantwortungsvollen Aufgabe konfrontiert: Er soll seinen Vierbeiner zu einem ausgeglichenen und gut erzogenen Begleiter machen – und der soll dabei aber auch Hund sein dürfen! Angesichts vieler und oft widersprüchlicher Erziehungsmethoden ist die Verunsicherung groß: Was macht uns zum perfekten Mensch-Hund-Team? Wie vermeide ich Missverständnisse und Probleme? Wählen Sie eine Methode, die Ihnen schlüssig erscheint und auch gefühlsmäßig zusagt, weil sie weder Mensch noch Tier überfordert und natürlich ohne Strafen auskommt. Und wechseln Sie nicht sofort den Erziehungsstil, wenn eine Methode nicht auf Anhieb funktioniert. Bei einem Hund lassen sich etablierte Verhaltensweisen nicht von heute auf morgen ändern. Vor allem aber: Bleiben Sie konsequent. Dem Vierbeiner signalisieren Sie so Ihre Souveränität und Sicherheit – und er wird sich zunehmend an Ihrem Verhalten orientieren.

Mein Hund kommt selten sofort, wenn ich ihn herbeirufe

Auf Zuruf von Herrchen oder Frauchen sofort zu kommen, ist eine der schwierigsten Aufgaben für den Hund. Schließlich ist es draußen spannend und es gibt viel zu erleben. Doch der Rückruf ist das wichtigste Kommando überhaupt. Er kann das Leben Ihres Hundes retten, wenn dieser sich einer viel befahrenen Straße oder Bahngleisen nähert. Das zuverlässige Befolgen des Rückrufs gehört aber einfach auch zur Grunderziehung und zum guten Benehmen dazu, denn nicht nur viele Hundehalter ärgern sich immer wieder über ungehorsame fremde Vierbeiner, die trotz der lauten Rufe des dazugehörigen Menschen ungestüm auf sie zurennen.

Warum es nicht klappt

› Der Rückruf wurde häufig nicht richtig eingeübt, oder es gibt gar kein festes Signal dafür. Mal heißt es »Komm«, dann wieder »Los jetzt« oder »Hierher«, und oft wird einfach sogar nur der Name des Hundes gerufen. Nicht selten ist er auch gar nicht als wirklicher Rückruf gemeint, sondern soll den Vierbeiner nur von einer unerwünschten Handlung abhalten. Für den Hund bleibt die Angelegenheit damit unklar: Was soll er denn nun eigentlich tun?
› Hunde reagieren sehr stark auf Körpersprache – auch auf die des Menschen. Unbeabsichtigt gibt der Halter während des Rückrufs vielleicht Signale, die seinem Hund das prompte und vertrauensvolle Herankommen erschweren. Zum Beispiel abwartendes Anstarren, eine bedrohlich wirkende Körperhaltung mit auf die Hüften gestützten Armen oder wildes Gestikulieren, weil

der Hund zögert. Hat der Hund die Erfahrung gemacht, dass man ihn beim Zurückkommen ausschimpft, weil sein Mensch wegen des zögerlichen Herankommens wütend ist, wird ihn das beim nächsten Mal sicher kaum motivieren, schnell und auf direktem Weg zurückzulaufen.
› Das Umfeld kann sich auf das Verhalten des Hundes auswirken. Befinden sich in der Nähe des Halters andere Hunde, kann das den eigenen Vierbeiner hemmen, schnell heranzukommen. Auch andere Außenreize, etwa ein lauter und

AUF EINEN BLICK

Coaching-Ziel

Sie haben ein eindeutiges Rückrufsignal ausgewählt, auf das Ihr Hund ohne Zögern sofort zu Ihnen kommt. Er entfernt sich erst dann wieder von Ihnen, wenn Sie ihm die Erlaubnis dazu mit dem entsprechenden Auflösungssignal gegeben haben.

Hilfsmittel

Für das Rückruf-Training brauchen Sie eine Schleppleine und Leckerlis, eventuell auch eine Hundepfeife für ein zusätzliches Rückrufsignal.

Tipps und Trainingszeiten

Für den Aufbau eines neuen Rückrufsignals täglich bis 5-mal trainieren, dazwischen jeweils 1–2 Stunden Pause. Planen Sie 5–6 Wochen Aufbautraining ein, bis Sie die ablenkenden Reize steigern können.

Furcht einflößender Mähdrescher, können den gerufenen Hund so verunsichern, dass er sich nicht traut, zu seinem Halter zu laufen.

› Wie steht es mit der Mensch-Hund-Beziehung? Nimmt der Hund seinen Halter nicht ernst, wird er dessen Ruf höchstens dann folgen, wenn ihm ohnehin gerade danach ist.

So coachen Sie Ihren Hund

Ans Rückrufsignal gewöhnen Entscheiden Sie sich für ein bestimmtes Rückrufsignal, zum Beispiel für »Hier«. Dieses Signal sollten Sie auch später immer verwenden. Ihr Hund muss erst lernen, was Sie bei »Hier« von ihm erwarten. Da er im Moment noch nicht auf den Rückruf reagiert, sollten Sie ihn beim Spaziergang immer an der Schleppleine führen (→ Schleppleinentraining, Seite 89 ff.), um ihn zu seinem und zum Schutz anderer unter Kontrolle zu halten und Erfolg versprechend mit ihm trainieren zu können.

Damit Ihr Hund freudig herbeikommt, gehen Sie rückwärts und lassen Sie dabei den Blick vom Hund zu der Stelle wandern, zu der er laufen soll.

› Üben Sie anfangs in einer ablenkungsarmen Umgebung, zum Beispiel in der Wohnung oder im Garten, und fangen Sie mit kurzen Distanzen von maximal fünf Meter an. Wenn Sie sich sicher sind, dass Ihr Hund nicht abgelenkt ist, rufen Sie mit freundlicher Stimme »Hier«. Animieren Sie den Hund zum Kommen, indem Sie dabei in die Hocke gehen oder ein paar Meter weglaufen. Sobald er Ihre Richtung einschlägt, zeigen Sie ihm, wie sehr Sie sich darüber freuen. Wenn er bei Ihnen ankommt, belohnen Sie ihn mit einem tollen Leckerli. Üben Sie mehrmals täglich bei sich bietender Gelegenheit.

› Geben Sie das Rückrufsignal jeweils nur ein einziges Mal. Reagiert der Hund nicht darauf, können Sie leicht an der Schleppleine zupfen, um seine Aufmerksamkeit zu gewinnen und ihn etwa mit »Na los« nochmals zu animieren. Hat er den Rückruf befolgt, sollte er sich nicht selbstständig wieder von Ihnen entfernen. Das darf er erst dann, wenn Sie das Auflösungssignal gegeben haben, zum Beispiel »Weiter« (→ Auflösungssignal, Seite 57).

› Befolgt der Hund das Rückrufsignal zu Hause zuverlässig, können Sie die Ablenkung Schritt für Schritt steigern und auch draußen üben. Solange der Rückruf im Freien jedoch noch nicht hundertprozentig klappt, sollten Sie ihn nur zu Übungszwecken rufen und nicht, wenn es wirklich darauf ankommt. Fehlversuche können den bisherigen Erfolg gefährden.

› Wenn Sie den Eindruck haben, dass Ihr Hund draußen zuverlässig auf Ihr Rufen kommt, ist es Zeit für den nächsten Schritt: Üben ohne Leine. Wählen Sie dazu anfangs ein Gebiet mit wenig Ablenkung, möglichst ohne andere Hunde in der Nähe. Rufen Sie Ihren Hund nur, wenn Sie sich sicher sind, dass er kommt. Buddelt er gerade eifrig in einem Mauseloch, ist die Wahrscheinlichkeit ziemlich groß, dass er auf Ihr »Hier« überhaupt nicht reagiert und so lernt, Ihr Kommando zu überhören. Aus diesem Grund

sollten Sie ihn in ernsten Situationen – wenn er also unbedingt gehorchen muss – auch lieber abholen und an die Leine nehmen.

› Ein Leckerli als Belohnung bekommt Ihr Hund nur, wenn er auf den Rückruf hin sofort kommt. Braucht er eine Erinnerung, erhält er nur ein verbales Lob. Kommt er dann immer noch nicht, gehen Sie hin und leinen ihn kommentarlos an. Tun Sie das souverän, also ohne jede Heftigkeit, aber auch ohne Freundlichkeit. In diesem Fall darf der Hund sehr wohl merken, dass Sie über sein Verhalten nicht erfreut sind.

› Wenn das Signal »sitzt«, gehen Sie sorgsam damit um. Rufen Sie nicht zu häufig, damit es sich nicht abnutzt – zwei- bis drei Rückruf-Aktionen pro Spaziergang genügen. Setzen Sie stattdessen lieber öfter Richtungswechsel ein (→ Seite 91).

Rückruf mit der Hundepfeife Befolgt Ihr Hund zuverlässig das Lautsignal »Hier«, können Sie den Rückruf zusätzlich noch mit einer Hundepfeife üben. Der Trainingsablauf ist der gleiche, nur statt des Kommandos »Hier« setzen Sie eine Pfiffkombination als Signal ein, zum Beispiel drei kurze Pfiffe hintereinander. So können Sie den Hund später auch über weite Distanzen rufen.

Hundetypen Ängstliche Hunde sind in Stress-Situationen von Signalen schnell überfordert. Provozieren Sie dann besser keinen Ungehorsam. Gehen Sie einfach hin, leinen Sie Ihren Hund ohne viele Worte an und gehen Sie ruhig mit ihm weiter. Trainieren Sie das Rückrufsignal nur in völlig entspannter Atmosphäre und versuchen Sie zunächst, sein ängstliches Verhalten so weit wie möglich abzubauen (→ »So wird Ihr Hund angstfrei und sicherer«, Seite 146).

Unabhängige Vierbeiner erfordern ein intensives Rückruftraining, das sich in manchen Fällen über einen langen Zeitraum erstrecken kann. Das gilt für ehemalige Straßenhunde sowie die meisten Jagdhunde und Hunde solcher Rassen, die ganz speziell darauf gezüchtet wurden, ihre Aufgaben selbstständig zu erledigen.

Mit dem Hund kommunizieren

Die ruhige und entspannte Haltung seines Besitzers gibt dem Hund das Gefühl, dass er bei ihm immer gut aufgehoben und in Sicherheit ist.

› Gehen Sie rückwärts, wenn Ihr Hund nach dem Rückruf zu Ihnen läuft und fixieren Sie ihn nicht mit Ihrem Blick. Am besten schauen Sie auf die Stelle, wo er hinkommen soll. Wenn Sie auf ihn zugehen, kann das bedrohlich auf ihn wirken und er bleibt lieber auf Distanz.

> Das Rückrufsignal gibt Ihnen das gute Gefühl, Ihren Hund immer unter Kontrolle zu haben.

› Zeigen Sie echte Freude, wenn Ihr Hund zu Ihnen kommt. Das muss gar nicht laut und überschwänglich sein, aber möglichst authentisch. Hunde haben dafür ein feines Gespür. Belohnen Sie ihn für sein Kommen jedes Mal mit einem Leckerli.

› Gestalten Sie den Rückruf auch einmal spannend: Veranstalten Sie ein kleines Wettrennen mit Ihrem Hund, sobald er sich in Ihre Richtung aufmacht. Oder belohnen Sie ihn mit einem lustigen Spiel fürs Kommen.

An den Grundlagen arbeiten

Ihre Körpersprache ist positiv und Sie haben das Rückrufsignal klar aufgebaut. Kommt Ihr Hund trotzdem immer erst nach mehrfacher Aufforderung, kann das auch an seinem übersteigerten Selbstbewusstsein liegen. Verdeutlichen Sie ihm seine Position im Familienrudel (→ »Regeln für drinnen«, Seite 65). Auch unterwegs sollte er sich wieder stärker an Ihnen orientieren. Um das zu erreichen, schränken Sie den Radius des frei laufenden Hundes durch häufige Richtungswechsel (→ Seite 91) ein, ohne ihn dabei zu rufen.

Ich muss ihn ständig kontrollieren,
weil er zu weit wegläuft

Die täglichen Spaziergänge mit Ihrem Hund sind nicht nur dazu da, Ihren Vierbeiner auszulasten und ihm Abwechslung zu bieten – auch Sie selbst sollen von diesen Momenten fern des hektischen Alltags profitieren, sich dabei entspannen und Stress abbauen. Von Entspannung kann allerdings keine Rede sein, wenn Ihr Liebling immer so weit wegläuft, dass Sie ihn gerade noch am Horizont sehen oder er ganz aus Ihrem Blickfeld verschwindet. Je weiter sich Ihr Hund von Ihnen entfernt, desto weniger Kontrolle haben Sie über ihn und desto höher ist das Risiko, dass Sie auf die große Distanz nicht rechtzeitig auf ihn einwirken können, wenn es notwendig ist.

Warum es nicht klappt

> Ihr Hund hat nicht gelernt, einen kleineren Radius einzuhalten und beim Freilauf in Ihrer Nähe zu bleiben. Bisher hat Sie das auch nicht besonders gestört, doch mittlerweile dehnt er den Radius immer weiter aus.

> Der Vierbeiner lässt sich einfach zu leicht von den vielen spannenden Erlebnissen ablenken, die ein Spaziergang zu bieten hat. So läuft er zum Beispiel selbst über große Entfernungen zu anderen Hunden – und der Spaß beim Herumtoben und Spielen mit den Artgenossen belohnt ihn auch noch für dieses Verhalten.

> Oder er gehört zu den notorischen Jägern, kann deswegen keiner Fährte widerstehen und vergisst dabei völlig die Welt um sich herum und reagiert auch nicht auf Herrchens Rufen.

> Aus Sorge, Ihrem Hund könnte beim Freilauf etwas Schlimmes passieren, folgen Sie ihm ständig Schritt auf Schritt. Dadurch ist er sich Ihrer Nähe immer gewiss und hat keinerlei Veranlassung, von sich aus darauf zu achten, ob Sie noch in seiner Nähe sind.

> Vielleicht rufen Sie ihn auch immer, wenn er sich zu weit entfernt, ohne jedoch vorher ein eindeutiges Rückrufsignal (→ Seite 84) eingeübt zu haben. Ihrem Hund geben Sie damit das Signal »Ich bin immer noch da«, und auch hier besteht dann keine Notwendigkeit für ihn, näher bei Ihnen zu bleiben.

AUF EINEN BLICK

Coaching-Ziel

Durch häufige Richtungswechsel beim Spaziergang soll Ihr Hund lernen, sich freiwillig an Ihnen zu orientieren, ohne dass er dafür ermahnt oder gerufen wird. Er hält dabei einen Radius bis maximal 20 Meter ein, den Sie ihm vorgeben.

Hilfsmittel

Leckerlis; gegebenenfalls die Schleppleine. Hartnäckige Verweigerer müssen sich ihre tägliche Futterration während des Spaziergangs verdienen.

Tipps und Trainingszeiten

Üben Sie immer dann, wenn der Hund während eines Spaziergangs frei laufen darf. Je mehr unvorhersehbare Richtungswechsel Sie unterwegs einlegen, desto eher wird er sich an Ihnen orientieren.

Machen Sie beim Spaziergang auch einmal Tempo. Fast alle Hunde haben Spaß daran, mit ihren Menschen um die Wette zu laufen. Richtungswechsel sorgen dafür, dass Ihr Hund dabei immer aufmerksam bleibt.

› Der Hund genießt unterwegs und zu Hause grundsätzlich zu viele Privilegien und glaubt daher, dass er machen kann, was er will und nimmt sich eindeutig zu viele Freiheiten heraus.

So coachen Sie Ihren Hund

Freifolge-Training Üben Sie zu Beginn in einer sicheren Umgebung abseits des Straßenverkehrs, die Ihr Hund noch nicht kennt. Vorteil: Auf dem fremden Terrain orientiert er sich ohnehin schon etwas stärker an Ihnen. Mit einem grundsätzlich unsicheren Hund trainiert man allerdings besser in einem vertrauten Gebiet. Das Übungsgelände sollte möglichst wenig Ablenkung etwa durch andere Hunde bieten. Ihr Ziel ist es zunächst, das

Folgen und Herankommen des frei laufenden Hundes zu verstärken. Dafür schlagen Sie nun immer wortlos die entgegengesetzte Richtung ein, in die Ihr Hund läuft. Beobachten Sie ihn aus den Augenwinkeln: Sobald er sich umdreht und Ihnen folgt, loben Sie ihn. Bei Ihnen angekommen, gibt es ein Leckerli. Anfangs läuft er möglicherweise an Ihnen vorbei. Das ist normal, da die Umsetzung der Freifolge sehr viel Übung erfordert. Rufen Sie ihn trotzdem nicht. Gehen Sie vielmehr in die Hocke, sobald er hinter Ihnen ist, wobei Sie sich etwas seitlich zu ihm drehen und ihn nicht anschauen. Loben Sie ihn und halten Sie ihm deutlich sichtbar ein Leckerli hin. Stehen Sie dann wortlos auf und gehen Sie wieder in eine andere Richtung.

TOLLE FUNDSTÜCKE

Gemeinsam mit Ihnen kann Ihr Hund aufregende Abenteuer erleben.

○ Für jeden Hund ist es sehr spannend, wenn sein Mensch immer mal wieder »ganz zufällig« etwas Attraktives am Wegesrand oder unter dem Laub findet.

○ Dafür eignen sich kleine Leckerlis, aber auch ein schmackhafter Kauknochen oder kleine Fleischstücke.

○ Ihr Hund darf Sie beim »Finden« des Objekts beobachten und auch kurz am Fundstück schnuppern.

○ Tragen Sie es noch eine Weile mit sich herum und machen Sie es für Ihren Hund besonders interessant, indem Sie es immer wieder anschauen, während er Sie dabei beobachtet. Legen Sie es dann ab, manchmal aber auch erst zu Hause.

○ Gehen Sie vom Fundstück weg und signalisieren Sie Ihrem Hund, dass er es jetzt aufnehmen darf.

○ Wenn Sie grundsätzlich nicht wollen, dass Ihr Hund im Freien etwas von der Erde aufnimmt, bieten Sie ihm den Leckerbissen aus der Hand an.

○ Nicht durchführen sollten Sie diese Fundstück-Übung, wenn andere Hunde dabei sind, weil das sonst Futterneidreaktionen provozieren könnte.

› Da Sie wahrscheinlich vor allem zu Beginn des Trainings sehr viele Richtungswechsel laufen müssen, sollten Sie keine feste Route einplanen. Ideal ist eine Laufstrecke, die viele Möglichkeiten zum Richtungswechsel bietet, damit für Ihren Hund die Notwendigkeit besteht, immer auf Sie zu achten – gerade verlaufende Wege ohne Abzweigungen sollten Sie deswegen vermeiden.

Wichtig: Ändern Sie die Laufrichtung nicht erst, wenn Ihr Hund schon zu weit weg ist, sondern möglichst schon dann, wenn Sie merken, dass er unaufmerksam wird. Lässt der Spazierweg keine Richtungswechsel zu und der Hund nutzt das aus, können Sie mit ihm das Laufen an lockerer Leine üben (→ Seite 96).

Der Futtertrick Behält Ihr erwachsener Hund den großen Radius auch nach diesen Übungen hartnäckig bei, können Sie den Aufenthalt in Ihrer Nähe attraktiver machen, indem Sie ihn nicht mehr zu Hause füttern, sondern während des Spaziergangs. Jetzt muss er sich die tägliche Ration verdienen. Werten Sie das Futter zusätzlich auf, indem Sie etwas Käse oder gebratenes Hackfleisch untermischen. Bleibt Futter übrig, weil der Vierbeiner sich zu selten an den kleineren Radius hält, gibt es den Rest auch nicht nachträglich zu Hause. Ein kleines »Loch« im Magen schadet am ersten Übungstag nicht. Ein Leckerli oder ein Belohnungsspiel gibt es aber nicht, wenn Ihr Hund zu weit weggelaufen war.

› Wenn Sie Sorge haben, dass Ihr Hund weglaufen könnte, bietet sich das Schleppleinentraining an (→ Seite 89).

Jeder Hund hat einen anderen Radius

Achten Sie darauf, dass Ihr Hund immer einen bestimmten Radius einhält. Je nach Typ und Alter des Hundes liegt die optimale Entfernung vom Menschen bei 7–20 Meter. Jagt ein Hund gern, sollte er sich weniger weit entfernen dürfen als einer, den nicht die Jagdlust packt.

SCHLEPPLEINE:
FREIHEIT UNTER KONTROLLE

EXTRA

Natürlich wollen Sie Ihrem Hund beim Spaziergang möglichst viel Bewegung gönnen und ihn frei laufen lassen. Was aber tun, wenn er sich nicht genügend an Ihnen orientiert, und wenn Sie auf Distanz nur unzureichend oder gar nicht auf ihn einwirken können? Dann ist die Schleppleine fast immer das richtige Mittel der Wahl. Das Prinzip funktioniert so: Mit der Schleppleine können Sie den Hund über eine größere Distanz hinweg kontrollieren, ihm bleibt aber noch genügend Freiraum, um das richtige Verhalten zu erlernen. Denn ein Hund begreift sehr schnell, dass er an der Schleppleine keine Chance hat, Verhaltensweisen zu zeigen, die sein Mensch nicht wünscht. Und ein weiterer Vorteil: Ist Ihr Hund auf diese Weise kontrollierbar, verhalten Sie sich automatisch entspannter und souveräner – die ideale Voraussetzung, um eine gute Lernatmosphäre für Ihren Vierbeiner zu schaffen.

Eine Leine für (fast) alle Fälle

Eine Schleppleine bietet viele unterschiedliche Einsatzmöglichkeiten, zum Beispiel beim Anti-Aggressionstraining (→ Seite 126), beim Anti-Jagdtraining (→ Seite 113 ff.) oder beim Abbau von Ängsten (→ Seite 148). Auf diesen Seiten wird auch der Trainingsaufbau ausführlich erklärt. Die Schleppleine ist das ideale Trainingsinstrument, wenn Ihr Hund sich nur ungern oder überhaupt nicht anleinen lässt, oder wenn er sich immer wieder zu weit von Ihnen entfernt und Sie seinen Radius dauerhaft verkleinern möchten. Einige grundsätzliche Regeln sollten Sie beim Einsatz der Schleppleine beachten.

Die Schleppleine gezielt einsetzen

Sie können die Schleppleine in der Hand halten oder einfach am Boden schleifen lassen. Welche Methode sich am besten eignet, hängt von Ihrem jeweiligen Trainingsziel ab.

› Wenn Sie mit Ihrem Hund an seinem Angst- oder Aggressionsverhalten arbeiten oder wenn Sie seinen Radius verkleinern wollen, dann halten Sie die Schleppleine während des Trainings in der Hand.

› Wenn Ihr Hund prinzipiell einen akzeptablen Radius einhält und Sie mit ihm Aufgaben wie das Anleinen (→ Seite 92) trainieren wollen, dann lassen Sie die Leine am Boden schleifen – ohne sie in die Hand zu nehmen. Ihr Hund zieht sie dann einfach hinter sich her. Müssen Sie ihn unter Kontrolle bringen, treten Sie auf die Leine oder greifen nach ihr.

› Die Variante mit der am Boden schleifenden Schleppleine kommt auch zum Einsatz, nachdem das Training mit der Schleppleine in der Hand den gewünschten Erfolg gebracht hat und Ihr Hund unerwünschtes Verhalten wie Angst oder Aggression nicht mehr zeigt. Bewährt sich der Vierbeiner in dieser Situation auch weiterhin, verkürzen Sie die Schleppleine alle paar Tage um bis zu einen Meter. Die Leine wird dadurch leichter, der Hund fühlt sich freier – spürt aber sehr wohl, dass er noch unter Kontrolle ist.

Schleppleine beim Welpen Dem Welpen kann man eine sehr leichte Schleppleine ans Brustgeschirr hängen, die er dann hinter sich herzieht. So haben Sie die Sicherheit, ihn im Notfall rechtzeitig zu erwischen, beispielsweise, wenn der ungestüme kleine Kerl im Freilauf noch nicht sicher auf Richtungswechsel und den Rückruf reagiert und zu anderen Hunden oder Passanten rennt. Die lange Leine verhindert, dass er sich in Gefahr begibt oder jemandem lästig wird.

Darauf sollten Sie achten

Brustgeschirr Die Schleppleine gehört immer an ein gut sitzendes Brustgeschirr – am Halsband stellt sie ein Verletzungsrisiko für den Hund dar.

Zusätzlich zur Normalleine Die Schleppleine ersetzt die normale Leine nicht, sondern wird zusätzlich verwendet. Das heißt: Wenn Sie Haus oder Wohnung verlassen und zu Ihrem Spaziergebiet aufbrechen, dann führen Sie den Hund an seiner normalen Leine. Dort angekommen, hängen Sie die Schleppleine vor Trainingsbeginn in das Brustgeschirr ein.

Die passende Schleppleine Nehmen Sie die angebotenen Schleppleinen-Modelle beim Kauf kritisch unter die Lupe. Die Schleppleine sollte

Mit Brustgeschirr und Schleppleine können Sie auch einem Vierbeiner, der nicht frei laufen darf, einen ausreichenden Bewegungsraum bieten.

beispielsweise keine Nässe aufsaugen, die sie sehr schwer werden lässt. Sie sollte aber auch nicht zu dünn sein, da Sie sich sonst Ihre Hände verletzten können, wenn die Leine einmal zu schnell hindurchgleitet. Ideal sind sehr leichte und flache Schleppleinen – also fast eine Art Band. Am besten kaufen Sie eine Schleppleine mit zehn Meter und eine mit fünf Meter Länge, gegebenenfalls auch eine kürzere Version.

Große Hunde Bei einem großen und schweren Hund kann das Training mit der Schleppleine riskant sein, wenn er sich mit voller Wucht in die Leine wirft. Wegen der Länge der Schleppleine lässt sich der plötzlich einsetzende vehemente Zug viel schlechter beherrschen als an kürzeren Leinen. Trainieren Sie daher mit einer zwei bis höchstens vier Meter langen Schleppleine und testen Sie ihre Handhabung in einer vertrauten Umgebung. Handschuhe bieten Schutz vor Abschürfungen der Haut, falls die Leine einmal zu schnell durch Ihre Hände flitzt.

Unruhige Hunde Wenn Sie einen sehr unruhigen Hund bändigen müssen, der an der Schleppleine wild hin- und herrennt, kommen Sie mit einer verkürzten Schleppleine am besten zum Ziel. Ist das Training an der kurzen Leine erfolgreich, können Sie auf die fünf Meter lange Leine und später auch auf zehn Meter umsteigen.

Verwicklungsgefahr Tauchen plötzlich mehrere andere Hunde und Menschen auf, während Sie unterwegs mit Ihrem Hund trainieren, kann die Situation schnell unübersichtlich werden. Fassen Sie die Schleppleine kurz, bis wieder Ruhe eingekehrt ist und Sie die Übungseinheit kontrolliert fortsetzen können. Ansonsten passiert es nur zu leicht, dass es beim Herumtoben des Hundes an der Schleppleine im wahrsten Sinne des Wortes zu Verwicklungen kommt.

Anleitung vom Profi Falls Sie sich das Schleppleinentraining noch nicht zutrauen, üben Sie die ersten Schritte unter Aufsicht und Anleitung eines erfahrenen Hundetrainers.

So läuft es von Anfang an richtig

Nutzen Sie die ersten Spaziergänge dazu, Ihren Hund an die Schleppleine zu gewöhnen und trainieren Sie zunächst mit einer maximal fünf Meter langen Leine, damit der Vierbeiner ein Gefühl dafür bekommt. Sinn und Zweck des Trainings ist es nicht, den Hund im Fall eines Falles abrupt zu stoppen, wenn er zum Beispiel zum Jagdsprint startet und sich mit ganzer Kraft in die Leine wirft. Er soll vielmehr nach und nach lernen, sich aus eigenem Antrieb in dem größeren Radius und Freiraum, den ihm die Schleppleine bietet, richtig zu verhalten.

Richtungswechsel Nehmen Sie die Schleppleine in die Hand und führen Sie ruhige Richtungswechsel aus. Für jede Kontaktaufnahme zum Halter wird der Hund mit einem Leckerbissen belohnt. Er lernt so sehr schnell, sich stärker an Ihnen zu orientieren. Sie dürfen ihn dabei an der Schleppleine durchaus behutsam mit sich ziehen, aber bitte immer ohne Ruck. Am effektivsten ist ein gleichmäßiges, sanftes Mitnehmen, das auf den Hund so wirkt, als würden Sie einfach Ihres Weges gehen. Nehmen Sie keinen Blickkontakt zu ihm auf, wenn er an der Schleppleine zieht, an Ihnen vorbeiläuft, nicht herankommt oder sich auf andere Weise unerwünscht oder ungebührlich benimmt. Aufmerksamkeit von Ihrer Seite würde ihn in seinem Fehlverhalten bestärken. Werfen Sie nur einen kurzen Blick aus den Augenwinkeln auf ihn, wenn er gerade wegsieht.

Loben und belohnen Anfangs wird Ihr Schüler für jedes Herankommen und für jede Kontaktaufnahme gelobt und erhält eine Belohnung – selbst dann, wenn er zuvor in die Leine gelaufen ist, oder Sie ihn mit sich ziehen mussten. Nach zwei bis drei Trainingstagen gibt es allerdings nur noch dann Lob und Belohnung, wenn er das geforderte Verhalten – angemessener Radius und Aufmerksamkeit für seinen Halter – ganz von selbst anbietet, ohne dass Sie dafür vorher an der Schleppleine ziehen mussten.

Für vorbildliches Verhalten an der normalen oder der Schleppleine sollten Sie Ihren Hund in der Trainingsphase immer wieder loben und belohnen.

Leine fallen lassen Wenn der Hund an der Schleppleine sich schon über mehrere Tage an seinem Besitzer orientiert und seinen Radius einhält, ohne in die Schleppleine zu laufen, dann können Sie die Leine fallen lassen. Das kann zunächst lediglich für einen bestimmten Bereich auf Ihrem Spazierweg gelten, während Sie die Schleppleine in anderen Gebieten weiterhin in der Hand halten. Für diesen Übungsschritt sind eventuell mehrere Wochen nötig.

Praxistipp Nicht selten läuft Ihr Vierbeiner bei einem Richtungswechsel einfach an Ihnen vorbei. Gehen Sie in die Hocke, denn das wirkt auf viele Hunde wie eine Einladung heranzukommen, und drehen Sie sich seitlich von Ihrem Hund weg. Schauen Sie ihn dabei nicht direkt an, weil er sonst möglicherweise nicht kommt. Sobald er bei Ihnen ist, wird er ausgiebig gelobt und erhält natürlich eine kleine Belohnung.

Es ist jedes Mal ein Kampf,
bis er sich anleinen lässt

Sie haben sich Jacke und Schuhe angezogen, den Schlüssel eingesteckt, die Leine in der Hand und sind startklar fürs Gassigehen mit Ihrem Hund. Doch wer trotz Rufens nicht kommt, um sich anleinen zu lassen, ist Ihr Vierbeiner. Oder Sie haben einen richtig schönen Spaziergang mit ihm gemacht, wollen ihn für die letzten Meter an die Leine nehmen, aber der Schlawiner weicht Ihrer Hand geschickt aus und läuft vielleicht sogar ein Stück weg. Und jedes Mal, wenn Sie ihn fast erwischt haben, hüpft er wieder zur Seite.

Wie so oft passiert das natürlich gerade dann, wenn man es eilig hat und ein wichtiger Termin ansteht. Das strapaziert die Nerven und stellt Sie als souveränen Hundehalter in Frage – vor allem, wenn Ihnen bei der leidigen Aktion auch noch Passanten zuschauen. Weit unerfreulicher ist es jedoch, dass Sie den Hund nicht unter Kontrolle haben, insbesondere, wenn Sie ihn aus gutem Grund anleinen wollen, zum Beispiel weil sich Jogger oder Eltern mit Kindern nähern.

AUF EINEN BLICK

Coaching-Ziel

Ihr Hund kommt immer freiwillig und voller Vertrauen zu Ihnen. Sie können ihn locker seitlich und von unten am Halsband anfassen und an jedem Ort anleinen, ohne dass er vor Ihnen zurückweicht oder wegläuft.

Hilfsmittel

Kleine Leckerbissen zur Belohnung fürs Herankommen; Halsband, Leine und bei Bedarf Brustgeschirr und Schleppleine.

Tipps und Trainingszeiten

Üben Sie mehrmals während des Spaziergangs, aber nicht, wenn Sie in Zeitnot sind und schnell wieder nach Hause wollen: Eine entspannte Atmosphäre ist die Grundvoraussetzung für erfolgreiches Training, Hektik und Anspannung übertragen sich immer auf Ihren Hund.

Warum es nicht klappt

› Ihr Hund möchte den Spaziergang einfach nicht beenden, weil er weiß, dass der Spaß dann vorbei ist: kein Schnüffeln mehr, kein Spielen mit Artgenossen, kein wildes Herumtoben.
› Das Anleinen ist für den Hund bedrohlich. Häufig ist die Körpersprache des Menschen der Grund dafür: Sich über ihn beugen, ihn schnell zu sich ziehen oder plötzlich nach dem Halsband greifen, schüchtert nicht wenige Vierbeiner ein.
› So mancher Hund aus zweiter Hand, dessen Vorgeschichte man nicht kennt, verbindet möglicherweise schmerzhafte Erfahrungen mit der Leine und dem Anleinen – oder ist vielleicht von einem Vorbesitzer misshandelt worden.
› Oder ist es immer dieselbe Stelle, wo Ihr Hund sich nicht anleinen lässt? Dann ist es nicht unwahrscheinlich, dass er ein früheres und für ihn bedrohliches Ereignis mit dem Anleinen verbindet, etwa wenn er dabei durch das laute Knattern eines Auspuffs in Panik versetzt wurde. Er fühlt sich an diesem Ort unbehaglich und befürchtet eine Wiederholung.

> Eine andere Möglichkeit: Er hat Stress beim Autofahren und will nicht an die Leine, weil er weiß, dass er dann in den Wagen einsteigen soll.
> Oft hat die Meidetaktik Ihres Hundes einen Grund, manchmal passiert es aber auch nur aus einer Laune heraus. Vielleicht macht Ihrem Racker das Fang-mich-doch-Spiel einfach Spaß, weil es für ihn Zuwendung und Entertainment bedeutet. Hat er einmal Erfolg damit, setzt er dieses Verhalten immer wieder ein, oft an der gleichen Stelle, später auch anderswo. Und schon ist es etabliert und gehört für ihn ganz selbstverständlich zum täglichen Spaziergang dazu.

So coachen Sie Ihren Hund

Ausweichmanöver Wenn Ihr Vierbeiner sich dem Anleinen immer nur an einer bestimmten Stelle entzieht, ist die Lösung einfach: Leinen Sie ihn schon einige Meter vorher an, entweder mit der normalen oder der Schleppleine.

Mit dem Rückruf arbeiten Lässt Ihr Hund sich nicht anleinen, kommt aber zuverlässig auf Ihr Rückrufsignal herbei, ist das eine gute Basis für das Training. Üben Sie während der Spaziergänge daher gezielt den Rückruf (→ Seite 84). Kommt Ihr Hund zu Ihnen, gibt es eine Belohnung.

> Berühren Sie ihn dabei eher beiläufig am Fell. Fassen Sie ihn aber nicht von oben an, sondern streicheln Sie ihn sanft seitlich am Hals. Dann schicken Sie ihn mit dem Auflösungssignal wieder weg, er darf weiter frei laufen, schnuppern oder spielen. Während Sie das Auflösungssignal geben, drehen Sie sich vom Hund weg und entfernen sich entgegengesetzt der Richtung, die Ihr Hund gerade einschlägt.

> Toleriert Ihr Hund den Kontakt mit Ihrer Hand, berühren Sie im nächsten Trainingsschritt leicht das Halsband, fassen es dann vorsichtig an und halten es schließlich kurz fest. Nehmen Sie dabei gelegentlich die normale Leine in die Hand. Je nach Kooperationsbereitschaft Ihres

Hundes können Sie die Leine auch für einen kurzen Moment am Halsband einhängen. Lösen Sie die Leine aber gleich wieder und lassen Sie den Hund frei laufen. Üben Sie dieses kurzzeitige Anleinen auch weiterhin während der Spaziergänge und vergessen Sie nicht, Ihren Hund für seine Leistung zu loben.

Richtungswechsel einsetzen Machen Sie während des Spaziergangs viele Richtungswechsel (→ »Ich muss ihn ständig kontrollieren, weil er zu weit wegläuft«, Seite 86), belohnen Sie den Hund dabei und berühren Sie ihn ab und zu am Fell und am Halsband. Setzen Sie dabei gezielt Ihre Körpersprache ein und gehen Sie möglichst oft in die Hocke, weil das auf Ihren Hund freundlicher und einladender wirkt. Schauen Sie ihn nicht direkt an, sondern drehen Sie sich leicht seitlich weg. Wie oben beschrieben können Sie die Anforderung an Ihren Hund langsam steigern, bis Sie ihn schließlich anleinen können, ohne dass er vor Ihnen zurückweicht oder wegläuft.

Ihr Hund muss sich jederzeit ohne Widerstand Halsband und Leine anlegen lassen. Er darf dabei weder zurückweichen noch weglaufen wollen.

Die Schleppleine verwenden Das Training mit der Schleppleine kann hier eine ideale Hilfe sein. Je nach Lernerfolg setzt man sie einige Wochen oder auch Monate ein. Das bedeutet: Zusätzlich zum normalen Halsband und zur normalen Leine wird Ihr Hund nun mit einem Brustgeschirr und einer Schleppleine ausgestattet. Bitte beachten: Die Schleppleine wird grundsätzlich nur am Brustgeschirr befestigt. Sie ersetzt dabei die normale Leine nicht, sondern dient als zusätzliches Trainingshilfsmittel (→ Schleppleinentraining, Seite 89).

> Die Schleppleine erweist sich beim Training der Leinenführigkeit oft als unverzichtbare Hilfe.

> Hatten Sie mit den oben beschriebenen Maßnahmen keinen Erfolg, dann nehmen Sie beim Spaziergang unbemerkt die Schleppleine auf und starten einen Rückruf. Kommt Ihr Hund nicht sofort zu Ihnen, gehen Sie gleichmäßig rückwärts, also entgegen der Richtung, die Ihr Hund einschlägt, und ziehen ihn sanft, aber bestimmt zu sich heran. Ist er schließlich bei Ihnen angekommen, wird er gelobt und belohnt – selbst wenn alles nicht ganz freiwillig passierte. Bei der Übung ist Ihre positive Körpersprache besonders wichtig. Gehen Sie daher auch hier in die Hocke, wenn Sie den Leckerbissen anbieten, wenden Sie sich leicht ab und vermeiden den direkten Blickkontakt mit Ihrem Hund. Trainieren Sie nun zunächst das Tolerieren von Berührungen und danach das Anleinen.

> Einige Hunde »tricksen« ihre Besitzer aus, indem sie sich mit der Schleppleine gerade so weit fortbewegen, dass ihr Halter die Leine nicht zu fassen bekommt. Hunde entwickeln durchaus ein Gefühl für die Länge der Leine. Steigen Sie in diesem Fall auf eine noch längere Schleppleine um, zum Beispiel die Zehn-Meter-Leine. Jetzt wird es für den Vierbeiner schwieriger, sich Ihrem Einfluss zu entziehen. Wenn Sie in dem Moment, wo Ihr Hund sich nicht anleinen lässt, einfach nur das Ende der Schleppleine aufnehmen, um an ihn heranzukommen, bringt die Schleppleine noch keinen Erfolg. Wichtig ist also das entsprechende Anleintraining.

> Klappt das Training prinzipiell gut, aber Ihr Hund fällt irgendwann doch noch einmal in sein altes Verhalten zurück, dann wenden Sie sofort den Blick ab und gehen ruhig, aber bestimmt weiter. Nehmen Sie das Ende der Schleppleine auf und trainieren Sie erneut die Schleppleinen-Aktion in Kombination mit dem Rückruf.

Vertrauen ist alles

Versuchen Sie nie, den Hund irgendwie einzufangen oder von oben nach ihm zu greifen und zerren Sie ihn nicht am Halsband zu sich heran. Diese Maßnahmen bewirken alle das Gegenteil von dem, was Sie erreichen wollen. Ihr Ziel muss es sein, dass Ihr Hund voller Vertrauen und immer freiwillig zu Ihnen kommt und Sie ihn locker seitlich und von unten am Halsband anfassen können.

> Verlieren Sie nicht die Geduld und nutzen Sie auch ungewöhnliche Wege, um erfolgreich zu sein. Gehen Sie zum Beispiel mit Ihrem Hund zu Ihrem abseits einer Straße geparkten Auto. Womöglich springt er aus freien Stücken hinein und Sie können ihn dann ganz entspannt anleinen. Nach mehrmaligen Wiederholungen gelingt das Anleinen schließlich vielleicht schon ein paar Meter vor dem Auto und Sie können die Distanz immer weiter steigern.

> Wenn Sie jedoch das Gefühl haben, allein nicht weiterzukommen, sollten Sie die Unterstützung eines Hundetrainers in Anspruch nehmen. Er wird Ihnen helfen, die Ursache des Problems herauszufinden und gezielt daran zu arbeiten.

Spazierengehen ist Stress, weil er ständig an der Leine zerrt

Bei fast jedem Spaziergang bestimmt Ihr Hund das Tempo und zieht und zerrt an der Leine. Jeder Richtungswechsel gleicht einem Tauziehen. Das ist nicht nur ausgesprochen lästig, sondern kann dem weichen Halsbereich Ihres Vierbeiners schaden und ist nicht zuletzt auch anstrengend und kräftezehrend für Sie. Durch das Ziehen gibt Ihr Hund ganz klar vor, wer hier das Sagen hat: Er bestimmt Richtung und Geschwindigkeit des Spaziergangs, er entscheidet, wann und wo er stoppen und schnuppern will.

Warum es nicht klappt

> Für einen jungen Hund gleicht jeder Spaziergang einem Abenteuer: Andere frei laufende und spielende Hunde, Fressbares am Wegesrand, viele neue Gerüche und die aufregende Umgebung sind nur einige der ablenkenden Reize, die es ihm fast unmöglich machen, konzentriert und ruhig zu bleiben.

> Einem unsicheren Hund fehlen oft die Ruhe und Selbstsicherheit, um entspannt an lockerer Leine zu laufen, vor allem wenn er in Situationen gerät, die er nicht einschätzen kann. Lebt der Hund noch nicht lange bei Ihnen, bieten Sie ihm womöglich auch noch nicht genügend Sicherheit und Orientierung.

> Gehen andere Familienmitglieder oder Artgenossen voraus und der Hund soll an der Leine zurückbleiben, ist das für die meisten Vierbeiner eine große Herausforderung, die in der Regel nur erfahrene Hunde mit Bravour meistern.

> Es fehlen klare Handlungsanweisungen: Einmal lässt der Halter den Hund entnervt ziehen, weil ihn das ständige Korrigieren ermüdet, beim nächsten Mal packt ihn der Ehrgeiz und er probiert wahllos die verschiedenen Erziehungstipps wie Leinenruck, Stehenbleiben, Schimpfen und Bei-Fuß-Gehen aus. Doch Konzeptlosigkeit und fehlende Konsequenz beim Training bringen jeden Hund durcheinander, und ein plötzlicher Wutausbruch oder der heftige Leinenruck werden von dem Vierbeiner als Willkür empfunden. Und da man ihm keine konstante Anleitung bietet, macht er weiter wie bisher.

AUF EINEN BLICK

Coaching-Ziel

Ihr Hund geht zuverlässig an lockerer Leine, ist mit seiner Aufmerksamkeit bei Ihnen und orientiert sich an Ihrem Lauftempo und Ihrer Laufrichtung. Er bleibt in der Regel auf Ihrer Höhe, darf aber auch einmal etwas hinter oder vor Ihnen laufen, ohne jedoch an der Leine zu ziehen.

Hilfsmittel

Leckerlis; Brustgeschirr, Halsband und eine ca. 1,5 m lange Leine; eventuell auch ein Kopfhalfter (→ Seite 134).

Tipps und Trainingszeiten

Trainieren Sie mit Ihrem Hund jedes Mal, wenn die Leine am Halsband befestigt ist; zu Trainingsbeginn 2–3-mal täglich für ca. 5–10 Minuten. Steigern Sie die Dauer mit zunehmendem Trainingserfolg.

So coachen Sie Ihren Hund

Üben Sie zunächst in Situationen, in denen es Ihrem Hund relativ leicht fällt, sich auf Sie zu konzentrieren und das Lernprinzip zu verstehen. Gehen Sie daher alleine mit ihm spazieren und vermeiden Sie möglichst alle oben beschriebenen Ablenkungen. Das nachfolgend erläuterte Trainingsprogramm fordert volle Konzentration von Ihrem Hund. Üben Sie anfangs nicht länger als fünf Minuten, um Ihren Schüler nicht zu überfordern. Erst wenn das Laufen an lockerer Leine auf den einfachen Strecken gut klappt, können Sie auf anspruchsvollere umsteigen.

Der Brustgeschirr-Trick Eine hundertprozentige Trainingskonsequenz erreicht man im Alltag kaum. Greifen Sie deshalb zu einem kleinen Trick: Legen Sie Ihrem Hund bei Spaziergängen

Als perfekter Begleiter setzt sich der Hund freiwillig, wenn sein Besitzer im Gespräch ist.

ein ausreichend breites Halsband ohne Würgefunktion und ein gut sitzendes Brustgeschirr um. Er soll beides gleichzeitig tragen.

> Haben Sie selbst keine Zeit fürs Training oder führt jemand den Hund aus, der die Lektion nicht kennt oder beherrscht, wird die Leine am Brustgeschirr eingehängt. Diese Konstellation bedeutet quasi eine Erziehungspause: Ihr Hund darf weiterhin an der Leine ziehen wie bisher. Vor Trainingsbeginn befestigen Sie die Leine dann am Halsband. Diese Phasen sollen im Verlauf des Trainings zunehmend länger werden. Wenn Sie die Trainingseinheit beenden, kommt die Leine erneut ans Brustgeschirr. Der Hund begreift den Unterschied sehr schnell.

> Stellen Sie die Leine auf eine praxisgerechte Länge ein. Der Hund darf an der Leine sein Geschäft verrichten und auch kurz schnuppern – vorausgesetzt, sie hängt immer locker durch. Gehen Sie anfangs langsam und erhöhen Sie die Geschwindigkeit erst, wenn alles prima klappt.

Training mit vier Varianten Ihre Aufgabe ist es nun, dem angeleinten Vierbeiner beizubringen, auch weiterhin auf Sie zu achten. Sobald Sie seine Aufmerksamkeit verlieren, bleiben Sie sofort stehen und variieren das Training je nach Intensität seiner Ablenkung mit diesen Methoden:

> Ist Ihr Hund nur leicht unkonzentriert und »aus Versehen« zu schnell gelaufen, reicht diese Variante: Sie bleiben stehen und warten geduldig, bis er an Ihre Seite zurückkehrt. Es genügt aber nicht, wenn sich Ihr Hund auf Leinenlänge von Ihnen entfernt hinsetzt.

> Bei etwas stärkerer Ablenkung müssen Sie mehr tun, um die Aufmerksamkeit Ihres Hundes wieder herzustellen. Gehen Sie so lange rückwärts, bis er Ihnen aufmerksam und an lockerer Leine folgt. Sobald er Blickkontakt zu Ihnen aufgenommen hat, loben Sie ihn und gehen anschließend wieder normal vorwärts. Will er gleich darauf erneut in seine Richtung ziehen, wiederholen Sie die Rückwärtsübung.

› Wenn der Vierbeiner so sehr abgelenkt ist, dass Sie mit der Rückwärtsübung keinen Erfolg erzielen, drehen Sie um und gehen so lange und ohne Unterbrechung in die andere Richtung weiter, bis Ihnen Ihr Hund wieder aufmerksam folgt.

› Wenn der Hund stark angespannt ist, etwas sehr intensiv anstarrt und überhaupt nicht mehr auf Sie reagiert, müssen Sie dazwischen gehen und ihn mit leichtem Körpereinsatz vom Objekt abdrängen (»An der Leine verhält er sich aggressiv zu anderen Hunden«, → Seite 139).

Wichtig: Für alle vier Varianten gilt: Reagieren Sie durch Stehenbleiben und der entsprechenden Trainingsvariante nach Möglichkeit noch bevor Ihr Hund an der Leine zerrt. Wiederholen Sie die jeweiligen Trainingsschritte so lange, bis sie wirklich funktionieren – also nicht beim dritten Mal nachgeben und den Hund doch ziehen lassen.

Richtig belohnen Wenn Sie Ihren Hund korrigieren müssen, wird er für seine Aufmerksamkeit gelobt. Eine Belohnung gibt es aber nur, wenn er von sich aus an lockerer Leine neben Ihnen geht. Anfangs sind bereits zwei oder drei Sekunden an lockerer Leine ein toller Erfolg und ein Leckerli wert – hier müssen Sie also mit der Belohnung schnell reagieren. Schließen Sie die Übung möglichst mit einem positiven Ergebnis ab.

Kleine Praxishilfen

Hat Ihr Hund die Angewohnheit, plötzlich ruckartig zu einer spannenden Stelle zu ziehen, gehen Sie gleich noch einmal dort vorbei. Nun sind Sie darauf vorbereitet und können reagieren, bevor er sich in die Leine legt: Bleiben Sie stehen und gehen Sie dann rückwärts. Halten Sie die Leine dabei mit beiden Händen dicht am Körper, das gibt Ihnen die beste Standfestigkeit. Erst wenn der Hund an Ihre Seite zurückgekehrt ist und Sie anschaut, gehen Sie ruhig mit ihm weiter. Bei sehr kräftigen Hunden kann es sinnvoll sein, ein Kopfhalfter einzusetzen (→ Seite 134).

Ein aufregender Duft am Wegesrand … und schon zerrt er wieder mit aller Kraft an der Leine. Starten Sie das Training mit der Aufmerksamkeitsübung (→ Seite 76).

STRESSFREI WARTEN TIPP

Wenn Sie mit Ihrem Vierbeiner irgendwo warten müssen, stellen Sie sich mit einem Fuß so auf die Leine, dass Ihr Hund noch aufrecht stehen kann. Das Leinenende behalten Sie in der Hand. Setzt sich der Hund oder legt er sich entspannt hin, loben und belohnen Sie ihn. Zieht er hingegen an der Leine, bleiben Sie ruhig darauf stehen und ignorieren seine Aktion – er muss lernen, dass ihm sein Verhalten keinen Erfolg bringt. Bellt er andere Hunde oder Menschen an, gehen Sie mit ihm so weit weg, bis er sich völlig beruhigt und stellen sich dann erneut auf die Leine.

Aus lauter Freude
springt er alle Menschen an

Ihr Hund ist ein kontaktfreudiger und fröhlicher Youngster und freut sich über jeden Menschen, der seinen Weg kreuzt, ob zu Hause an der Haustür oder unterwegs beim Spaziergang. Die Zweibeiner werden voller Begeisterung begrüßt, der Vierbeiner springt dabei wie ein Flummi an den Menschen hoch, versucht Küsschen zu geben und weiß nicht wohin mit all seiner überschüssigen Freude. Viele Hundefreunde finden dieses Verhalten ausgesprochen süß, loben und streicheln den kleinen Quirl und gehen vielleicht sogar in die Hocke, um mit ihm ein bisschen zu spielen.

AUF EINEN BLICK

Coaching-Ziel

Ihr Hund freut sich über Besucher, springt sie aber nicht an. Er verhält sich so lange ruhig und entspannt oder bleibt in seinem Korb, bis er begrüßt wird. Draußen achtet er auf Sie und nicht auf andere Personen.

Hilfsmittel

Fürs Training in Haus und Garten möglichst gut instruierte Familienmitglieder oder Bekannte und beim Spaziergang befreundete Hundehalter. Leckerlis und Leine; eventuell ein Liegeplatz mit Haken, an dem die Leine befestigt werden kann.

Tipps und Trainingszeiten

Üben Sie mit Ihrem Hund so oft sich eine Gelegenheit bietet, sowohl in der Wohnung als auch im Freien.

Grundsätzlich ist es natürlich positiv, dass Ihr Hund Menschen so sehr mag. Doch wie sieht das aus, wenn er mit seinen Schlammpfoten das komplette Outfit ruiniert oder ausgewachsen ist und 35 Kilo oder mehr wiegt – werden Besucher oder Ihre Familienmitglieder die Zuneigungsbezeugungen dann noch ebenso schätzen? Von den Passanten, die der Hund ohne Vorwarnung auf der Straße anspringt, gar nicht zu reden.

Warum es nicht klappt

Hinter dem Verhalten eines Hundes können sich je nach Situation verschiedene Bedeutungen oder Absichten verbergen. Das Lecken der Mundwinkel eines Menschen oder der Schnauze des Artgenossen ist beispielsweise ein Beschwichtigungssignal, mit dem der Hund Unterwürfigkeit zeigt. Es geht zurück auf das Welpenverhalten, wenn der Kleine seine Mutter durch Lecken ihrer Lefzen zum Hervorwürgen von Futter animieren will. Im Laufe des Hundelebens entwickelt sich daraus eine freundliche Begrüßungsgeste – auch dem Menschen gegenüber. Gefördert wird das Verhalten durch Bestätigung. Freut sich der Mensch darüber und schenkt dem Hund zusätzliche Aufmerksamkeit oder sogar Leckerlis, ist das ein Erfolg für den Hochspringer und er wird es bei nächster Gelegenheit wieder versuchen – so etabliert sich ein Verhaltensmuster. Manche Vierbeiner entwickeln daraus eine regelrechte Strategie und springen jeden Menschen an, der ihnen über den Weg läuft – oft genug zaubert dann sogar ein wildfremder Spaziergänger ein leckeres Häppchen aus der Jackentasche.

So coachen Sie Ihren Hund

Er springt Familienmitglieder an. Besprechen Sie sich mit der ganzen Familie! Nur gemeinsam schaffen Sie die Basis, damit Ihr Hund versteht, um was es bei dieser Übungsform geht. Ziehen Sie, wenn möglich Freunde und Verwandte, hinzu, die Sie beim Training unterstützen. Je mehr Personen Ihnen helfen, desto schneller kann Ihr Hund verallgemeinern und lernen, dass dieses bis dahin lustige Verhalten keinen Spaß mehr bringt. Wichtig ist, dass sich alle Beteiligten zu hundert Prozent an Ihre Vorgaben halten, denn ohne Konsequenz läuft hier gar nichts – jede Ausnahme wirft das Training zurück. Und so geht's:

› Ignorieren Sie den Hund, sobald er Sie, andere Familienmitglieder oder Ihre Freunde bei der Begrüßung anspringt. Also: nicht anschauen, nicht ansprechen, nicht anfassen und überhaupt so tun, als ob in diesem Moment gar kein Hund anwesend ist. Drehen Sie sich dabei aber nicht ruckartig weg, da ihn das eher zum Spielen und Springen animieren könnte. Bleiben Sie besser ruhig stehen, drehen Sie ihm gegebenenfalls langsam den Rücken zu und schauen Sie in die Luft. Setzen Sie zudem ein deutliches Signal für den springfreudigen Hund, indem Sie die Arme vor dem Körper verschränken. Ist er selbst dann noch zu aufdringlich, verlassen Sie das Zimmer und bleiben für ein paar Minuten weg.

BASISTRAINING: IGNORIEREN BEIM ANSPRINGEN

1 Die Freude ist groß, wenn Frauchen nach Hause kommt. Doch das Anspringen kann schnell zum Problem werden, wenn der Hund auch Besucher oder Fremde auf diese Weise willkommen heißt.

2 Ziehen Sie sich für die ersten Übungen hundetaugliche Kleidung an. Begrüßen Sie Ihren Hund nicht zu enthusiastisch, ignorieren Sie ihn, sobald er an Ihnen hochspringt. Sprechen Sie nicht mit ihm, schauen Sie ihn nicht an und fassen Sie ihn nicht an. Drehen Sie sich nicht ruckartig um, da das animierend wirkt. Verhalten Sie sich wie gewohnt, hängen Sie die Jacke auf oder stellen die Tasche weg. Wenn für Ihren Hund Ignorieren neu ist, verstärkt er seine Aktion anfangs noch. Bleiben Sie ruhig und haben Sie Geduld.

3 Sobald der Hund sich beruhigt hat und mit allen vieren wieder am Boden ist, schenken Sie ihm ganz ruhig Ihre Aufmerksamkeit.

› Klappt das gut und Ihr Hund ist nicht mehr so aufgeregt, kann er kurz und ohne großes Trara begrüßt werden. Dadurch soll er lernen, dass er nur dann Zuwendung bekommt, wenn er sich ruhig verhält. Ansonsten müssen Sie die Übung regelmäßig wiederholen.

Er springt Besucher an. Wenn möglich, sollten Sie auch mit Ihren Gästen die oben für die Familie beschriebene Variante üben. Verständlicherweise kann man nicht jeden Besucher in das Trainingsprogramm einbeziehen. Hier heißt es dann: den Hund anleinen und sich auf die Leine stellen (→ »Spazierengehen ist Stress, weil er ständig an der Leine zerrt«, Seite 95), bevor der Gast hereinkommt. Bitten Sie Ihren Besuch, den Hund zu ignorieren. Hat sich Ihr Vierbeiner mit seiner neuen Situation abgefunden und etwas beruhigt, bieten Sie ihm die Aufmerksamkeitsübung (→ Seite 76) an. Verhält er sich entspannt, darf er an lockerer Leine am Besuch schnuppern, der ihn aber nach wie vor ignoriert. Sollte der Hund doch an ihm hochspringen wollen, nehmen Sie ihn an der Leine kommentarlos von Ihrem Gast weg und stellen sich erneut auf die Leine. In dieser Situation gibt es keine Belohnung, da der Hund sonst verknüpft: erst anspringen, dann zu meinem Besitzer und Leckerlis abkassieren.

› Manche Menschen haben große Angst vor Hunden und erschrecken sichtbar oder weichen vor ihnen zurück. Schon diese Reaktion kann den Hund zum Anspringen animieren. Dann ist es die bessere Alternative, ihn ins Körbchen zu schicken oder für die Zeit des Besuchs in einem anderen Zimmer unterzubringen. So bleibt Ihr Gast entspannt und der Hund wird nicht unbeabsichtigt in seinem Verhalten bestärkt, was den bisherigen Lernerfolg gefährden würde.

Er ist angeleint und springt Passanten an. Eine Alltagssituation: Ihr an der Leine laufender Hund bekundet Interesse an einer Person, indem er zum Beispiel mit der Rute wedelt und den Passanten anschaut, oder der Fremde versucht, den Hund zu sich zu locken. Bieten Sie dem Vierbeiner möglichst sofort die Aufmerksamkeitsübung an und belohnen Sie ihn mit einem attraktiven Leckerli. Splitten Sie dann (→ Seite 72), das bedeutet, Sie führen den Hund so, dass Sie sich zwischen ihm und der anderen Person befinden, gehen im leichten Bogen um den Passanten herum und belohnen Ihren Hund während dieser Übung (→ Strategien, Seite 70 ff.) ausgiebig. Auf diese Weise offerieren Sie ihm eine lohnenswerte Alternative zum Anspringen an und machen ihm dabei klar, dass sein eigener Mensch sehr viel attraktiver ist als die fremde Person.

Er springt beim Freilauf Spaziergänger an. Rennt Ihr Hund zu allen Spaziergängern hin und will sie anspringen, führen Sie ihn ab sofort nur noch an der Schleppleine, die wie bei allen Übungen am Brustgeschirr befestigt ist. Üben Sie anfangs möglichst in Gebieten, in denen der Hund nicht abgelenkt ist. Verkleinern Sie zunächst seinen Radius durch fortgesetzte Richtungswechsel (→ »Ich muss ihn ständig kontrollieren, weil er zu weit wegläuft«, Seite 86). Dadurch soll er lernen, sich stärker an Ihnen zu orientieren. Kommen Spaziergänger in Sicht, nehmen Sie die Schleppleine vorsichtshalber in die Hand. Bieten Sie Ihrem Hund – lange bevor die Spaziergänger auf Ihrer Höhe sind – durch Distanzvergrößern und Bogengehen (→ Strategien, Seite 70 ff.) eine neue Lösung an und belohnen ihn ausgiebig, wenn er gut mitmacht. Sollten Sie nicht weit genug ausweichen können, üben Sie mit ihm die Aufmerksamkeitsübung (→ Seite 76). Trainieren Sie die Strategien zunächst möglichst mit Hilfestellung eines instruierten Assistenten, dann fällt es Ihrem Hund im »Ernstfall« leichter.

› Wenn Sie feststellen, dass Ihr Hund sich nicht mehr so stark für fremde Personen interessiert, können Sie den Ausweichbogen bei den nächsten Übungen zunehmend kleiner halten, bis schließlich Begegnungen auch auf schmalen Waldwegen problemlos möglich sind.

Er ist ein echter »Müllschlucker«
und frisst jeden Unrat

Für manche Hunde gleicht jeder Spaziergang dem Besuch eines Restaurants mit üppigem Büffet, denn am Wegesrand und im Gebüsch finden sich oft achtlos weggeworfene Reste zahlreicher Lebensmittel. Ein verschmähtes Pausenbrot, eine Pommestüte mit Ketchup-Flecken, ein entsorgtes Bonbon oder frische Pferdeäpfel sind nur einige Beispiele, die aus Sicht des Vierbeiners eine willkommene Zwischenmahlzeit bieten. Zählt Ihr Hund zu diesen »Müllschluckern«, ist das während des Spaziergangs nicht nur ausgesprochen lästig und unappetitlich, sondern kann auch gefährlich werden: Es besteht die Möglichkeit, dass er einen unbekömmlichen oder sogar giftigen Happen erwischt und schwer erkrankt.

Warum es nicht klappt

› Hunde erweisen sich speziell in Futterfragen als außerordentlich clever und nutzen jede günstige Gelegenheit, die sich ihnen bietet. Daher ist es ganz normal, dass sie die Ressource Nahrung am Wegesrand nicht verschmähen.
› Ihr Hund hat tatsächlich Hunger, etwa wegen einer Diät zur Gewichtsreduzierung. Auch nach einer Kastration haben viele Hunde durch den veränderten Stoffwechsel ein deutlich gesteigertes Hungergefühl. Manche Rassen wiederum sind bekannt für ihren guten Appetit. So war es etwa früher bei den Retrievern wegen ihrer Apportierarbeit im kalten Wasser durchaus erwünscht, wenn sie sich eine ordentliche Speckschicht auf den Rippen anfutterten.
› Nicht selten wird das Fressen von Unrat erst durch die Aufmerksamkeit des Menschen erlernt.

Manche Hunde schlingen den Happen dann schnell hinunter oder machen ein lustiges Fang-mich-doch-Spiel daraus, wenn sie mit einem Fundstück vor ihrem laut rufenden und wild gestikulierenden Menschen davonlaufen. Der findet das allerdings meist nicht mehr lustig.
› Es kommt seltener vor, aber manchmal sind auch organische Probleme der Grund für dieses Verhalten, und der Hund versucht instinktiv, bestimmte Mangelzustände durch zusätzliche Nahrungsaufnahme auszugleichen.

AUF EINEN BLICK

Coaching-Ziel
Ihr Hund widersteht der Versuchung, unterwegs Abfälle zu fressen bzw. gibt ins Maul genommenen Unrat zuverlässig wieder ab.

Hilfsmittel
Spielzeug, Kauknochen und Leckerlis unterschiedlicher Attraktivität zum Einüben des Unterlassungs- und Aus-Signals. Wenn Ihr Hund andere Personen anbettelt, brauchen Sie einen Übungsassistenten.

Tipps und Trainingszeiten
Üben Sie das Signal »Aus« ein- bis zweimal am Tag und »Lass es« alle zwei bis drei Tage. Setzen Sie die Signale draußen nur ein, wenn Sie sicher sind, dass es auch klappt. Halten Sie bei den Spaziergängen mit Ihrem Hund die Augen offen, um Unrat möglichst schon vor ihm zu entdecken.

So coachen Sie Ihren Hund

› Stellen Sie mit einer Untersuchung beim Tierarzt sicher, dass Ihr Hund nicht aus organischen Gründen Unrat frisst, zum Beispiel wegen eines Mangelzustands oder Übersäuerung. Je nach Ursache können darmrelevante Bakterien oder homöopathische Mittel hilfreich sein. Besprechen Sie mit Ihrem Tierarzt oder einem Ernährungsexperten, ob die Versorgung Ihres Hundes ausgewogen und ausreichend ist und stellen Sie die Fütterung gegebenenfalls um. Manchmal bringt schon eine andere Futtersorte den gewünschten Erfolg. Es gibt heute spezielle Diätfuttermittel, die den Stoffwechsel ankurbeln und das Hungergefühl herabsetzen.

› Trainieren Sie mit einem Spielzeug ein Aus-Signal (→ Seite 108). Gibt Ihr Hund das Objekt auf Ihre erste Aufforderung hin bereitwillig ab, steigern Sie in den weiteren Trainingseinheiten den Schwierigkeitsgrad. Verwenden Sie dazu jeweils einen Gegenstand, der für den Vierbeiner noch attraktiver als der vorherige ist. Wenn Ihr Hund schließlich auch Kauknochen oder andere Leckereien zuverlässig abgibt, ist der Moment für die Generalprobe gekommen: Legen Sie während des Spaziergangs gezielt einen schmackhaften Gegenstand aus, ohne dass der Hund es bemerkt. Wichtig ist, dass er ihn nicht mit einem Happs herunterschlucken kann. Gut geeignet ist dafür zum Beispiel ein langer Ochsenziemer. Hat Ihr Hund den Gegenstand ins Maul genommen, geben Sie ihm das Aus-Signal. Lässt er daraufhin aus, loben Sie ihn kurz, schauen sich das Objekt an und geben es ihm anschließend zurück. Er soll die Erfahrung machen, dass Sie ihm seine Fundstücke nicht sofort wegnehmen. So wird er sie auch nach mehrmaligem Üben gern abgeben und lernt, dass es unnötig ist, sie hastig herunterzuschlingen. Üben Sie draußen aber nur, wenn Sie sich sicher sind, dass es klappt, andernfalls machen Sie sich das Aus-Signal kaputt.

› Bringen Sie Ihrem Hund ein Unterlassungssignal bei, zum Beispiel »Lass es«. Anders als beim Aus-Signal, bei dem Ihr Schüler den Gegenstand bereits im Maul hat, soll er ihn beim Unterlassungssignal gar nicht erst aufnehmen. Gehen Sie dazu in die Hocke und geben ihm drei Leckerlis. Halten Sie ihm ein viertes hin. Bevor er dieses Leckerli nimmt, sagen Sie »Lass es«, schließen die Hand zur Faust und führen sie unerreichbar für den Hund nach oben. Das muss sehr schnell gehen, damit der Vierbeiner keine Gelegenheit hat, sich den Leckerbissen doch noch zu schnappen. Wiederholen Sie diese

> Nicht nur beim »Müllschlucker« erleichtert das Aus-Signal die Verständigung mit dem Hund.

Aktion so oft, bis Ihr Hund das Leckerli meidet und den Blick abwendet, die Ohren anlegt oder sogar zurückweicht. Beenden Sie diese Übungseinheit, indem Sie aufstehen und in ein paar Schritten Entfernung eine einfache Übung wie »Sitz« von Ihrem Hund verlangen, für die er sich eine kleine Belohnung verdienen kann – das baut bei ihm die während der Übung entstandene Frustration ab. Wiederholen Sie diese Übungseinheit erst am nächsten oder übernächsten Tag, da sie für Ihren Hund sehr stressig und anfangs eben auch frustrierend ist. Geben Sie ihm auch zwischendurch wieder ohne »Lass es«-Signal Leckerlis aus der Hocke, damit er das Signal nicht mit Ihrer hockenden Körperhaltung verknüpft. Wiederholen Sie die Übung nicht täglich, denn sie fordert den Hund sehr, und gehen Sie dabei nicht immer in die Hocke, sondern bleiben Sie gelegentlich stehen oder setzen sich auf einen Stuhl oder eine Bank. Klappt das zuverlässig, können Sie die Schwierigkeit erhöhen und ein größeres Leckerli vor sich auf den Boden legen.

Sollte der Hund es bei »Lass es« noch nicht sicher meiden, nehmen Sie das Leckerli sofort wieder in die Faust und die Hand nach oben. Erst wenn das Meiden gut funktioniert, können Sie verschiedene Objekte – zunächst weniger attraktive, später immer verlockendere – auslegen und das »Lass es«-Signal mit dem an der Schleppleine geführten Hund während des Spaziergangs üben. Hat er das Signal verstanden, macht er künftig auf Ihr »Lass es« hin einen großen Bogen um das Objekt der Versuchung. Falls nicht, gilt es, weiter zu üben und die Bedeutung des Signals nach und nach zu festigen.

Wenn er andere Menschen anbettelt

Üben Sie das »Lass es«-Signal mit einem Helfer. Er bietet dem Vierbeiner ein Leckerli an. Will der Hund das Futter nehmen, sagen Sie »Lass es« und der Assistent schließt die Hand. Sie haben sich inzwischen von dem Bettler entfernt. Zeigt Ihr Hund Meideverhalten und läuft zu Ihnen, bekommt er anfangs ein Leckerli. Später nicht mehr, damit er nicht die Strategie entwickelt: gezielt bei Fremden betteln und fürs Meiden von Herrchen ein Leckerli kassieren. Üben Sie auch mit anderen Personen, damit Ihr Hund sein Verhalten nicht an bestimmte Menschen knüpft.

KLEINEN »MÜLLSCHLUCKERN« DAS HANDWERK LEGEN

Junge Hunde sind neugierig und erkunden ihre Umwelt ähnlich wie kleine Kinder, die Gegenstände anfassen und in den Mund stecken. So schnuppert ein Welpe erst ausgiebig an etwas Interessantem, dann nimmt er es nicht selten ins Maul und kaut darauf herum.

● Erkundet Ihr Welpe Unrat, ohne ihn direkt zu fressen oder schnell herunterzuschlingen, sollten Sie dieses Verhalten einfach ignorieren und so tun, als ob Sie es nicht bemerkt hätten – vorausgesetzt natürlich, der Fund kann ihm nicht schaden. Beobachten Sie den kleinen Racker unbemerkt aus den Augenwinkeln ohne ihn anzuschauen, anzusprechen oder anzufassen und gehen Sie ruhig weiter. Lässt er seine Beute fallen, zeigen Sie ihm gegenüber keine Reaktion. Auch wenn Sie sich innerlich freuen – es gibt keine Belohnung und kein Lob, da er das Sammeln von Dingen ansonsten für lukrativ halten könnte. Denn die besonders cleveren

Kerlchen suchen gern ganz gezielt nach Unrat, um Lob und Leckerchen zu kassieren, wenn sie den Fund großzügig wieder hergeben.

● Wenn Sie hingegen jedes Mal reagieren, sobald der junger Hund etwas ins Maul nimmt, kann er daraus schließen, dass es sich um etwas außerordentlich Interessantes handeln muss. Entreißen Sie ihm die Beute dann auch noch sofort, rennt er künftig womöglich mit ihr weg, um sich außerhalb Ihrer Reichweite damit zu beschäftigen. Oder er lernt, das Objekt seiner Begierde ganz schnell hinunterzuwürgen, um es nicht abgeben zu müssen.

● Haben Sie bereits die Erfahrung gemacht, dass Ihr Hund seinen Fund nicht abgeben will, ist Ignorieren die beste Taktik. Denn das erhöht die Wahrscheinlichkeit, dass er das Interesse verliert und den Gegenstand fallen lässt. Natürlich müssen Sie künftig das Kommando »Aus« (→ oben) mit ihm üben.

Mein Hund bellt und zieht,
wenn er am Fahrrad mitläuft

Beschäftigung ist wichtig, damit ein Hund ausgelastet ist. Das Mitlaufen am Fahrrad ist für viele Halter die perfekte Möglichkeit, ihrem Vierbeiner viel Bewegung zu verschaffen und seine Fitness und Ausdauer zu trainieren. Voraussetzung dafür ist, dass der Hund alt genug und körperlich dazu in der Lage ist (→ unten). Doch nicht wenige Hunde machen aus der Fahrradtour eher eine Tortour, weil Sie unterwegs ständig bellen oder an der Leine ziehen. So macht Radeln keinen Spaß und wird zur Gefahr für alle Beteiligten.

AUF EINEN BLICK

Coaching-Ziel

Ihr Hund benimmt sich am Fahrrad vorbildlich, er bellt nicht, springt nicht ständig herum und zieht nicht wie ein Ochse an der Leine. Angeleint sollte er an lockerer Leine auf Beinhöhe neben Ihnen herlaufen und dabei nicht schnuppern oder plötzlich stoppen, um sein Geschäft zu verrichten. Im Freilauf darf er gelegentlich zwischendurch schnuppern, soll aber aufmerksam sein und Ihr Tempo mithalten.

Hilfsmittel

Fahrrad und Leine, gegebenenfalls ein Kopfhalfter und ein spezielles Haltesystem fürs Fahrrad.

Tipps und Trainingszeiten

Einmal täglich, bei sehr unsicheren Hunden nicht mehr als 2–3-mal pro Woche.

Warum es nicht klappt

› Bellt Ihr Hund ständig am Fahrrad, ist es für ihn vielleicht ungewohnt, Sie auf dem Drahtesel sitzen zu sehen. Die Situation verunsichert ihn und daher möchte er sie stoppen.

› Das andauernde Bellen kann auch ein Zeichen von Übermut und der Vorfreude des Hundes auf die anstehende Fahrradtour sein – die Bellerei kann sogar auch in einer Kombination aus Übermut und Unsicherheit ihre Ursache haben.

› Die meisten Hunde ziehen am Fahrrad, weil sie nie gelernt haben, wie sie sich richtig verhalten sollen. Manchmal sind es aber auch in diesem Fall Übermut und der Spaß an der gemeinsamen Beschäftigung oder das genaue Gegenteil davon, nämlich Unsicherheit und der Versuch, sich der unangenehmen Situation zu entziehen.

So coachen Sie Ihren Hund

Leinenführigkeit üben. Zieht ein Hund ruckartig am Fahrrad oder bleibt er plötzlich stehen, ist das Verletzungsrisiko für ihn selbst und den Radfahrer zu groß. Üben Sie daher mit Ihrem Hund unbedingt das Laufen an lockerer Leine (→ Seite 96), bevor Sie ihn mit auf eine Radtour nehmen. Geht er nicht absolut sicher an der Leine, soll Sie aber trotzdem am Rad begleiten, empfiehlt es sich dringend, ihn an einem Kopfhalfter zu führen (→ Seite 134).

› Halten Sie die Leine immer so, dass Sie sie bei einem plötzlichen Richtungswechsel oder Stopp Ihres Hundes blitzschnell loslassen können. Das geht allerdings nicht, wenn Sie die Leine um das

Handgelenk oder den Lenker wickeln! Die Alternative ist eine spezielle Fahrradhalterung mit zugehöriger Leine, bei der Sie beide Hände zum Lenken und Bremsen des Rades frei haben. In Produkttests erfahren Sie, welche Halterungen empfehlenswert sind und welche Kriterien Sie beim Kauf beachten sollten. Einschlägige Infos erhalten Sie auch von den Automobilverbänden.

Ans Fahrrad gewöhnen Nehmen Sie Ihren Hund nicht mit, wenn Sie das Fahrrad aus dem Keller oder der Garage holen, damit er sich nicht schon vorher aufregt oder vor lauter Vorfreude aus dem Häuschen gerät. Bleiben Sie ruhig und gehen Sie erst dann mit ihm zum Rad, wenn er entspannt an lockerer Leine neben Ihnen läuft.

› Zunächst schieben Sie das Rad und gehen dabei zwischen Fahrrad und Hund. Ziel ist es, den Hund zum entspannten Mitmachen zu animieren. Dieses Grundtraining sollten Sie je nach Verhalten Ihres Hundes mehrmals und vielleicht sogar einige Tage hintereinander wiederholen.

› Den nächsten Trainingsschritt üben Sie in einer Umgebung mit wenig Ablenkung. Auch jetzt wird das Fahrrad zuerst wie oben beschrieben geschoben und der Hund geht an lockerer Leine mit. Dann setzten Sie sich auf den Sattel, bleiben aber noch stehen. Schauen Sie Ihren Hund dabei nicht an, um eine mögliche Unsicherheit durch Ihre Aufmerksamkeit nicht zu verstärken.

› Klappt alles zufriedenstellend – Sie sitzen auf dem Fahrrad, Ihr Hund bleibt ruhig – beginnen Sie damit, ganz langsam in die Pedale zu treten. Beobachten Sie den Vierbeiner dabei unauffällig aus den Augenwinkeln. Reagiert er hektisch oder versucht er sich gar der ungewohnten Situation zu entziehen, stoppen Sie sofort ganz ruhig und bleiben kommentarlos stehen. Wiederholen Sie diese Aktion, bis der Hund das langsame Tempo toleriert. Danach können Sie die Geschwindigkeit allmählich steigern.

› Falls er nun doch zu bellen beginnt, geben Sie ihm ruhig, aber bestimmt ein entsprechendes Abbruchsignal (→ Seite 69), halten das Fahrrad an und stellen Sie sich notfalls auf die Leine. Dabei sollten Sie Ihren Hund nicht anschauen, sondern ihn einfach ignorieren.

Mehr Sicherheit für Radler und Hund bieten spezielle Fahrradhaltesysteme, an denen die Leine befestigt wird. Vorteil: Der Radfahrer hat beide Hände am Lenker und kann im Notfall schneller reagieren.

› Auch wenn es viele Hundehalter nicht glauben wollen: Es gibt durchaus Vierbeiner, denen das Radfahren oder Joggen nur wenig Spaß macht. Fördern können Sie den Spaßfaktor, indem Sie zwischendurch öfter Pausen einlegen und Ihrem Hund eine lustige oder spannende Beschäftigung anbieten – aber nur, wenn er schön mitläuft. Schenken Sie ihm keine Aufmerksamkeit für sein Trödeln. Wenn Sie nach mehrmaligen Anläufen den Eindruck gewinnen, dass er einfach keine Freude am Mitlaufen hat, sollten Sie andere Beschäftigungsmöglichkeiten für ihn suchen.

🐾 Spezielle Leinenhalterungen bieten mehr Sicherheit, wenn Sie Ihr Hund beim Radfahren begleitet.

Varianten

Er schnappt nach Ihnen oder dem Rad. Geben Sie sofort ein Abbruchsignal (→ Seite 69), wenn Ihr Hund ins Fahrrad beißt oder gar nach Ihnen schnappt und es nicht erkennbar ist, ob er das aus reinem Übermut macht. Steigen Sie vom Rad und beenden Sie den Ausflug, indem Sie den Hund an der kurzen Leine nach Hause führen. Hat das Beißen sichtbar aggressiven Charakter, sollten Sie sich an einen Hundetrainer wenden, um jedes Risiko zu vermeiden.

› Anders sieht es aus, wenn der Racker eindeutig spielerisch und aus lauter Albernheit nach Ihrem Hosenbein oder nach dem Fahrrad schnappt, und er grundsätzlich zu den friedfertigen Typen gehört. Wird er übermütig und schnappt, steigen Sie vom Rad, gehen auf ihn zu und schauen ihn streng an. Machen Sie das so lange, bis Ihr Hund die Ohren anlegt und den Blick abwendet. Beenden Sie dann Ihre »Drohung«, beginnen aber sofort wieder damit, falls er erneut zuschnappen will. Praktizieren Sie das immer wieder und so

lange, bis er schließlich ganz ruhig neben Ihnen steht. Dann gehen Sie gelassen weiter. Aufs Rad sollten Sie erst wieder steigen, wenn sie beide völlig entspannt sind.

› Zweite Möglichkeit: Sie gewöhnen Ihren Hund an ein Kopfhalfter (→ Seite 134). Es erlaubt gezieltes und schnelleres Reagieren. Sobald der Hund unruhig wird, reduzieren Sie das Tempo, bis er wieder vorbildlich neben Ihnen läuft. Erst dann erhöhen Sie das Tempo langsam erneut.

Er nervt beim Joggen. Springt Ihr vierbeiniger Begleiter beim Joggen an Ihnen hoch oder bellt ständig, hat das die gleichen Ursachen wie beim Radfahren. Als weiteres Abbruchsignal können Sie die Arme verschränken. Springt er an Ihnen hoch, stellen Sie sich zusätzlich noch auf die Leine. Dabei sollte dem Hund so viel Spielraum bleiben, dass er sitzen und aufrecht stehen, aber nicht mehr hochspringen kann. Ignorieren Sie ihn dabei, damit er keine Aufmerksamkeit für sein unerwünschtes Verhalten erfährt. Schnappt oder beißt er beim Joggen nach Ihnen oder zwickt in Ihr Hosenbein, gelten die gleichen Empfehlungen wie beim Radfahren.

Ist mein Hund fit fürs Fahrrad?

Für die Gesundheit des Hundes ist es wichtig, dass er mit Fahrradfahren, Joggen oder Walken nicht zu früh beginnt. Solange ein Hund nicht ausgewachsen ist, können Dauersportarten den Aufbau seiner Knochen und Gelenke beträchtlich belasten und schädigen. Diese Gefährdung wird von vielen Hundehaltern unterschätzt – leider mit oft schlimmen Folgen. Wenn ein junger Hund durch zu viel Bewegung überlastet wird, kann das zu schmerzhaften, häufig chronischen und sogar lebensverkürzenden Gesundheitsschäden führen, zum Beispiel Arthrosen. Als grobe Orientierung gilt: Sehr kleine Hunde sind mit zehn bis elf Monaten ausgewachsen, sehr große Hunde erst mit zwei Jahren.

› Fragen Sie Ihren Tierarzt, ob Ihr junger Hund schon alt genug ist, um Sie am Rad zu begleiten, oder ob der Gesundheitszustand Ihres erwachsenen Vierbeiners sportliche Dauerbelastungen erlaubt. Ihr Tierarzt kann Ihnen auch wichtige und individuell auf die körperliche Verfassung Ihres Hundes abgestimmte Tipps für eine vernünftige und gesunde Bewegung geben.

› Auch wenn es keine gesundheitlichen Aspekte gibt, die dem Sport mit Ihrem Hund entgegenstehen könnten, sollten Sie das Training mit dem vierbeinigen Freizeitpartner langsam und rücksichtsvoll aufbauen. Beim Fahrradtraining heißt das: fünf Minuten Radfahren, anschließend fünf Minuten langsam gehen und dem Hund so Zeit zum Schnuppern geben, dann wieder fünf Minuten radeln und so weiter. Bei den nächsten Trainingseinheiten steigern Sie die Zeit auf dem Rad langsam. Wenn Sie nicht regelmäßig mit Ihrem Hund radeln, sollten Sie darauf achten, dass er sich auf längeren Asphaltstrecken keine Blasen oder Risse an den Pfotenballen holt, was für den Vierbeiner sehr schmerzhaft ist.

› Radeln und Joggen mit dem Hund können Sie an der Leine oder im Freilauf, jeweils abhängig von der Umgebung und der Kontrollierbarkeit des Hundes. Geben Sie Ihrem Hund vorher Gelegenheit, sein Geschäft zu erledigen und zu schnuppern und legen Sie auch zwischendurch immer wieder Pausen dafür ein.

ANLEITUNG FÜR DEN PERFEKTEN JOGGINGPARTNER

1 Wenn ein Hund seinen Halter beim Joggen begleitet und immer wieder an ihm hochspringt, kann das unterschiedliche Gründe haben. Die meisten springen aus purer Freude, um ihrem Besitzer zu signalisieren, wie toll sie die gemeinsame Aktion finden. Bei anderen ist es eine Stressreaktion, weil der Jogger plötzlich losrennt. Die Ausdrucksformen reichen vom Springen ohne Körperkontakt bis zum Zwicken oder gar Beißen in Hand oder Ärmel.

2 Bleiben Sie ruhig und schimpfen Sie nicht mit Ihrem Hund. Das könnte er sonst als erwünschte Aufmerksamkeit für sein Verhalten empfinden oder dadurch zusätzlich unter Stress geraten. So gehen Sie richtig vor: Setzt Ihr Hund zum Sprung an, bleiben Sie stehen und schauen von ihm weg. Gehen Sie erst weiter, wenn er sich beruhigt hat. Braucht Ihr Hund zu lange, um sich zu beruhigen, stellen Sie sich auf die Leine, sobald Sie stehen bleiben.

Mein Hund weigert sich,
sein Spielzeug herzugeben

Sie spielen ausgelassen mit Ihrem Vierbeiner und werfen ihm seinen Ball. Er sprintet hinterher, schnappt sich den Ball, kommt zu Ihnen – und will ihn dann nicht hergeben. Wie Sie werden unzählige Halter tagtäglich mit diesem Verhalten ihres Hundes konfrontiert. Doch das ist schade, denn so wird sich kaum ein spielerisches Miteinander entwickeln – der Hund lernt vielmehr, dass nicht Sie der Spielmacher sind, sondern er die Regeln vorgeben kann. Trainieren Sie das Abgeben von Objekten von Anfang an, denn Spielen ist für fast alle Hunde einfach das Größte und für den Halter die ideale Gelegenheit, seinem Vierbeiner spielerisch leicht Benimm beizubringen.

Warum es nicht klappt

› Oft hat der Hund es einfach nie richtig gelernt, ein Spielzeug wieder bei Ihnen abzugeben.
› Er hat verknüpft: Spielzeug abgeben bedeutet Ende der Spielzeit. Das passiert häufig, wenn er sein Spielzeug bisher immer dann hergeben sollte, wenn ein Spiel beendet war.
› Das Spielzeug ist Ihrem Hund sehr wichtig. Er bewacht es eifersüchtig und möchte es vor aller Welt schützen – auch vor Ihnen.

So coachen Sie Ihren Hund

Bevor Ihr Hund nicht gelernt hat, sein Spielzeug auf Ihr Kommando hin zuverlässig an Sie abzugeben, sollten Sie keine Apportierspiele mehr mit ihm machen. Denn dabei kann er sich problemlos mit dem Spielzeug oder anderen Objekten Ihrem Zugriff entziehen und lernt rasch, dass er nur schnell und weit genug abhauen muss, um sich allein damit zu vergnügen.

Wichtig: Fangen Sie das folgende Trainingsprogramm mit Ihrem Hund nur an, wenn er sein Spielzeug nicht verteidigt und nicht aggressiv reagiert. Sollte das aber der Fall sein, nehmen Sie zur Sicherheit die professionelle Hilfe eines Hundetrainers in Anspruch.

Aus-Signal Mit diesem Kommando soll er auf Ihre Aufforderung hin vom Spielzeug, dem Kauknochen oder anderen Objekten ablassen. Befolgt

---

AUF EINEN BLICK

Coaching-Ziel

Ihr Vierbeiner lernt, dass mit dem Abgeben des Spielzeugs der Spaß für ihn noch nicht beendet ist. Sie können ausgelassen mit ihm spielen und er gibt das Spielzeug trotzdem und in jeder Spielsituation auf Ihr Signal hin sofort frei. Wenn Sie Gegenstände für ihn werfen oder verstecken, bringt er sie ohne Umwege und freudig zu Ihnen zurück und gibt sie freiwillig her.

Hilfsmittel

Leckerlis; Leine und Schleppleine, unterschiedliche Spielobjekte, gegebenenfalls auch ein Futterbeutel für Suchspiele.

Tipps und Trainingszeiten

Üben Sie mehrmals wöchentlich. Wenn sich Ihr Hund während des Spiels zu ungestüm aufführt, brechen Sie die Aktion sofort ab.

er das Kommando noch nicht, schalten Sie diese Übungseinheit ein: Kaut er zum Beispiel an einem Spielzeug, bieten Sie ihm ein reizvolleres Spielobjekt an. Lässt er das erste Spielzeug los, um sich das attraktivere zu nehmen, sagen Sie »Aus«. Wiederholen Sie diese Austauschübung mit anderen Objekten, bis die Freigabe zuverlässig auf Kommando klappt.

> Leinen Sie Ihren Hund an und spielen Sie mit ihm, zum Beispiel mit einer Kordel oder einem Ball an der Schnur. Es sollte ein lustiges und ausgelassenes Spiel mit Zerreinlagen sein. Schauen Sie ihm dabei nicht in die Augen und machen Sie auch spaßeshalber keine Knurrgeräusche. Geben Sie dann das Aus-Signal und halten Sie im Spiel inne. Gibt er das Objekt schließlich frei, loben und belohnen Sie ihn und spielen danach weiter mit ihm. Wiederholen Sie das ein- bis zweimal, bevor Sie das Spiel beenden.

> Gibt Ihr Hund das Spielzeug nicht sofort her, schauen Sie ihm nach dem Kommando streng in die Augen. Ihr Gesicht sollte dabei nicht dicht vor dem des Hundes sein. Halten Sie den Blick so lange, bis er – oft zuerst zögernd – das Spielzeug loslässt. Meist weicht er auch dem Blick aus und legt die Ohren an. Lässt er aus, gibt es Lob und Belohnung und das Spiel wird fortgesetzt.

> Verhält sich Ihr Hund zu ungestüm, stoppen Sie das Spiel vorzeitig. Geben Sie erneut das Aus-Signal, halten im Spiel inne und schauen ihn aus sicherer Distanz streng an. Lob und Belohnung gibt es jetzt nicht, da Sie das Spiel ja abbrechen mussten, weil der Vierbeiner zu wild war.

> Springt Ihr Spielpartner an Ihnen hoch oder schnappt er spielerisch nach, gehen Sie entschlossen und frontal auf ihn zu und nehmen dabei die freie Hand vor den Körper, um den Hund abzublocken. Halten Sie gleichzeitig die Hand mit dem Spielzeug etwa auf Brusthöhe vor Ihren Körper. Lassen Sie das Spielobjekt nicht ruckartig und plötzlich hinter Ihrem Rücken verschwinden, weil das von Hunden in der Regel als

Viele Hunde, die ihr Spielobjekt nicht hergeben wollen, fordern ihren Halter zum Verfolgungsspiel auf.

Spielaufforderung angesehen wird. Schauen Sie den Hund dabei streng an, schimpfen ihn aber nicht. Weicht er aus, beenden Sie die Bedrohung.

> Schnappt der Hund statt nach dem Spielzeug nach Ihrer Hand, schreien Sie kurz auf, nehmen das Spielzeug hinter Ihren Rücken und räumen es schließlich weg. Ignorieren Sie den Missetäter für etwa 10–15 Minuten, und gespielt wird in der darauffolgenden Stunde natürlich nicht mehr.

Apportieren üben

Verstecken Sie sein Lieblingsspielzeug und lassen Sie Ihren Vierbeiner danach suchen. Hält er es zwischen den Zähnen, loben Sie ihn und laufen etwa fünf bis zehn Meter von ihm weg. Feuern Sie ihn zum Mitlaufen an, ohne ihn dabei aber anzusehen. Gehen Sie dann in die Hocke, wenden sich von Ihrem Hund ab und verhalten sich so, als würden Sie etwas Aufregendes am Boden entdecken. Kommt Ihr Hund mit dem Spielzeug im Maul herbei, bieten Sie ihm sofort eine attraktive Belohnung an. Fassen Sie aber nicht nach dem Spielzeug, da er sonst eventuell zurückweicht.

› Sollte er nicht herbeikommen oder läuft er sogar mit dem Spielzeug weg, dann setzen Sie bei diesem Übungsschritt zunächst eine fünf und später die zehn Meter lange Schleppleine ein. Ansonsten bleibt der Ablauf gleich. Sobald Ihr Hund das Spielzeug ins Maul genommen hat, ziehen Sie ihn an der Leine sanft, aber bestimmt

zu sich. Loben Sie ihn und feuern Sie ihn an, auch wenn er sich anfangs eher unfreiwillig auf den Weg zu Ihnen macht und belohnen Sie ihn. Vermeiden Sie den direkten Blickkontakt, wenn er auf dem Weg zu Ihnen ist, weil er das als Signal verstehen könnte »Bleib weg von mir«. Sobald das Prozedere mit der Schleppleine zuverlässig klappt, proben Sie das Ganze, ohne die Schleppleine in der Hand zu halten. Kommt er zuverlässig und gibt das Spielzeug ab, können Sie die Schleppleine schrittweise um jeweils einen halben Meter kürzen. Erst wenn alles reibungslos funktioniert, bleibt die Schleppleine ganz weg.

SPIELREGELN FÜR »BALLJUNKIES«

• Hunde, die nichts anderes mehr im Kopf haben als ihren Ball, »vergessen« darüber nicht selten die Kommunikation mit Menschen und ihren Hundefreunden. Ist auch Ihr Vierbeiner ein solcher total auf die wilde Jagd nach Bällen fixierter »Balljunkie«, sollten Sie ihm zunächst alle Bälle wegnehmen und auf seine Spielaufforderungen nicht mehr eingehen. Wichtig sind alternative Beschäftigungen, wie die Suche nach anderen Spielsachen oder Futter, Agility oder Fährtenarbeit, und bei einem sozialverträglichen Hund intensive Kontakte zu anderen Menschen und zu seinen Artgenossen. Sie entscheiden, was gespielt wird, denn ein falsches Spielprogramm kann unerwünschtes Verhalten verstärken. Setzen Sie also auf die richtige Beschäftigung und dosieren Sie Spiel und Spaß sehr bewusst. Machen Sie diese Angebote besonders dann, wenn Ihr Hund den Ball nicht einfordert und gar nicht ans Spielen denkt.

• Über wichtige Spielsachen darf Ihr Hund nicht frei verfügen: Sie sollten diese Ressource verwalten. Lassen Sie aber zwei bis drei Spielobjekte herumliegen, da Spielzeug sonst zu interessant für Ihren Hund wird und er möglicherweise zu anderen Hundehaltern läuft, die mit ihm Ball spielen.

• Hat sich seine Ballverrücktheit gelegt, bieten Sie ihm gezielt kurze und einfache Spiele mit dem Ball an, die Sie beginnen und mit einem klaren Signal, zum Beispiel »Schluss«, beenden. Bleiben Sie konsequent und lassen Sie sich nicht wieder zu einem wilden Spielabenteuer hinreißen. Starten Sie Spiele an verschiedenen Orten, damit Ihr Hund nicht an bestimmten Plätzen nervt, weil er hier spielen will.

• Gut geeignet sind Suchspiele und kontrolliertes Ballspiel: Der Hund muss sitzen, dann wird der Ball geworfen, und erst mit Ihrer Erlaubnis darf er ihm nachjagen und ihn bringen.

Ich bringe ihn nicht dazu,
eine Übung auszuführen

Sie geben Ihrem Hund das Signal »Platz« – doch er bleibt stur vor Ihnen stehen und schaut Sie herausfordernd an. Und auch auf eine streng ausgesprochene Ermahnung und das Sichtzeichen reagiert er nicht.

Warum es nicht klappt

Führt ein Hund eine oder verschiedene Übungen gelegentlich oder gar überhaupt nicht aus, kann das verschiedene Ursachen haben:

› Der Hund hat noch nicht verstanden, worum es geht und was er machen soll oder kann nicht richtig reagieren, weil Sie die Signale zu schnell hintereinander geben.

› Er ist zu aufgeregt, zu gestresst oder zu sehr abgelenkt, um das Signal auszuführen.

› Ihm fehlt die Motivation zum Mitmachen – vielleicht ist die Belohnung nicht attraktiv genug, oder Sie loben ihn nicht ausreichend.

› Er testet aus, wie ernst Sie es meinen.

› Er verknüpft das Signal mit einer bestimmten Handlung: Vielleicht befolgt er das Kommando in der Wohnung, aber nicht draußen, oder nur, wenn Sie in die Hocke gehen, aber nicht, solange Sie aufrecht stehen.

› Möglicherweise fühlt er sich unwohl, weil er sich auf einen zu kalten, zu glatten oder anderweitig unangenehmen Untergrund legen soll.

› Er empfindet Ihre Körpersprache als bedrohlich, weil Sie sich über ihn beugen.

› Er bricht die Übung von sich aus vorzeitig ab. Hier wurde wahrscheinlich nicht konsequent darauf geachtet, dass er die Aufgabe so lange ausführt, bis das Auflösungssignal gegeben wird.

So coachen Sie Ihren Hund

Nehmen Sie sich ausreichend Zeit, die Übungseinheit strukturiert und gründlich aufzubauen:

› Geben Sie Ihrem Hund zunächst nur ein Sichtzeichen. Achten Sie dabei sehr genau auf Ihre Körpersprache (→ »Ohne Missverständnisse mit dem Hund kommunizieren«, Seite 52).

› Hat er die Übung wunschgemäß und ohne vorzeitig abzubrechen ausgeführt, loben Sie ihn und belohnen ihn mit einem Leckerli.

AUF EINEN BLICK

Coaching-Ziel

Ihr Vierbeiner ist aufmerksam und hoch motiviert bei der Sache und freut sich, wenn er mit Ihnen trainieren darf. Er konzentriert sich im Training voll auf Sie und führt eine Übung so lange zuverlässig aus, bis Sie das Auflösungssignal geben.

Hilfsmittel

Leckerlis und alles, was für die von Ihnen gewünschte Übung notwendig ist, in der Regel meist auch Leine, Brustgeschirr und Schleppleine.

Tipps und Trainingszeiten

Trainieren Sie mehrmals pro Woche mit maximal drei Wiederholungen pro Übungseinheit. Starten Sie in einer Umgebung, in der Ihr Hund nicht abgelenkt ist, und steigern Sie langsam den Schwierigkeitsgrad.

› Beenden Sie jede Übung immer mit dem Auflösungssignal (→ »Sicht- und Lautzeichen sind die Basis der Verständigung«, Seite 57) und achten Sie darauf, dass Ihr Hund genau dann gelobt und belohnt wird, wenn er das gewünschte Verhalten zeigt.

› Steigern Sie die Ablenkung durch Außenreize (Geräusche, andere Menschen, Artgenossen).

› Halten Sie die Belohnung zunächst gut sichtbar in der Hand. Sobald Ihr Hund die Übung zuverlässiger ausführt, schließen Sie die Hand, damit es das Leckerli nicht sieht, und belohnen Sie ihn zum Schluss nur noch aus Jacken- oder Hosentasche, wenn alles vorbildlich abläuft.

› Bauen Sie das Lautzeichen erst ein, wenn eine Übung so klappt, wie Sie sich das in Perfektion vorstellen. Jetzt spielt die zeitliche Verknüpfung eine wichtige Rolle: Das akustische Signal muss direkt vor dem bereits erlernten Sichtzeichen gegeben werden. Auf diese Weise verknüpft Ihr Hund beide Signale optimal miteinander.

Achten Sie darauf, dass ein Trainingsverweigerer bei den ersten Übungsversuchen möglichst wenig abgelenkt wird und sich ganz auf Sie konzentriert.

Praxistipps

Alles okay? Überlegen Sie vor einer Übung, ob Ihr Hund sie in dieser Situation überhaupt ausführen kann: Ist er fit und motiviert? Ist die Umgebung geeignet, zum Beispiel der Untergrund? Hat er keine gesundheitlichen Probleme?
› Trainieren Sie nicht, wenn er gerade gefressen hat. Verlegen Sie das Training im Sommer auf die kühleren Morgen- und Abendstunden.

Schneller lernen Beginnen Sie mit einfachen Übungssituationen, die der Hund leicht bewältigen kann. Wählen Sie kurze Übungseinheiten mit höchstens drei Wiederholungen und beenden Sie die Schulstunde, wenn es gut klappt und Ihr Hund ein Erfolgserlebnis hat.

Lustlos und unkonzentriert? Kann oder will er sich nicht richtig konzentrieren, stoppen Sie das eigentliche Training und machen Sie eine Aufmerksamkeitsübung (→ Seite 76). Läuft es auch danach noch nicht rund, wiederholen Sie die Aufmerksamkeitsübung. Beginnen Sie dann in aller Ruhe von Neuem und leinen Sie den Hund zunächst auch zu Hause an, damit er lernt, dass er sich der Situation nicht entziehen kann. Bleiben Sie geduldig, aber hartnäckig, bis er die Übung ausführt.

Signal geben Warten Sie drei bis fünf Sekunden, nachdem Sie ein Signal gegeben haben. Hat Ihr Hund es dann noch nicht befolgt, wiederholen Sie das Laut- oder Sichtzeichen.

Blickführung Schauen Sie ihn an, um zu sehen, ob er auf Ihr Signal wartet. Lassen Sie Ihren Blick dann zu dem Punkt wandern, wo er hingehen soll (→ »Was Ihre Augen verraten«, Seite 54).

Fehler ignorieren Übungsfehler sollten Sie nicht mit einem Abbruchsignal wie »Nein« kommentieren, sondern einfach ignorieren. Produziert Ihr Hund jedoch den gleichen Fehler noch einmal, sollten Sie darüber nachdenken, wie Sie ihm die offensichtlich zu komplexe Übungseinheit besser und verständlicher vermitteln können. Steigern sie erst später die Anforderungen wieder.

... und immer wieder Ärger mit der Lust am Jagen

GEFÄHRLICHE LEIDENSCHAFT Ein Hund, der jagt, ist für den Halter ein großes Problem. Statt entspannter Spaziergänge ist Stress angesagt. Und auch dem Vierbeiner beschert seine Leidenschaft Einschränkungen, weil er kaum noch von der Leine darf. Was Hunde jagen, ist unterschiedlich: Der eine zischt davon, wenn er eine Wildspur erschnüffelt, ein anderer mischt die Enten am Teich auf und schwimmt ihnen sogar hinterher. Und ein dritter verfolgt Jogger und Radfahrer.

Ein jagender Hund ist ein gefährlicher und ein gefährdeter Hund. Jedes Jagderlebnis, ob nur begonnen oder zu Ende geführt, heizt seine Jagdmotivation weiter an. Das gilt selbst für einen angeleinten Hund, der ein Wildschwein hinter dem Zaun des Wildgeheges ankläfft. Denn auch das ist eine positive Jagderfahrung, weil der Hund dabei Spaß empfindet. Finden Sie sich daher mit der Jagdlust Ihres Hundes nicht einfach ab und stoppen Sie selbst den kleinsten Ansatz zur Jagd.

Er ist ein notorischer Jäger und
verfolgt Wildtiere, Jogger und Autos

Sie gehen mit Ihrem Hund auf einem Feldweg spazieren und er schnuppert aufmerksam am Wegesrand. Plötzlich zischt er wie eine Rakete davon, weil er eine interessante Fährte entdeckt hat oder einen Hasen verfolgt, der gerade vor ihm aufgesprungen ist. Alles Rufen bleibt erfolglos, Ihr Vierbeiner ist verschwunden – und Sie warten hilflos auf seine Rückkehr. Aus mehreren Gründen kann dieses Verhalten nicht geduldet werden: Der Hund ist während seiner Jagdtour vielen Gefahren ausgesetzt. Die verfolgten Tiere werden mitunter bis zur totalen Erschöpfung gehetzt, haben massiven Stress oder verletzen sich, was für sie tödlich enden kann. Menschen werden gefährdet, beispielsweise, wenn der Hund unterwegs einen Autounfall verursacht. Andere Hundehalter geraten unter Generalverdacht, auch wenn sie ihre Vierbeiner vorbildlich führen.

Warum es nicht klappt

Der Jagdtrieb gehört bei fast allen Hunden zur genetischen Grundausstattung – bei manchen mehr und bei anderen weniger. Zudem macht das Verfolgen der Beute Spaß, da es für den Hund selbstbelohnend ist – egal, ob es sich dabei um Wildtiere, Katzen, Jogger oder Autos handelt.
› Der Hund wurde nicht ausreichend mit anderen Tieren sozialisiert und hat folglich nicht gelernt, sich diesen gegenüber sozialverträglich zu verhalten.
› Er hat schon Erfahrung mit dem Verfolgen von Beute gesammelt – das weckt die Lust auf weitere Jagdzüge. Wird das Verhalten nicht rechtzeitig korrigiert, etabliert es sich: Der Hund jagt dann bei jeder Gelegenheit, die sich ihm bietet.
› Das Verhalten eines Vierbeiners mit jagdlich passionierten Vorfahren ist nicht rechtzeitig in akzeptable Bahnen gelenkt worden. Beispielsweise wurde kein Abbruchsignal eingeübt und kein alternatives Verhalten erlernt.
› Benötigt ein Hund von Typ und Temperament her viel Beschäftigung und ist unterfordert, dann wird er sich beim Spaziergang selbst Aufgaben suchen – und das Jagen ist da für viele Hunde einfach die schönste und naheliegendste Aktion.

AUF EINEN BLICK

Coaching-Ziel

Ihr Hund orientiert sich an Ihnen, ist aufmerksam und hält stets einen angemessenen Radius ein. Er bleibt beim Spaziergang auf den Wegen und läuft beim Anblick eines fremden Tieres nicht los, sondern ist ansprechbar und kommt auf Zuruf zurück.

Hilfsmittel

Leckerlis: 1,5 Meter lange Leine, Brustgeschirr, Schleppleinen von 5 und 10 Meter Länge, eventuell ein Kopfhalfter.

Tipps und Trainingszeiten

Je nach Typ und bisherigen Jagderfolgen zwei Monate bis zu zwei Jahren. Basics und Abbruchsignal werden ab Trainingsbeginn immer ausgeführt. Gewöhnungstraining mit fremden Tieren ein bis zwei Mal pro Woche für maximal eine halbe Stunde.

So coachen Sie Ihren Hund

Wehret den Anfängen Die Zeit zwischen dem 6. und 12. Lebensmonat ist die heikle Phase, in der ein heranwachsender Hund sich leicht das Jagen von Wild angewöhnen kann. In dieser Entwicklungsphase wird er neugieriger auf seine Umwelt und entfernt sich deshalb zunehmend weiter von seinem Besitzer. Trifft er dabei zum Beispiel auf ein flüchtendes Tier, rennt er zunächst einfach nur hinterher, entdeckt dabei aber den großen Spaß am Verfolgen beziehungsweise Jagen. Auch pubertärer Ungehorsam fällt in diese Zeit und macht aus dem braven Junghund einen selbstständigen Entdecker. Deshalb kann es sehr sinnvoll sein, während dieser Zeit wildreiche Gebiete ganz zu meiden oder zumindest mit Hilfe der Schleppleine einer sich selbst verstärkenden Jagdleidenschaft vorzubeugen. Idealerweise sollten Sie in diesen Monaten kontrollierte Begegnungen mit potenziellen Jagdobjekten herbeiführen und dabei gezielt trainieren, wie sich Ihr Hund in solchen Situationen richtig verhält (→ Seite 119).

Grundlagen auffrischen Für das erfolgreiche Anti-Jagdtraining muss natürlich die Erziehungsbasis Ihres Vierbeiners stimmen. Damit Sie den Hund sicher führen können und er sich besser an Ihnen orientiert, sollten Sie auf die Einhaltung der Dog Coaching Regeln (→ Seite 64 ff.) achten sowie an der Bindung des Vierbeiners an Sie (→ Seite 45) und auch am Rückruf (→ Seite 84) arbeiten.

Beschäftigung anbieten Wenn Hunde sich beim Spazierengehen langweilen, ist Jagen womöglich eine willkommene Abwechslung. Gestalten Sie Ihre Spaziergänge spannender, zum Beispiel mit der Futterbeutelsuche (→ Seite 120) oder anderen interessanten und lustigen Aufgaben.

Sicher spazierengehen Führen Sie einen Hund, der zum Jagen neigt, vorerst nur noch an der Schleppleine (→ Seite 89), damit Sie ihn immer unter Kontrolle haben.

> Ist Ihr Hund aufmerksam und bleibt in einem vernünftigen Radius (→ Seite 87) in Ihrer Nähe, belohnen Sie ihn dafür mit Leckerlis, Aufmerksamkeit, einem Spiel oder reizvollen Aufgaben. Bieten Sie ihm diese Privilegien als Belohnung

Beim Welpen finden es alle lustig, wenn er nach dem Ärmel oder der Hose schnappt und knurrend daran zerrt. Doch wenn man dem jungen Wildfang nicht Einhalt bietet, benimmt er sich auch als erwachsener Hund daneben.

für gutes Verhalten an. Spielen oder belohnen Sie also nicht gerade dann, wenn er sich wieder einmal zu weit entfernt hat oder gar mit hechelnder Zunge von einem Jagdausflug zu Ihnen zurückkehrt. Idealer Zeitpunkt ist eine völlig entspannte Situation, wenn Ihr Vierbeiner aufmerksam und brav an Ihrer Seite läuft. Entfernt Ihr Hund sich zu weit von Ihnen, schränken Sie seinen Radius ein, indem Sie bei jedem Spaziergang regelmäßig Richtungswechsel (→ Seite 91) üben.

Anti-Jagdtraining

Wenn Sie Ihrem Hund das Jagen abgewöhnen wollen, brauchen Sie dafür Geduld und etwas Zeit. Auf jeden Fall lohnt es sich, sofort damit anzufangen: Je länger Sie dieses unerwünschte Verhalten hinnehmen, desto problematischer

Das ist Hohe Schule! Trotz der unmittelbaren Nähe der Tiere im Wildpark bleibt dieser Jagdhund gelassen.

wird es. Gelingt es Ihnen dagegen, seine Jagdlust Schritt für Schritt durch alternatives Verhalten zu ersetzen, können Sie es bald wieder entspannt genießen, mit Ihrem Liebling unterwegs zu sein.

An auslösende Reize gewöhnen Mit den Dog Coaching Strategien (→ Seite 70 ff.) haben Sie ein vielversprechendes Instrument, um besser mit der Jagdlust Ihres Vierbeiners umgehen zu können, da Sie das Training auf dieser Basis Schritt für Schritt aufbauen können. Vorteile: Sie können Übungssituationen gezielt herbeiführen sowie die Jagdobjekte und die Distanz zu ihnen selbst bestimmen. Das verleiht Ihnen für das Training Sicherheit und die nötige Gelassenheit (→ »Ohne Missverständnisse mit dem Hund kommunizieren«, Seite 52 ff.).

› Beginnen Sie die folgenden Übungen zunächst an der kurzen Leine. Wenn Sie dabei erfolgreich sind und Ihr Hund gut mitarbeitet, können Sie auf die fünf Meter lange Schleppleine und später auf eine mit zehn Meter Länge umsteigen. Ziel des Trainings ist es natürlich, dass Ihr Hund die Schleppleine überhaupt nicht mehr benötigt.

› Trainieren Sie notfalls mit einem Kopfhalfter, wenn Ihr Hund zu kräftig von Ihnen wegzieht.

› Führen Sie die Begegnungen Ihres Hundes mit verschiedenen Tieren unter kontrollierten Bedingungen herbei, zum Beispiel in einem Wildpark oder Zoo, in dem Besuchshunde an der Leine gestattet sind.

› Gehen Sie mit dem angeleinten Hund ruhigen Schrittes in einem Bogen (→ Seite 72) um das Tier, das das Jagdverhalten auslöst, und splitten Sie (→ Seite 72). Wichtig ist, dass der Hund dabei ruhig bleibt und nicht die leiseste Jagdambition erkennen lässt – er darf zwar Interesse bekunden, aber noch kein Jagdverhalten wie Fixieren oder Hinzerren zeigen. Wenn das doch passiert, war der Bogen noch zu klein: Vergrößern Sie die Entfernung, bis sich der Vierbeiner beruhigt. Im Bogengehen ohne Jagdreaktion lernt er ein alternatives Verhalten kennen, das sich für ihn sogar

WELCHE RASSEN HABEN JAGDLEIDENSCHAFT IM BLUT?

Die Jagdleidenschaft eines Hundes hängt zu einem großen Teil von seiner Veranlagung ab. Ein starkes jagdliches Erbe bedeutet aber nicht zwangsläufig, dass ein Vierbeiner zum unkontrollierbaren Jäger wird. Die wichtigen Weichen in puncto Jagdlust werden im ersten Lebensjahr gestellt. Zudem gibt es bei jeder Rasse auch die Ausnahme von der Regel, sei es der Vertreter einer klassischen Jagdhundrasse, der sich kaum für die Jägerei interessiert, oder der Vierbeiner, der einer Rasse ohne jagdlichem Hintergrund angehört, aber trotzdem mit echter Leidenschaft Fährten folgt und Wildtiere hetzt.

● Viele Kleinhunderassen, wie Malteser, Mops, Havaneser, Bichon à poil frisé und Zwergspitz zeigen in der Regel wenig Veranlagung für die Jagd. Das gilt auch für Sheltie und Molosser.

● Retriever sind klassische Jagdhunde. Sie apportieren abgeschossene Wasservögel auf Anweisung des Jägers. Sie müssen leicht lenk-

bar sein und dürfen kein oder nur ein sehr geringes Aggressionsverhalten zeigen. Das macht sie als Familienhunde so beliebt.

● Hüten ist aus dem Jagen hervorgegangen. Daher brauchen Hütehunde wie Australian Shepherd, Collie oder Briard eine stabile Sozialisierung und viel Beschäftigung, sonst können auch sie zum Jäger werden.

● Terrier, Dachshunde, Beagle und Verwandte bringen ein beachtliches jagdliches Erbe mit, das manchmal nur mit Mühe in die richtigen Bahnen gelenkt werden kann.

● Manche Jagdhunderassen zeigen ein solch ausgeprägtes Jagdverhalten, so dass sie fürs Leben als Familienhunde ungeeignet sind. Der Deutsche Jagdterrier ist einer von ihnen.

● Windhunde sind Hetzjäger, die auf Sicht jagen. Die kleinste Bewegung am Horizont kann ihren Jagdtrieb auslösen. In wildreichen Gebieten ist für sie die Leine immer Pflicht.

lohnt: Denn wenn er vollkommen entspannt mit Ihnen geht, wird er gelobt und belohnt.

› Wenn Sie beobachten, dass Ihr Hund das Jagdobjekt aus der Distanz zu fixieren beginnt, gibt es eine Alternative zum Vergrößern des Bogenlaufs: Beginnen Sie mit einer Aufmerksamkeitsübung (→ Seite 76). Gehen Sie rückwärts und nehmen Sie den Hund an der Leine sanft aber bestimmt mit. Folgt er und schenkt Ihnen dabei seine Aufmerksamkeit, loben Sie ihn. Wendet er sich ohne an der Leine zu ziehen vom Jagdobjekt ab, gibt es zusätzlich eine Belohnung.

› Fixiert er allerdings das Tier weiterhin oder versucht sogar zum Jagen anzusetzen, drängen Sie ihn ab. Dafür gehen Sie resolut frontal oder von

der Seite auf Ihren Hund zu, nicht jedoch von hinten, weil er das als Ansporn missverstehen kann, noch schneller zu werden. Drängen Sie ihn wortlos mit Körpereinsatz weg und loben Sie ihn kurz, sobald er den Blick vom Objekt abwendet. Eine Belohnung verdient er sich nur, wenn er in einer ähnlichen Folgesituation gleich zu Ihnen schaut und gar nicht erst zu einem Jagdversuch ansetzt. Üben Sie zunächst mit Jagdobjekten, die den Hund nur mäßig interessieren, zum Beispiel Enten. Klappt das gut, steigern Sie die Herausforderung, je nachdem, was die Jagdgelüste Ihres Hundes besonders anstachelt.

Vom Hund weggehen Jagende Hunde sind sich oft zu sicher, dass ihr Besitzer immer in der Nähe ist und auf sie wartet. Erst, wenn man den Spieß umdreht, wird ihnen bewusst, dass sie besser auf ihren Menschen achten müssen. Für diese Übung brauchen Sie einen Assistenten, der mit Ihrem Hund nicht allzu vertraut ist und ihm deswegen nicht viel Sicherheit gibt. Die Hilfsperson hat die Aufgabe, in einiger Distanz auf Ihren Hund aufzupassen, während Sie sich entfernen. Und er soll Ihnen gegebenenfalls zurufen, wie der vierbeinige Schüler reagiert. Für dieses Trainingsprogramm ist es entscheidend, dass Ihr Hund eine möglichst gute Bindung zu Ihnen hat.

> Am besten üben Sie in der Nähe einer Weide, eines Wildgeheges oder Ententeichs, wo Tiere leben, die Ihr Hund interessant findet. Leinen Sie ihn am Brustgeschirr an und befestigen Sie das andere Ende der Leine an einem stabilen Gegenstand, beispielsweise einer Parkbank. Setzen oder stellen Sie sich ruhig neben den Hund. Sobald Sie bemerken, dass er eines der Tiere fixiert, entfernen Sie sich wortlos von ihm. Wendet er dann

Einen Blick auf die Enten im Teich werfen, ist erlaubt. Starrt Ihr Hund jedoch ein Wildtier an, vergrößern Sie sofort die Distanz zu dem potenziellen Jagdobjekt.

den Blick von dem Tier ab, um nach Ihnen zu schauen, kehren Sie zu ihm zurück, jedoch ohne ihn weiter zu beachten. Einen freundlichen Blick und ein Lob mit Belohnung gibt es nur, wenn er bei einem Folgeversuch durchgängig entspannt reagiert, gar nicht erst zu dem Tier schaut oder es nur für einen kurzen Moment in Augenschein nimmt und seinen Blick gleich wieder abwendet, um mit Ihnen Blickkontakt aufzunehmen. Beenden Sie die Trainingseinheit nach den ersten Erfolgserlebnissen. Wiederholen Sie die Übung frühestens drei bis vier Tage später und trainieren Sie diesen Ablauf in der Folgezeit immer mal wieder – so lange, bis Ihr angebundener Hund kein Interesse mehr an den Tieren zeigt.

Rechtzeitig eingreifen Das Jagdverhalten eines Hundes beschränkt sich nicht nur auf die eigentliche Verfolgung der Beute. Bevor er losspurtet, fixiert der Jäger in der Regel das Jagdobjekt – sein Körper ist dabei angespannt und die Rute starr. Je früher Sie diese ersten Reaktionen stoppen, desto besser. Lassen Sie Ihren Hund daher beim Spaziergang nicht aus den Augen, um gegebenenfalls rechtzeitig eingreifen zu können.

> Geben Sie ein Abbruchsignal (→ Seite 69), um so den Auslöser des Jagdverhaltens zu überlagern und die Folgereaktionen bei Ihrem Hund abzubrechen. Besonders wirksam ist das Signal in der Phase des Fixierens. Je weiter sich der Hund schon im Funktionskreis Jagen befindet, desto unwahrscheinlicher wird es, dass er noch auf das Abbruchsignal reagiert. Verwenden Sie dafür grundsätzlich stets das gleiche Lautsignal, zum Beispiel »Schluss«. Hat Ihr Hund ein Jagdobjekt ausgemacht oder er spurtet schon los, geben Sie also sofort das Abbruchsignal. Reagiert er darauf und bricht seine Handlung ab, loben Sie ihn mit einem freundlichen Wort und schlagen eine andere Richtung für den Spaziergang ein. Nach einer Weile können Sie Ihren Hund zu sich rufen und mit ihm eine Übung machen, für die er sich ein Leckerli verdient. Rufen Sie ihn nicht direkt

nach dem Abbruchsignal zu sich, weil er daraus sonst eventuell eine Taktik entwickelt: Wild verfolgen oder anstarren, Abbruchsignal abwarten, auf den Ruf zurückkommen – Leckerli kassieren. Diese unerwünschte Verknüpfung lässt sich gut vermeiden, wenn Sie einen Moment zwischen Abbruchsignal und Belohnen verstreichen lassen.

› Wenn Ihr Vierbeiner nach entsprechendem Training entspannt auf dem Weg bleibt, in jeder Situation Blickkontakt zu Ihnen aufnimmt und grundsätzlich gut ansprechbar ist, können Sie die Schleppleine immer öfter weglassen. Idealerweise zuerst in einer Umgebung, wo der Hund nicht auf Dauer Jagdreizen ausgesetzt ist. Im Wald und in ähnlich anspruchsvollem Gelände sollte er jedoch besser länger an der Schleppleine bleiben, bis Sie auch dort zuverlässig abrufbare Trainingserfolge erzielt haben.

Wenn es doch passiert Wenn Ihr Hund trotz allen Trainings einmal auf die Jagd geht und nicht auf Ihr Abbruchsignal reagiert, zeigen Sie ihm mit Ihrer Körpersprache, dass sein Verhalten falsch war, sobald er wieder auftaucht. Nehmen Sie ihn an die kurze Leine und gehen mit ihm auf direktem Weg nach Hause, ohne ihn zu beachten. Wenn Sie Ihren Spaziergang einfach fortsetzen, würde Ihr Hund seinen Jagdausflug als erlaubte Unternehmung betrachten.

Wichtig: Kehren Sie umgehend zum Training an der Schleppleine zurück, wenn Sie merken, dass Ihr Hund in bestimmten Situationen wieder in seine früheren Verhaltensmuster zurückfällt. Ihr Trainingsziel ist ein völlig entspannter Freilauf, ohne dass Sie Zwischenfälle oder Jagdausflüge befürchten müssen. Das schließt allerdings auch zukünftig nicht aus, dass Sie den Vierbeiner in wildreichen Gebieten auch weiterhin anleinen müssen, weil die Versuchung dort manchmal einfach zu übermächtig ist.

› Wenn Sie trotz intensivem Anti-Jagdtraining nicht weiterkommen, sollten Sie die Hilfe eines erfahrenen Hundetrainers in Anspruch nehmen.

AUS KLEINEN JÄGERN WERDEN GROSSE …

Falls Sie mit einem Welpen starten, haben Sie gute Chancen, dass aus dem Kleinen gar nicht erst ein Jäger wird.

○ Ihr junger Hund sollte bereits eine gute Bindung zu Ihnen haben, wenn Sie ohne Leine mit ihm spazieren gehen.

○ Achten Sie auf einen kleinen Radius: Der Welpe oder Junghund sollte sich nicht mehr als maximal 10 Meter von Ihnen entfernen, nur beim Spielen mit anderen Hunden darf es auch einmal etwas mehr sein. Üben Sie regelmäßig einen kleinen Radius mit Richtungswechseln.

○ Fangen Sie früh mit Aufmerksamkeitsübungen und dem Bogengehen an.

○ Achten Sie von Beginn an darauf, dass Ihr Hund nicht vom Weg abkommt. Das verringert die Wahrscheinlichkeit, dass er eine Spur verfolgt oder zufällig Wild aufstöbert. Im Wald muss er grundsätzlich immer auf dem Weg bleiben.

○ Eine gute Sozialisierung auf artfremde Tiere im Alter bis zur 16. Lebenswoche ist die optimale Voraussetzung. Bleiben Sie beim Anblick anderer Tiere immer ganz entspannt, wenden Sie sich dann ruhig ab und belohnen Sie den Welpen, sobald er sich Ihnen zuwendet und Blickkontakt aufnimmt. Bleibt der junge Hund von sich aus ruhig und entspannt, gibt es eine Extraportion Leckerlis.

Die besten Alternativangebote für hartnäckige Jäger

Bieten Sie Ihrem Vierbeiner immer ausreichend Beschäftigung an und machen Sie sich unterwegs für ihn interessant, damit er erst gar nicht auf den Gedanken kommt, bei den Spaziergängen selbst für Unterhaltung sorgen zu müssen. Besonders interessant sind alle Angebote, die der Veranlagung des Hundes entsprechen.

Fährtensuche Immer mit der Nase am Boden einer aufregenden Fährte zu folgen, ist genau das, was viele jagdlich motivierte Hunde begeistert. Der Hund muss sich konzentrieren und wird bestätigt, wenn er am Ende der Fährte auch noch eine tolle Überraschung findet, beispielsweise ganz besonders tolle Leckerlis, einen Kauknochen oder sein Lieblingsspielzeug. Es gibt verschiedene Möglichkeiten, die Fährtenarbeit aufzubauen, und im Grunde ist es ganz egal, welcher Duftnote Ihr Hund folgt – Sie können ihm beibringen, jedem Geruch zu folgen. Während Jagdhunde im professionellen Einsatz beispielsweise verletzte Wildtiere suchen, kann Ihr Hund lernen, einer Spur mit Leckerli- oder Käseduft zu folgen. Damit Sie von Anfang an alles richtig machen und ihm viele Entwicklungsmöglichkeiten in Sachen Nasenarbeit bieten, sollten Sie und Ihr Hund die Grundlagen unter der fachkundigen Anleitung von Experten erlernen: Wie sucht ein Hund? Was muss man beim Auslegen der Fährte beachten? Wie schnell dürfen die Ansprüche beim Fährtensuchen gesteigert werden? Welche Suchvarianten gibt es und was ist die richtige für die Supernase Ihres vierbeinigen Freundes? In einer Hundeschule mit entsprechendem Kursangebot oder in einem Hundeverein, in dem auch Fährtenarbeit trainiert wird, sind Sie am besten aufgehoben. Und wenn Ihrem Hund das Schnüffeln unter Anleitung Spaß macht, können Sie vielleicht noch weiter gehen und mit ihm Kurse für Mantrailing und Flächensuche belegen und sich eventuell sogar einer Rettungshundestaffel anschließen.

Apportieren Etwas zu suchen und seinem Halter zu bringen, liegt Retrievern im Blut, doch auch viele andere Vierbeiner haben großen Spaß am Apportieren und können von dieser anspruchsvollen Beschäftigung nicht genug bekommen. Korrektes Apportieren ist Teil der Ausbildung vieler Jagdgebrauchshunderassen und für den jagdlichen Einsatz unersetzlich, wenn ein Hund beispielsweise ein geschossenes Kaninchen sucht und dem Jäger bringt. Eine hervorragende Alternative für die jagdliche Arbeit stellt die Suche nach einem Segeltuch-Dummy dar. Die Anforderungen an den Hund sind mit denen bei der Jagd identisch: Er muss so lange warten, bis er auf die Suche geschickt wird, soll den Dummy finden und seinem Menschen bringen. Gut ausgebildete Hunde stöbern nacheinander mehrere auf einer Wiese oder im Unterholz liegende Dummys auf oder suchen nach entsprechender Einweisung gezielt nach einem bestimmten Objekt. Auch hier gilt: Üben Sie die Grundlagen des Apportierens mit professioneller Anleitung in einer Hundeschule oder im Verein, damit der Trainingsaufbau von Anfang an richtig läuft.

› Mit einem Futterbeutel lassen sich häufig auch solche Hunde vom Apportieren begeistern, die normalerweise wenig Interesse haben, die gefundene Beute wieder beim Menschen abzugeben. Der Beutel ist mit Futter gefüllt, und wenn der Hund ihn korrekt zu seinem Halter zurückbringt, darf er sich daraus bedienen. Verstecken Sie den Futterdummy zum Beispiel in einer Wiese, während Ihr Vierbeiner brav im Sitz oder Platz wartet, und schicken Sie ihn dann zum Suchen los. Die Alternative: Lassen Sie ihn neben sich sitzen und werfen Sie den Beutel weg. Der Hund darf erst dann loslaufen, wenn Sie ihm die Erlaubnis dazu geben. Das macht ihm nicht nur viel Spaß, sondern trainiert zusätzlich und spielerisch den Grundgehorsam.

Aufgaben stellen Beauftragen Sie Ihren Hund mit einem Job, der ihn voll und ganz in Anspruch

nimmt. Zum Beispiel kann er in wildreichen Gegenden oder im Wald seinen Futterdummy oder ein Spielzeug tragen – natürlich nur dann, wenn er diesen Besitz nicht gegen Artgenossen verteidigt, die er unterwegs trifft, was bei einer solchen Begegnung im Handumdrehen zu wilden Rangeleien führen würde.

Wenn gar nichts geht Leider gibt es Hunde, bei denen es wahrscheinlich nie gelingen wird, sie frei laufen zu lassen, ohne das Risiko einzugehen, dass sie jagen. In manchen Rasseklubs können Hunde unter kontrollierten Bedingungen ihrer Jagdpassion nachgehen, ohne dass dabei andere Tiere gehetzt werden oder zu Schaden kommen. So können Windhunde an Rennen teilnehmen, bei denen sie Attrappen hinterherjagen. Noch näher ans Jagderlebnis kommt das Coursing, bei dem die Attrappe per Seilzug über Rollen geführt wird und so ähnlich wie ein Hase immer wieder die Richtung wechselt. Auch bei Sportarten wie Agility, Flyball und Treibball kann Ihr Hund seinen Bewegungsdrang ausleben.

Hilfe, mein Hund ist ein Streuner!

Auch bei streunenden Hunden kann Jagen zum großen Problem werden. Warum Vierbeiner regelmäßig das Weite suchen und auf die Walz gehen, hat sehr unterschiedliche Ursachen.

> Da gibt es natürlich die Rüden, die dem Duft läufiger Hündinnen folgen und unterwegs auf Abwege geraten und dabei die Gelegenheit zum Jagen nutzen.

> Andere Vierbeiner sind nicht ausgelastet und erkunden aus lauter Langeweile die nähere und weitere Umgebung. Dabei stoßen sie zwangsläufig auf interessante Fährten oder flüchtendes Wild. Sie verschaffen sich so eine Beschäftigung mit hohem Unterhaltungswert und wollen dieses tolle Erlebnis möglichst oft wiederholen.

> So mancher Hund fühlt sich zu Hause nicht mehr wohl. Entweder, weil er Haus, Hof und die

Zuneigung seiner Menschen plötzlich mit einem Artgenossen teilen soll, der ihn ständig stresst, oder weil sich seine Lebensumstände anderweitig geändert haben. Auch hier gilt: Hat der Hund unterwegs einmal ein Jagderlebnis, dann will er das möglichst bald wiederholen.

> Schließlich sind da noch die Hunde mit dem unstillbaren Freiheitsdrang – allesamt gewiefte Ausbrecher, die über hohe Tore springen, sich unter Zäunen durchbuddeln oder jede offene Tür zum Entwischen nutzen, um dann draußen ihren Interessen nachzugehen. Wozu leider oft auch die Hatz auf Wildtiere gehört.

> Dem Streunen Ihres Vierbeiners beugen Sie am besten vor, wenn Haus und Garten möglichst ausbruchsicher sind, vor allem aber, wenn Sie Ihren Hund sinnvoll beschäftigen und auslasten, ihn an vielen Ihrer Ausflüge und Unternehmungen teilhaben lassen und ihm einen geregelten Rahmen und Alltag bieten, der ihn motiviert, gerne bei Ihnen zu sein, damit er nichts verpasst.

Auch eine Schafherde übt auf manche Hunde einen unwiderstehlichen Reiz zur wilden Hatz aus. Dieser Retriever hat gelernt, dass Schafe für ihn tabu sind.

121

Wenn ein aggressiver Hund zur Gefahr wird

REGELN FÜR MEHR FRIEDFERTIGKEIT Reagiert der eigene Hund abwehrend, drohend oder gar aggressiv, ist man als Halter zuerst erschrocken und verunsichert: Was habe ich falsch gemacht, dass mein Hund so böse wird? Dabei gehört Aggressionsverhalten zum Verhaltensrepertoire eines Hundes einfach dazu. Er darf und muss sich in bestimmten Situationen wehren, seinen Besitz und seine Ansprüche verteidigen. Nicht mehr akzeptabel ist aggressives Verhalten, wenn es unbegründet und der Situation nicht angepasst ist oder bei anderen zu körperlichen oder seelischen Schäden führt. Da aggressives Handeln dem Hund Erfolgserlebnisse beschert – er rennt bellend auf einen Artgenossen zu, der weicht zurück –, versucht er schon bald, den »Erfolgskurs« auf andere Situationen auszuweiten. Jetzt sind Sie als Halter gefragt: Sie müssen dem Vierbeiner durch Ihr souveränes Verhalten Sicherheit geben und ihm alternative Verhaltensweisen anbieten.

Er bedroht mich, wenn ich ihm
beim Fressen zu nahe komme

Ihr Hund tänzelt erwartungsvoll um Sie herum, während Sie seinen Napf füllen und zum Futterplatz bringen. Doch kaum steht die Schüssel auf dem Boden, wirft er Ihnen einen misstrauischen Seitenblick zu und knurrt, wenn Sie sich nicht schnell genug entfernen. Er hat sogar schon einmal nach Ihnen geschnappt, als Sie ihm den Napf wieder wegnehmen wollten. Bei aller Fürsorge und Rücksichtnahme: So geht es nicht, Ihr Hund muss dringend »Tischmanieren« lernen!

Warum es nicht klappt

Obwohl sich unsere Vierbeiner keine Nahrungssorgen machen müssen, schützen manche die Futterration in ihrem Napf, als wäre es ihre letzte. Dafür gibt es mehrere mögliche Ursachen:
› Knurren am Futternapf kann ein erworbenes Verhalten sein. Hat der Hund einmal geknurrt, als sich ihm der Mensch beim Fressen näherte und wich der daraufhin zurück, lernt der Hund daraus: »Wenn ich bedrohlich knurre, kann ich alles in Ruhe alleine fressen«. Ein Erfolg, der mit jeder Wiederholung bestätigt wird und das Verhalten schnell verfestigt. Diese Hunde versuchen in der Regel auch bei anderer Gelegenheit, ihren Willen durchzusetzen und so ihren Besitz und Status zu behaupten: Sie schmusen und spielen, wenn ihnen danach ist, geben Spielsachen nicht freiwillig her, kontrollieren ihre Menschen oder reagieren mürrisch oder aufsässig, wenn sie den begehrten Liegeplatz räumen sollen.
› Der Hund hat nicht gelernt, dass er regelmäßig genügend Futter bekommt und seine Mahlzeiten in Ruhe verputzen darf. Vielleicht ist er erst seit kurzer Zeit in der Familie, hat daher noch nicht das notwendige Vertrauen aufgebaut und fürchtet, dass Sie ihm sein Futter wieder wegnehmen.
› Möglich ist auch, dass er früher häufig Hunger leiden musste und ihm die Mahlzeiten deswegen heute so wichtig sind.
› Vielleicht musste er sich sein Futter in einem großen Rudel oder als Straßenhund täglich neu erkämpfen und hat gelernt, jeden Happen erbittert zu verteidigen – solche Erfahrungen können das Hundeverhalten sehr stark beeinflussen.

AUF EINEN BLICK

Coaching-Ziel

Ihr Hund frisst entspannt, auch wenn Sie direkt neben seiner Futterschüssel stehen. Sie können ihm den Futternapf, einen Kauknochen oder Ähnliches wegnehmen, ohne dass er Sie anknurrt, zuschnappt oder ein anderes Drohverhalten zeigt.

Hilfsmittel

Futternapf und Hundefutter; gegebenenfalls ein attraktiveres Tauschobjekt für den Kauknochen, zum Beispiel einen Ochsenziemer oder einen besonders begehrten Leckerbissen.

Tipps und Trainingszeiten

Üben Sie bei jeder Fütterung mit Ihrem Hund die »Etikette beim Essen« (→ Seite 66), bis er sich an der Futterschüssel völlig normal und entspannt verhält.

INFO

MIT LECKERLIS AN DEN MAULKORB GEWÖHNEN

Wenn Sie befürchten, dass Ihr Hund doch einmal zubeißt, gehen Sie mit einem Maulkorb auf Nummer sicher. Ideal ist ein Gittermaulkorb aus Leder oder Kunststoff in passender Größe – in ihm kann er hecheln und stößt mit der Nase nicht an. Der Maulkorb muss sicher sitzen, notfalls verbindet man ihn mit dem Halsband. Bieten Sie Ihrem Hund einige Leckerlis im Maulkorb an, damit er sich an das fremde Objekt gewöhnt. Legen Sie ihm dann den Maulkorb an und belohnen Sie ihn nochmals durchs Gitter mit Leckerbissen. Spielen Sie mit dem Hund, um ihn davon abzuhalten, sich mit dem Maulkorb zu beschäftigen, und belohnen Sie ihn auch jetzt – so erlebt er den Maulkorb positiv. Nach und nach sollte er ihn längere Zeit tragen. Unbeaufsichtigt darf Ihr Hund dabei nicht sein, er könnte versehentlich mit einer Kralle im Gitter hängen bleiben.

› Medikamente, eine Stoffwechselerkrankung oder die Kastration können das Hungergefühl steigern. Das kann so weit gehen, dass der Hund immer Hunger leidet, obwohl er ausreichend versorgt wird. Dadurch nimmt das Futter für ihn einen derart hohen Stellenwert ein, dass er es notfalls knurrend und zuschnappend verteidigt.

So coachen Sie Ihren Hund

Neue Regeln Gehört Ihr Hund zu den Gesellen, die gerne den Chef hervorkehren, frischen Sie die Dog Coaching Regeln auf (→ Seite 65 ff.). Schränken Sie auch Privilegien ein, die ihm wichtig sind, lassen Sie keine Spielsachen oder Kauknochen frei herumliegen. Weisen Sie Tabuzonen in der Wohnung aus und erlauben Sie ihm nicht mehr, auf für ihn strategisch wichtigen Plätzen mit gutem Überblick zu liegen. Dadurch soll er lernen, dass er nicht der Herr im Haus ist und seine vermeintlich hohe Rangstellung im Rudel abgeben und wieder entspannen kann – schließlich ist es sehr anstrengend, ständig alles unter Kontrolle zu behalten.

Stress Stärken Sie das Vertrauen Ihres Hundes zu Ihnen: Sie müssen der souveräne Mensch sein, den er ganz dringend braucht. Dabei helfen Ihnen die Dog Coaching Regeln, entspannte Momente mit Streicheleinheiten, ausgelassene Spiele zu zweit, gemeinsame Übungen mit Basistraining und Tricks sowie Aufgaben, die den Hund auslasten und ihm Spaß machen.

› Lassen Sie ihn in dieser Phase der Um- und Neuorientierung in Ruhe fressen. Verlassen Sie notfalls das Zimmer. Bleibt er jedoch in Ihrer Nähe entspannt, können Sie mit dem Training beginnen. Starten Sie den nächsten Schritt erst, wenn er keine Anzeichen von Stress zeigt.

› Bieten Sie ihm die komplette Futterration aus der Hand an, bis er das Futter ohne Hast nimmt.

› Legen Sie im nächsten Schritt einige Bröckchen von der Hand in den Napf. Ihr Hund sollte dabei ohne Hektik warten, bis Sie ihm die Erlaubnis zum Fressen geben. Ist er voreilig, nehmen sie den Napf hoch, damit er nicht herankommt. Warten Sie, bis er sich wieder völlig entspannt verhält, und stellen Sie ihm den Napf dann noch einmal hin.

› Wiederholen Sie diese Übung so lange, bis Ihr Hund wirklich geduldig wartet, bis Sie ihm die Erlaubnis zum Fressen erteilen. Wenden Sie sich etwas vom Napf ab, machen Sie als Sichtzeichen eine einladende Handbewegung zum Napf und geben Sie ein nur dafür bestimmtes Lautsignal, zum Beispiel »Friss«. Hat er alles verputzt, warten Sie kurz ab, bis er sich zu Ihnen umschaut. Setzen Sie ihm dann eine weitere Futterportion

vor und signalisieren Sie ihm, dass er weiterfressen darf. Klappt das alles gut, sorgen Sie kurz bevor Ihr Hund die Futterschüssel ganz geleert hat, erneut für Nachschub.

> Ist er angespannt oder knurrt er doch wieder, brechen Sie die Übung ab und geben ihm eine weitere Futterration erst beim nächsten normalen Fütterungstermin – dann mit einem etwas geringeren Schwierigkeitsgrad.

> Reagieren Sie auf keinen Fall aggressiv, wenn Ihr Hund knurrt oder gar nach Ihnen schnappt – sonst riskieren Sie, gebissen zu werden. Kommen Sie mit dem Fütterungstraining nicht weiter oder befürchten Sie von vornherein Probleme, nehmen Sie die Hilfe eines Profis in Anspruch.

Er hat immer Hunger. Wenn Ihr Hund ständig Heißhunger hat, sollten Sie darüber mit einem Ernährungsexperten oder dem Tierarzt sprechen. Es gibt verschiedene Futtermittel für Hunde, die durch ihre Zusammensetzung ein schneller einsetzendes oder länger anhaltendes Sättigungsgefühl hervorrufen und den Vierbeiner dabei ausgewogen mit allem versorgen, was er braucht. Klären Sie zuvor mit dem Tierarzt ab, ob das Hungergefühl eventuell wegen einer Erkrankung erhöht ist. Das kommt allerdings nur selten vor.

Er verteidigt den Knochen. Zusätzlich zu den oben genannten Maßnahmen sollten Sie Ihrem Hund ein Aus-Signal beibringen (→ »Mein Hund weigert sich, sein Spielzeug herzugeben«, Seite 108), wenn er seinen Kauknochen bewacht. Damit er das Hergeben nicht mit einem Verlust verknüpft, schauen Sie sich den Knochen nur kurz an und geben ihn dann an den Hund zurück. Oder offerieren ihm dafür eine attraktive Alternative, zum Beispiel sein Lieblingsspielzeug.

Varianten

Er droht, wenn er angefasst wird. Knurrt oder schnappt Ihr Hund, wenn Sie ihn anfassen oder streicheln, frischen Sie die Dog Coaching Regeln

(→ Seite 65 ff.) auf und streichen Sie ihm einige Privilegien. Gehen Sie auch dann nicht mehr zu ihm hin, wenn er sich beruhigt hat. Rufen Sie ihn vielmehr zu sich, streicheln Sie ihn nur kurz und schicken ihn wieder fort. Oder stehen Sie selbst auf und gehen weg. Klappt das nicht und Ihr Hund verhält sich nach wie vor abweisend oder drohend, wenden Sie sich an einen Hundeprofi, um nicht Gefahr zu laufen, gebissen zu werden.

Er reagiert plötzlich aggressiv. Verhält sich Ihr bisher friedfertiger Hund ohne erkennbaren Anlass aggressiv, hat er möglicherweise Schmerzen. Er droht dann oder schnappt abwehrend, weil er sich vor Schmerzen fürchtet, wenn er angefasst oder gestreichelt wird. Das muss der Tierarzt umgehend abklären. Erst wenn der Hund nachweislich schmerzfrei ist, üben Sie mit ihm, sich wieder überall von Ihnen berühren zu lassen.

Ihr Hund muss ohne Abwehrreaktion dulden, dass Sie ihm Futter geben oder wegnehmen, während er frisst.

Er hat bestimmte »Feindbilder«, die er lautstark verbellt

Gerade eben noch sind Sie von einem Spaziergänger für Ihren freundlichen und vorbildlich erzogenen Vierbeiner gelobt worden. Denn Ihr Hund hat sich auf Ihr Signal hin brav hingesetzt und einen Radfahrer passieren lassen, ohne ihn auch nur eines Blickes zu würdigen. Doch kaum ist das Lob ausgesprochen, springt Ihr vierbeiniger Begleiter auf, zerrt heftig an der Leine und bellt lautstark und wütend einen Mann an, der gerade seinen Regenschirm aufspannt. Das ist ein peinlicher Moment. Und obwohl es natürlich

überhaupt kein Trost ist: Mit solchen Vorfällen werden auch viele andere Halter immer wieder konfrontiert. Die meisten Hunde haben nämlich ganz bestimmte »Feindbilder«. Die sorgen schnell dafür, dass ein Vierbeiner völlig aus der Fassung gerät, etwa weil Spaziergänger scheinbar aus dem Nichts vor ihm auftauchen, weil sich Menschen hektischer bewegen als er es gewohnt ist, weil sie auffällig gekleidet sind oder Gegenstände tragen, die ihm nicht geheuer vorkommen.

Warum es nicht klappt

› Der Hund wurde nicht ausreichend auf unterschiedliche Menschen und den Kontakt mit Menschen in verschiedenen Situationen sozialisiert und ist daher unsicher. Nach anfänglich vielleicht nur ängstlichem Bellen stellt er fest, dass die meisten Personen verschüchtert zurückweichen, wenn er sie anbellt. Der Erfolg bestätigt ihn in diesem Verhalten – und jede weitere in seinen Augen positive Rückmeldung verfestigt diese Handlungsweise. Mit der Zeit wird das Verbellen für den Hund zur wirksamen Strategie, um die Distanz zu bestimmten Personen selbst bestimmen zu können.
› Vielleicht macht ihm das Bellen auch einfach nur Spaß, da es bei den angebellten Personen die unterschiedlichsten Reaktionen auslöst, vom hektischen Zurückweichen bis hin zu besänftigenden Schmeicheleien. Zudem schenkt der Halter seinem bellenden Vierbeiner mehr Aufmerksamkeit, unabhängig davon, ob es durch schroffes Zurückziehen, Ausschimpfen oder gutes Zureden passiert. Ein Kläffer ist geboren.

AUF EINEN BLICK

Coaching-Ziel

Ihr Hund bleibt entspannt, wenn er während des Spaziergangs fremden Menschen begegnet, die er früher immer anbellte. Er zeigt selbst dann keine Anzeichen von Stress mehr, wenn Sie mit ihm direkt an einem Fremden vorbeigehen.

Hilfsmittel

Ein Trainingsassistent, der sich exakt an Ihre Instruktionen hält und von seiner Bewegungsweise, Kleidung oder bestimmten Gegenständen ins »Feindbild« des Hundes passt. Dazu Leckerlis, Leine, eventuell Schleppleine, Kopfhalfter und Maulkorb.

Tipps und Trainingszeiten

Üben Sie mehrmals wöchentlich. Trainieren Sie zu verschiedenen Uhrzeiten und an verschiedenen Orten.

> Der Hund hat tatsächlich schlechte Erfahrungen mit einem bestimmten Menschen gemacht, zum Beispiel, weil er von ihm verjagt, erschreckt oder geschlagen wurde. Vielleicht war diese Person auffällig gekleidet, zum Beispiel mit einer Uniform, trug häufig ein markantes Utensil wie einen Regenschirm mit sich herum, oder bewegte sich auf ungewöhnliche Art und Weise. Dann ist es nicht untypisch, dass ein Vierbeiner seine Vorbehalte auf alle Personen überträgt, die diesem »Feindbild« ähneln.

So coachen Sie Ihren Hund

Grundsätzliches Ihr Hund sollte möglichst selten in Situationen kommen, wo er Personen anbellen kann, da er mit jeder neuen »Bell-Arie« weiter auf Erfolgskurs fährt und Sie noch mehr Zeit brauchen, um das unerwünschte Verhalten abzutrainieren. Es hilft meist auch nicht, wenn die betreffende Person dem Hund ein Leckerli gibt. Er wird es annehmen, danach aber weiterbellen, weil der Leckerbissen seine Skepsis nicht beseitigt und er zudem fürs Bellen noch durch die fremde Person belohnt wird. Wenn Ihnen Freunde beim Training helfen, sollten sie den Hund komplett ignorieren und sich eng an Ihre Instruktionen halten. Im häuslichen Umfeld fällt es Hunden schwerer, sich gut zu benehmen. Üben Sie daher zunächst auf neutralem Terrain. Nehmen Sie den Hund in unsicheren Situationen an die Leine oder mit dem Brustgeschirr an die Schleppleine.
> Sie sind das Vorbild. Versuchen Sie, ruhig und souverän zu bleiben, auch wenn es manchmal schwerfällt. Hektisches und unsicheres Verhalten signalisiert dem Hund, dass es sich tatsächlich um eine Stresssituation handelt beziehungsweise sein Halter der Lage nicht gewachsen ist.
> Sehen Sie nicht zuerst die fremde Person, dann den Hund und danach wieder die Person an. Ihr Hund könnte das so auslegen, als würden Sie den Fremden ebenfalls merkwürdig finden. Nachdem

Erscheint sein Intimfeind auf der Bildfläche, lässt sich mancher Hund kaum bändigen. Nicht selten reichen die Ursachen der Antipathie bis ins Welpenalter zurück.

Sie die Person wahrgenommen haben, schauen Sie am besten gelangweilt zur Seite und gehen nicht direkt auf sie zu. Damit signalisieren Sie Ihrem Hund: »Ich habe diesen Menschen registriert und als ungefährlich eingestuft«.
> Vermeiden Sie Negativkommentare wie »O je«, weil das dem Hund suggeriert, dass etwas nicht in Ordnung oder sogar bedrohlich ist.
> Arbeiten Sie zusätzlich mit Ihrem Vierbeiner an den Dog Coaching Regeln (→ Seite 65), am Laufen an lockerer Leine (→ Seite 96) und an Richtungswechseln beim Freilauf (→ Seite 86). So lernt er, sich stärker an Ihnen zu orientieren.
Alternativen anbieten Es ist wenig sinnvoll, eine unerwünschte Verhaltensweise immer nur zu verbieten, da sich dann schnell Frust aufbaut. Leiten Sie Ihren Hund vielmehr zu einem erwünschten Alternativverhalten an, mit dem er sich Lob oder sogar eine Belohnung verdienen kann – und zwar

bevor er zu bellen beginnt. Setzen Sie die Dog Coaching Strategien (→ Seite 72) zunächst bei jeder entgegenkommenden Person ein, damit er den neuen Lösungsweg schnell begreift. Gehen Sie mit dem angeleinten Hund im Bogen um den Menschen herum und führen Sie Ihren Hund auf der abgewandten Seite (Splitting). Starrt er die Person an, bieten Sie ihm die Aufmerksamkeitsübung an. Fehlt der Platz zum Ausweichen, drehen Sie sich um und gehen in entgegengesetzte Richtung, um die Distanz zu vergrößern. Üben Sie in größerer Distanz erneut die Strategien, bis Ihr Hund entspannt bleibt. Loben und belohnen Sie ihn mit attraktiven Leckerlis, wenn er Ihre Lösungsangebote annimmt.

Wichtig: Lob und Belohnung gibt es nur, wenn er zuvor weder geknurrt noch gebellt hat, da Sie sonst das unerwünschte Verhalten verstärken.

› Bellt der Hund an der Leine aber doch einen Menschen an, weil Sie möglicherweise für kurze Zeit unaufmerksam waren oder die angebotene

Aufmerksamkeitsübung, Distanz vergrößern, Bogengehen und Abbruchsignal sind probate Strategien, um dem Hund das Anbellen von Personen abzugewöhnen.

Strategie noch nicht ausreichte, erhält er ein Abbruchsignal, etwa »Hör auf«. Geben Sie das Signal in ernstem Ton, aber schreien Sie nicht. Drängen Sie Ihren Hund zusätzlich von der Person weg. Gehen Sie dabei frontal auf ihn zu und weg von der Person. Setzen Sie dieses Mittel aber nur ein, wenn Sie sicher sind, dass Ihr Hund Ihnen gegenüber freundlich bleibt. Brechen Sie den Spaziergang anschließend ab und gehen Sie mit dem Hund an lockerer Leine nach Hause, ohne ihm dabei Aufmerksamkeit zu schenken.

Strategien beim Freilauf Wenn Ihr Vierbeiner die Strategien an kurzer Leine verstanden hat oder sein Verhalten nicht zu heftig ausfällt und er sich gut an Ihnen orientiert, können Sie den Freilauf üben. Nehmen Sie ihn sicherheitshalber an die Schleppleine, die Sie bei Bedarf in der Hand halten. Gehen Sie den Bogen, Ihr Hund soll Ihnen dabei folgen. Loben und belohnen Sie ihn, wenn er mitläuft und ruhig und entspannt bleibt. So verstärken Sie das erwünschte Verhalten positiv. Geht er den Bogen nicht mit, nehmen Sie ihn an der Schleppleine mit. Vergrößern Sie die Distanz zur fremden Person, wenn Ihr Hund sie auch weiterhin fixiert und bieten Sie ihm die Aufmerksamkeitsübung an. Je sicherer und entspannter er mit der Zeit wird, desto kleiner kann der Bogen ausfallen. Schließlich müssen Sie mit ihm nur noch ein paar Schritte zur Seite gehen. Dieses Manöver sollten Sie künftig beibehalten, weil es im Hundeverhalten eine Geste der Konfliktvermeidung darstellt.

› Bellt Ihr Hund während des Freilaufs doch eine Person an, geben Sie das Abbruchsignal (→ Seite 69). Hört er daraufhin zu bellen auf und wendet sich von der Person ab, nehmen Sie ihn ruhig an die Leine und setzen Ihren Weg fort. Ignorieren Sie ihn für etwa fünf Minuten. Danach darf er wieder frei laufen. Stoppt er sein Gekläffe nicht, gehen Sie zu ihm und leinen ihn an. Verfahren Sie dann wie beim Abbruchsignal an der Leine (→ oben). Macht er brav mit, gibt es dafür ein

Lob. Falls er sich nicht einfangen lässt, leinen Sie ihn beim nächsten Mal möglichst schon an, bevor er zu anderen Personen läuft oder führen ihn von vornherein an der Schleppleine.

So gewöhnt er sich an Menschen, die ihm Angst einflößen

Mit den oben beschriebenen Strategien können Sie Ihren Hund sicher führen, auch wenn er manche Menschen anbellt. An Ihrem souveränen Vorbild lernt er, dass diese Menschen keine Bedrohung für ihn darstellen und Sie die Situation regeln. Trotzdem ist es sinnvoll, den Hund mit Menschen vertraut zu machen, die ihm Angst einflößen. Üben Sie mit Personen, die beispielsweise Uniform tragen oder einen aufgespannten Regenschirm dabeihaben – je nachdem, worauf Ihr Hund reagiert. Aus ihm angenehmer Distanz kann er beobachten, wie Sie sich diesen Personen freundlich nähern und mit ihnen plaudern. Wenn ihm danach ist, darf er die Menschen oder Objekte, die ihn ängstigen, an lockerer Leine erkunden und beschnuppern. Die Personen sollten ihn nicht beachten und Blickkontakt mit ihm vermeiden, bis er sich ganz entspannt hat.

KRITISCHE SITUATIONEN MIT KINDERN VERMEIDEN

Kinder laufen meist auf wackeligen Beinen, sie rennen, schreien, lachen, sie wollen Hunde streicheln, hochheben oder umarmen und gehen dabei nicht immer behutsam mit ihnen um. Für einen Hund sind das große Herausforderungen. Geben Sie Ihrem Hund Sicherheit, indem Sie ihm bei Begegnungen und beim Spiel mit Kindern helfen und ihm zum Beispiel die Möglichkeit anbieten, sich zurückzuziehen, wenn es ihm zu viel wird.

• Schützen Sie den Hund vor Kindern, indem Sie nicht zulassen, dass er von den Kindern derb angefasst oder geärgert wird. Gehen Sie einfach mit ihm weg, wenn er wie ein Spielzeug behandelt wird.

• Lassen Sie nicht zu, dass Ihr Hund von Kindern überfordert wird. Reagiert er unsicher auf Kinder, sollten Sie ihn beispielsweise nicht zu einem Kindergeburtstag mitnehmen, um unkontrollierbare Situationen zu vermeiden.

• Natürlich soll Ihr Hund einen adäquaten Umgang mit Kindern lernen, und es ist schon ein Erfolg, wenn er sie ignoriert. Üben Sie wie oben beschrieben, wenn Sie Ihrem Hund bereits vertrauen können, und er die Strategien ruhig und sicher beherrscht – aber nur in kontrollierbaren Trainingssituationen. Gehen Sie dabei nie so nahe zu einem Kind, sodass dieses sich unwohl fühlt, oder Ihr Hund eventuell doch unerwünschtes Verhalten zeigt. Holen Sie vorher immer das Einverständnis der Eltern ein, wenn Sie mit Hund und Kind üben möchten – und fragen Sie natürlich auch das Kind.

• Für Kinder ist es furchtbar und oft fürs ganze Leben prägend, wenn sie von einem Hund attackiert werden. Achten Sie darauf, dass Ihr Hund nie zu fremden Kindern läuft. Sollten Sie sich nicht sicher sein, gehört er vorsichtshalber an Leine oder Schleppleine und muss gegebenenfalls Kopfhalfter und Maulkorb tragen.

Er attackiert andere Hunde
grundlos und ohne Vorwarnung

In jedem Stadtviertel oder Hundeauslaufgebiet gibt es fast immer einen oder mehrere Vierbeiner, um die alle anderen Hundehalter einen großen Bogen machen – aus gutem Grund. Denn diese Hunde sind als Streithähne und Raufbolde bekannt, die sich meist ohne Vorwarnung auf jeden Artgenossen stürzen, der in ihre Nähe kommt. Und oft genug lassen sie selbst dann noch nicht ab, wenn der attackierte Hund signalisiert, dass er sich ergibt. Das Verletzungsrisiko ist hoch: für den Angegriffenen, aber auch für den Angreifer und nicht zuletzt für die Hundehalter, wenn sie in den Kampf eingreifen, um das Schlimmste zu verhindern. Es kommt noch mehr dazu: Das unsoziale Verhalten dieser streitsüchtigen Wegelagerer kann auch bei den angegriffenen Hunden Aggressionen schüren, weil sie die Furcht vor dem einen Berserker eventuell auf alle anderen Artgenossen übertragen. Nicht vergessen darf man, dass sich der aggressive Hund selbst um sämtliche Vorzüge bringt, die das sozialverträgliche Miteinander unter Hunden bietet. Damit Ihr Vierbeiner sich gar nicht erst zu einem berüchtigten und allseits gefürchteten Aggressor entwickelt und dann in seinem Verhalten kaum mehr zu bremsen ist, dürfen Sie es nicht so weit kommen lassen und sollten schon dann mit dem Anti-Aggressionstraining beginnen, wenn sich erste Tendenzen abzeichnen, dass aus ihm ein Streithammel werden könnte. Sie erleichtern sich, Ihrem Hund und vielen anderen das Leben.

AUF EINEN BLICK

Coaching-Ziel

Ihr Hund zeigt sich im Umgang mit seinen Artgenossen sozialverträglich. Er fordert sie nicht heraus und reagiert nicht grundlos aggressiv. Seine eigenen Interessen setzt er anderen Hunden gegenüber mit angemessenen Mitteln durch.

Hilfsmittel

Leckerlis; Leine, gegebenenfalls Schleppleine, Kopfhalfter oder Maulkorb.

Tipps und Trainingszeiten

Trainieren Sie mehrmals pro Woche, achten Sie aber darauf, dass Ihr Hund nicht überfordert wird und sich in seine Aggressivität hineinsteigert. Sorgen Sie zwischendurch für viele ausgedehnte Ruhezeiten, in denen Ihr Hund seine Anspannung wieder vollständig abbauen kann.

Warum es nicht klappt

> Der Hund wurde schlecht sozialisiert und hat nicht gelernt, korrekt mit seinen Artgenossen zu kommunizieren. Daher reagiert er unsicher bei Begegnungen und überspielt das erfolgreich mit der Strategie »Angriff ist die beste Verteidigung«.
> Er hat schlechte Erfahrungen mit Hunden eines bestimmten Typs gemacht und verhält sich deswegen von vornherein aggressiv, wenn er Artgenossen trifft, die diesem Typ ähnlich sind. Manchmal kann auch mangelhafte Sozialisierung der Grund dafür sein, dass ein Hund Artgenossen eines bestimmten Typs einfach nicht mag.

Und es gibt Rassen, die sich wegen besonderer anatomischer Merkmale, etwa einer kurzen und runden Schnauze, vieler Falten oder starker Behaarung, nicht so klar verständigen können wie andere Hunde. Unsichere und latent aggressive Tiere gehen hier nicht selten in die »Vorwärtsverteidigung« und attackieren.

› Mancher Hund gefällt sich in der Rolle des gefürchteten Raufbolds, denn dann fühlt er sich stark und überlegen.

› Der Halter fördert das Verhalten unbewusst, da er versucht, seinen Hund beim ersten Anzeichen von Aggression zu beruhigen oder durch Leinenruck und Schimpfen davon abzubringen.

› Der Halter hat es versäumt, Stresssituationen zu unterbinden oder zu vermeiden, um seinen Hund zum Beispiel vor Attacken anderer Hunde zu schützen. Eventuell hat er es zugelassen, dass der Hund von nervenden Welpen oder anderen Artgenossen bedrängt wird. Der Vierbeiner hat gelernt, dass er sich nicht auf seinen Menschen verlassen kann und sich selbst wehren muss.

› Nachlassende Sinnesleistungen, Schmerzen oder Krankheit führen nicht selten dazu, dass ein Hund gereizter oder unsicherer ist.

› Der Hund lebt in einem hektischen Umfeld und hat zu wenige Phasen, in denen er sich entspannen kann, um sich nach aufregenden oder stressigen Erlebnissen zu erholen.

So coachen Sie Ihren Hund

Situationen richtig einschätzen Damit Sie angemessen reagieren können, wenn Ihr Hund sich aggressiv verhält, müssen Sie wissen, warum er so reagiert und warum in der konkreten Situation. Grundkenntnisse des allgemeinen Verhaltens und der Kommunikation der Hunde erleichtern die Beurteilung der Lage und die Entscheidung, wann Sie eingreifen oder besser abwarten sollten.

› Aggressionen sind Teil des normalen Hundeverhaltens. Eine natürliche Aggressivität ist wich-

Ein Hund, der Artgenossen attackiert, muss lernen, die Dog Coaching Regeln (→ Seite 64 ff.) zu befolgen und den Halter in jeder Lebenslage als Chef zu akzeptieren.

tig, damit sich der Hund auch gegenüber den eigenen Rudelmitgliedern behaupten kann. Eine aggressiv-drohende Haltung (→ Seite 48) kann auch dazu dienen, einem Streit vorzubeugen. Typisch für ein solches Drohverhalten sind: angespannte Körperhaltung, steifbeiniges Laufen, Knurren, Zähneblecken, Runzeln des Nasenrückens und Anstarren des Kontrahenten. Die Botschaft lautet: Bis hierhin und keinen Schritt weiter! Dem anderen Hund wird so unmissverständlich signalisiert, dass er mit einem Angriff rechnen muss, wenn er die Interessen seines Gegenübers weiter verletzt und die Drohung nicht beachtet. Um sich zu behaupten, verhält sich Ihr Hund in dieser Situation absolut richtig.

› Problematisch wird es, wenn das aggressive Verhalten des Hundes nicht zur Situation passt, in der er sich befindet. So ist es nicht tolerierbar, wenn ein Hund grundsätzlich jeden Artgenossen anpöbelt oder zu unterwerfen versucht, ohne erkennbaren Grund andere Hunde attackiert und nicht von einem Artgenossen ablässt, obwohl der sich unterwürfig zeigt. Hier muss der Halter eingreifen – und zwar möglichst frühzeitig. Denn manche Hunde können sich diese aggressiven Verhaltensweisen angewöhnen, und je länger sie damit durchkommen, desto schwieriger wird es, sie davon wieder abzubringen. Wenn Ihr Hund nach der Maxime handelt »Angriff ist die beste Verteidigung«, und jeden oder auch nur ganz bestimmte Artgenossen grundlos in einen Kampf verwickelt, macht ihn jede erfolgreiche Attacke

> Manche Hunde haben es von klein auf nicht gelernt, sich mit ihren Artgenossen richtig zu verständigen.

zunehmend selbstsicherer und letztlich aggressiver. Diese Form des Aggressionsverhalten ist so stark selbstbelohnend, dass der Hund sie nicht von selbst aufgeben wird. Als Nebeneffekt verstärkt sich bei den angegriffenen Hunden die Unsicherheit oder sie reagieren auch aggressiv.

Dog Coaching Regeln durchsetzen Frischen Sie die Regeln (→ Seite 64 ff.) auf, falls das in der letzten Zeit etwas vernachlässigt wurde. Ihr Hund muss Sie zu jeder Zeit und in jeder Lebenslage als Chef anerkennen. Nur dann wird er Ihre Lösungsvorschläge annehmen und richtig umsetzen. Bleiben Sie ruhig und souverän, um Ihren Hund nicht unbewusst zu verunsichern und unter Stress zu setzen. Überfordern Sie ihn nicht pausenlos mit Aktivitäten, er braucht wie Sie Zeit zur Entspannung, um ausgeglichen zu sein.

Strategien und Hilfsmittel nutzen Setzen Sie die Trainings- und Verhaltensstrategien Splitten, Bogengehen, Distanz vergrößern und Aufmerksamkeitsübung (→ Seite 72 ff.) gezielt ein, um einen aggressiven Hund zu einem alternativen

Verhalten zu verleiten. Nutzen Sie dabei sowohl im Training wie im Alltag geeignete Hilfsmittel (→ Seite 74), um ihn besser zu kontrollieren und selbst entspannter zu bleiben. Legen Sie dem Hund einen Maulkorb an, wenn er schon früher andere Hunde attackiert und eventuell auch gebissen hat, oder wenn Sie befürchten, dass er in kritischen Momenten so reagieren wird.

Konfliktsituationen entschärfen Ein Spiel unter Hunden kann völlig friedlich verlaufen. Doch plötzlich kippt es und aus Spiel wird Ernst, beispielsweise weil ein dritter Hund dazukommt, oder einer der Spielpartner das Spielobjekt nicht freigibt. Beobachten Sie die Reaktionen der Hunde und greifen Sie notfalls schlichtend ein. Natürlich raufen, knurren oder bellen Hunde auch im Spiel miteinander. Typisch für das Spielverhalten ist dabei ein hohes Aufforderungsbellen.

> Verlassen Sie sich bitte nie auf den Ratschlag selbst ernannter Hundekenner: »Das machen die Hunde unter sich aus«. In nicht wenigen Fällen ist das genau der Weg, um sich und seinem Hund Ärger einzuhandeln. Beachten Sie die Coaching-Tipps zur Konfliktvermeidung (→ Seite 136).

Hilfe vom Profi Wenn Sie mit den Strategien nicht weiterkommen, scheuen Sie sich nicht, einen Hundetrainer oder Verhaltenstherapeuten um Untersützung zu bitten. Er hat die Möglichkeit, Ihren Hund unter kontrollierten Bedingungen mit geeigneten Artgenossen zu konfrontieren. Auf diese Weise kann er die Ursache für das aggressive Verhalten Ihres Vierbeiners einschätzen, beispielsweise ob er aus Unsicherheit so reagiert, ob er einfach ein Raufbold ist, oder ob Sie selbst vielleicht durch Ihr Verhalten seine Aggressivität in bestimmten Situationen unbewusst anheizen. Er wird Ihnen Lösungsansätze anbieten, die individuell auf Sie und Ihren Hund zugeschnitten sind und Sie dabei unterstützen, die Therapie im Alltag anzuwenden. Ein gewissenhafter Hundetrainer übt mit Ihnen und dem Hund nicht nur auf dem Ausbildungsgelände, sondern begleitet

Sie auch bei Ihren üblichen Spaziergängen. Das gibt Ihnen Sicherheit, und mit Unterstützung des Trainers können Sie viel entspannter mit Ihrem Hund arbeiten. Zusätzliches Plus: Der Trainer kann Ihnen auch erklären, wie Sie sich richtig verhalten, falls es doch einmal zu einer Beißerei kommen sollte. Mit der Kenntnis geeigneter Maßnahmen für den Ernstfall verringern Sie das Verletzungsrisiko, wenn Sie oder andere Beteiligte die kämpfenden Hunde trennen müssen.

Gesundheitsprobleme ausschließen Ihr Hund hat sich bisher immer friedlich und verträglich verhalten, reagiert aber plötzlich aggressiv auf seine Artgenossen. Bei einer unvermittelt auftretenden Verhaltensänderung sollte immer der Tierarzt klären, ob gesundheitliche Probleme der Grund dafür sind. Beispielsweise wegen Schmerzen, die von Wirbelsäulen- oder Gelenkschäden hervorgerufen werden, oder wegen organischer Erkrankungen, wie einer Schilddrüsenunterfunktion. Werden die Beschwerden erfolgreich behandelt, verschwinden auch die Verhaltensauffälligkeiten wieder. Denn nur ein gesunder und nicht durch Schmerzen gehandicapter Hund kann auch in Stresssituationen einen kühlen Kopf bewahren.

Welpen vor Übergriffen schützen

Den Welpenschutz gibt es nicht bei fremden Hunden, sondern nur im eigenen Rudel – und selbst da ist er nicht immer garantiert. Sind Sie mit Ihrem Welpen oder Junghund unterwegs, sollten Sie andere Hundehalter vor Kontaktaufnahme der Vierbeiner fragen, ob sich ihre Hunde im Umgang mit dem Youngster angemessen verhalten werden. Ein junger Hund soll und muss regelmäßig mit erwachsenen Hunden zusammen sein, um die hundetypischen Kommunikationsformen zu erlernen beziehungsweise einzuüben. Dabei dürfen die erwachsenen Vierbeiner dem Nachwuchs durchaus die Grenzen aufzeigen und sie zurechtweisen, wenn die Jungspunde sich

ungebührlich benehmen oder den Älteren auf die Nerven gehen. Das verlangt auch von den »Erziehungsberechtigten« eine bestimmte Etikette. Ein erwachsener Hund darf einen Welpen nicht grundlos und mit unangepasster Härte maßregeln oder gar beißen. Der körperlich unterlegene Junghund kann dabei nicht nur ernsthaft verletzt werden, sondern eine lebenslange Furcht vor Artgenossen entwickeln.

› Erlauben Sie den Kontakt Ihres Welpen mit anderen Hunden nur, wenn Sie sicher sind, dass die sich dem Kleinen gegenüber freundlich und friedfertig verhalten.

› Wenn Sie aus Erfahrung wissen, dass Ihr erwachsener Hund grob oder aggressiv mit Welpen umgeht, sollten Sie keine unliebsamen Zwischenfälle provozieren, sondern jeden Kontakt Ihres Hundes mit Welpen rechtzeitig unterbinden.

Mit einer Aufmerksamkeitsübung verhindern Sie, dass Ihr Hund sich auf einen Artgenossen konzentriert.

EXTRA

BRAUCHT MEIN HUND
EIN KOPFHALFTER?

Das Kopfhalfter beim Hund ist vergleichbar mit einem Pferdehalfter: Beide lassen sich damit viel leichter lenken. Das Halfter muss dem Hund gut passen, er darf es nicht abstreifen, muss aber trotzdem die Schnauze normal öffnen können.

Wann macht das Kopfhalfter Sinn?

Schau mich an! Ein Hund mit Kopfhalfter lenkt seine Aufmerksamkeit speziell in einer stressigen Situation viel schneller auf seinen Menschen.

Die Leine ist am Halsband befestigt, das schwarze Verbindungsstück verbindet Kopfhalfter und Leine.

Probleme an der Leine Der Einsatz eines Kopfhalfters kann das Training der Leinenführigkeit (→ Seite 95 ff.) wirksam unterstützen. Es nützt vor allem dann, wenn der Hund so stark zieht, dass man ihn nicht halten kann. Es ist auch hilfreich, wenn er prinzipiell gut an der Leine geht, aber die Angewohnheit hat, plötzlich und derart ruckartig anzuziehen, dass sein Halter ein paar Schritte benötigt, bis er wieder sicher steht.

Schutz vor Bissen Das Kopfhalfter bewährt sich beim Training gegen Aggressionsverhalten (→ Seite 130), wenn man befürchten muss, dass der Hund nach Mensch oder Tier schnappt – noch sicherer ist dann allerdings ein Maulkorb.

Jäger unter Kontrolle Beste Dienste leistet das Halfter beim Anti-Jagdtraining (→ Seite 113 ff.), wo die sichere Kontrolle des Hundes absolute Priorität hat.

Mit dem Halfter vertraut machen

Haben Sie das von Material, Größe und Form passende Kopfhalfter für Ihren Hund gefunden, müssen Sie ihm vermitteln, dass das seltsame Ding völlig in Ordnung ist:

• Lassen Sie ihn zunächst am Halfter schnuppern.
• Spreizen Sie dann den Maulriemen des Halfters mit den Fingern und halten Sie ihn vor den Hund. Bieten Sie Ihrem Vierbeiner von der anderen Seite des Riemens ein Leckerli an, sodass er mit der Schnauze hindurchschlüpfen muss, um es zu nehmen. Nach einigen Wiederholungen holt er sich das Leckerli ohne Zögern durch den Maulriemen.
• Bieten Sie ihm ein größeres Leckerli an, das er nicht sofort schlucken kann. Während er kaut,

legen Sie ihm die Halsriemen direkt hinter den Ohren an – und nicht am Hals wie das Halsband – und schließen ihn. Regulieren Sie die Weite so, dass zwei Finger zwischen Hals und Riemen Platz haben, der obere Maulriemen darf sich nicht über die Nase ziehen lassen. Manchen Hunden ist das Anpassen direkt am Kopf unangenehm. Merken Sie sich dann den Punkt, bis zu dem Sie den Halsriemen verstellen müssen, nehmen das Halfter wieder ab, stellen die gewählte Weite ein und legen es dem Hund wie oben beschrieben an.

• Bieten Sie Ihrem Hund, noch während er das Halfter trägt, einige Leckerlis an und nehmen das Kopfhalfter nun endgültig ab. Fürs Abnehmen gibt es keine Belohnung. Auf diese Weise verknüpft der Hund: Kopfhalfter heißt Leckerlis, kein Kopfhalfter bedeutet keine Leckerlis.

• Steigern Sie von Tag zu Tag die Dauer, für die Ihr Hund das Kopfhalfter trägt. Erfahrungsgemäß lässt er es sich nach ungefähr einer Woche brav anziehen und trägt es problemlos eine Zeit lang.

• Lassen Sie Ihren Vierbeiner nie allein, solange er das Halfter trägt. Er könnte in Versuchung kommen, es mit der Pfote abzustreifen und sich dabei an einer Kralle verletzen.

Kopfhalfter und Leine

• Fürs Training benötigen Sie eine Leine, die im Abstand von zwei bis fünf Zentimetern zum Karabiner einen Ring besitzt. Leinen Sie Ihren Hund ganz normal am Halsband an – das Brustgeschirr eignet sich in diesem Fall nicht. Zur Befestigung des Halfters braucht man ein kurzes Verbindungsstück mit zwei kleinen Karabinern – an jedem Ende einer. Einen dieser Karabiner befestigen Sie am Ring des Halfters, den anderen am Ring der Leine (→ Foto links). Das Verbindungsstück sollte gerade so lang sein, dass der Hund bei straff gehaltener Leine den Kopf ein kleines Stück zur Seite drehen muss. Bei einigen Kopfhalftern wird es bereits mitgeliefert. Wenn

PRAXISTIPPS FÜR DAS KOPFHALFTER

INFO

• Soll Ihr Hund zum Beispiel statt auf der linken auf Ihrer rechten Seite gehen, führen Sie ihn hinter Ihrem Rücken herum. Leine und Verbindungsstück müssen sich anschließend wieder zwischen Ihnen und Ihrem Hund befinden.

• Beherrscht Ihr Hund das neue Verhalten sicher, lassen Sie das Kopfhalfter Schritt für Schritt wieder weg: Legen Sie ihm zunächst das Halfter noch an, ohne aber den Karabiner einzuhängen. Klappt das gut, lassen Sie das Halfter ganz weg. Verwenden Sie es künftig immer dann, wenn es hilfreich ist, und Sie damit Ihren Hund entspannter führen können.

nicht, kann man es sich auch relativ leicht selbst basteln. Vorteil des Verbindungsstücks: Der Kopf des Hundes kann nicht zu weit zur Seite gezogen werden, weil dann der Zug der Leine aufs Halsband einsetzt, was mögliche Verletzungen im Nackenbereich verhindert. Außerdem benötigen Sie mit diesem Verbindungsstück nur eine Leine und nicht zwei.

• Sobald Ihr Hund das Kopfhalfter akzeptiert, üben Sie damit die Leinenführigkeit, wie auf Seite 95 ff. beschrieben. Versucht er es abzustreifen, erhöhen Sie den Zug auf die Leine etwas, lassen aber sofort locker, wenn er nachgibt. Belohnen Sie ihn am Anfang für jede positive Reaktion.

• Das Lauftraining an lockerer Leine (→ Seite 96) ist gerade beim Tragen des Kopfhalters wichtig, weil Ihr Hund beim Ziehen lernen könnte, durch Anspannen der Nackenmuskeln auch mit Halfter genauso zu ziehen wie zuvor.

Er mag fremde Hunde nicht,
provoziert sie und fängt Streit an

Ihr Vierbeiner hat seine Hundekumpels. Mit denen spielt und tobt er ausgelassen und versteht sich bestens. Doch immer, wenn er auf fremde Artgenossen trifft, führt er sich unmöglich auf, provoziert sie oder fängt Streit an. Begegnet er den Hunden am nächsten Tag wieder, ist er wie ausgewechselt, freundlich und lammfromm.

Warum es nicht klappt

> Der Hund will beim ersten Kontakt mit einem fremden Artgenossen klarstellen, dass er den Ton angibt. Manchmal ist das auch eine Strategie, um die eigene Unsicherheit zu überspielen.

Eigentlich würden der Weiße Schäferhund und der Dalmatiner gerne spielen. Doch ganz geheuer ist beiden die Situation nicht. Hoffentlich gibt es keinen Ärger.

> Sein Besitzer ist nervös, wenn er einen fremden Hund sieht, was seinem eigenen Vierbeiner nicht verborgen bleibt, der dann häufig die Rolle des Beschützers übernehmen will.
> Vor allem unkastrierte Rüden spielen gern den Macho. Ihre Aggressionsbereitschaft steigt, wenn sie läufigen Hündinnen imponieren wollen.
> Der Hund verteidigt sein Spielzeug gegenüber zudringlichen Artgenossen.
> Er attackiert andere Hunde, wenn sie seinem Menschen zu nahe kommen, weil der beispielsweise Leckerlis in der Jackentasche hat.
> Er hat Schmerzen und will andere Hunde auf Abstand halten, weil er befürchtet, sie könnten ihm weitere Schmerzen verursachen.

So coachen Sie Ihren Hund

> Halten Sie die Dog Coaching Regeln (→ Seite 65 ff.) ein und nutzen Sie die Trainings- und Verhaltensstrategien (→ Seite 70 ff.) sowie die geeigneten Hilfsmittel (→ Seite 74).
> Üben Sie mit Ihrem Hund Richtungswechsel, damit er sich an Ihnen orientiert.
> Nehmen Sie ihn an Leine oder Schleppleine, wenn Sie befürchten, dass er einen Artgenossen attackiert. Zieht er stark, verwenden Sie ein Kopfhalfter, versucht er andere Hunde zu beißen oder zu zwicken, einen Maulkorb.
> Vergrößern Sie die Distanz und gehen Sie einen Bogen, wenn er den Artgenossen anstarrt. Geht er freiwillig mit und verhält sich friedlich, nähern Sie sich dem anderen Hund, allerdings nicht frontal. Ihr Hund soll die Möglichkeit zur freundlichen Kontaktaufnahme bekommen.

› Suchen Sie zunächst Hunde, auf die Ihr Hund weniger heftig reagiert, damit er sich langsam an Ihre neuen Lösungsvorschläge gewöhnen kann.

› Geben Sie den Hunden keinen Anlass zum Streit und setzen Sie Futter oder Spielzeug nicht ein, solange andere Hunde in der Nähe sind.

› Lernen Sie das Verhalten der Hunde zu analysieren (→ Seite 130), um mögliche Konflikte schon im Vorfeld zu erkennen. Stellen Sie sich zum Beispiel nicht direkt neben Hunde, die sich gerade beschnuppern. Sie sollten sie auch nicht rufen oder mit ihnen schimpfen, um den Stress der beiden nicht noch zu erhöhen.

› Bei gleich starken Kontrahenten entspannen sich Konflikte unter frei laufenden Hunden am schnellsten, wenn sich ihre Halter ohne weiteres Aufheben entfernen. Sie machen ihren Hunden damit den Weg frei, die Konfrontation aufzugeben und trotzdem das Gesicht zu wahren: »Mein Mensch geht weg, also darf ich auch gehen«. Darüber hinaus verlässt viele Hunde ohne die Rückendeckung ihrer Besitzer schnell der Mut. Falls weitere, bisher unbeteiligte Hunde dabei sind, sollte man sie mitnehmen, damit sie sich nicht doch noch einmischen. Die Kontrahenten selbst kommen an die Leine, sobald sie in Reichweite sind, und setzen mit ihren Haltern den Spaziergang in entgegengesetzte Richtungen fort.

› Vermeiden Sie frontale Begegnungen mit anderen Hunden – unter Hunden gehört das nicht zum guten Ton. Gehen Sie mit Ihrem Vierbeiner lieber in einem angemessen großen Bogen.

Variante: Hundebesuch zu Hause

Kündigt sich Besuch mit Hund an, kann man meist nicht vorhersagen, wie gut der vierbeinige Gastgeber und der Besuchshund miteinander klarkommen. Sorgen Sie von vornherein dafür, dass Ihr Hund keine Notwendigkeit sieht, den rüden Hausherrn zu spielen und auf seine Besitzrechte zu pochen: Räumen Sie Futternapf

und Spielsachen weg, damit er nicht ständig auf sie aufpassen muss. Gehen Sie mit Ihrem Besuch spazieren, bevor der angeleinte Gasthund in die Wohnung darf. Befürchten Sie, dass Sie Ihren Hund nicht halten können, sollte er ein Kopfhalfter tragen, bei aggressiven Haushütern ist der Maulkorb angesagt. Jedem der beiden Hunde bietet man eine Liegedecke an, auf denen sie neben ihren Haltern und in gehörigem Abstand

AUF EINEN BLICK

Coaching-Ziel

Ihr Hund bleibt gegenüber Artgenossen auch bei den ersten Begegnungen freundlich und gelassen. Aus Konfliktsituationen lässt er sich jederzeit abrufen und wendet seine Aufmerksamkeit immer Ihnen zu.

Hilfsmittel

Leckerlis; Leine, eventuell Brustgeschirr, Schleppleine, Kopfhalfter, Maulkorb.

Tipps und Trainingszeiten

Trainieren Sie die Strategien bei jeder Hundebegegnung, sowohl im direkten Kontakt als auch im Bogengehen. Überfordern Sie Ihren Hund aber nicht. Bieten Sie ihm zwischendurch entspannte Spaziergänge mit seinen Hundekumpels an, und wählen Sie regelmäßig hundefreie Gebiete, um eine stressfreie Zeit zu zweit zu genießen.

voneinander Platz machen sollen. Zu diesem Zeitpunkt sind beide Hunde an der Leine, die ihre Besitzer in der Hand halten. Vorrangiges Ziel ist es, dass die Hunde ruhig und entspannt bleiben und sich gegenseitig im gleichen Zimmer akzeptieren. Je nach Temperament und Charakter der beiden sind manchmal mehrere Besuche nötig, bis das reibungslos funktioniert. Im zweiten Schritt führt dann einer der Halter seinen

STOPPT DIE KASTRATION AGGRESSIVES VERHALTEN?

Die Kastration kann das Verhalten des Hundes stark beeinflussen – allerdings nicht immer in der gewünschten Weise. Fragen Sie einen Verhaltenstherapeuten, um zu klären, ob eine Kastration bei Ihrem Hund ratsam ist, um sein aggressives Verhalten zu dämpfen.

● **Kastration der Hündin** Die Kastration ist nur sinnvoll, wenn die Aggressionen der Hündin mit der Läufigkeit zusammenhängen. Ziehen Sie einen Verhaltenstherapeuten zu Rate, eventuell sollten Sie auch Zyklusbestimmungen vornehmen lassen. Ansonsten ist die Kastration der Hündin in Bezug auf das Aggressionsverhalten eher kontraproduktiv, da der Eingriff gerade die sanftmachenden weiblichen Hormone ausschaltet.

● **Kastration des Rüden** Beim männlichen Hund kann ein gesteigertes Aggressionsverhalten verschiedene Ursachen haben (→ Seite 130 und 136). Die Kastration des Rüden führt zur verminderten Ausschüttung des Hormons Testosteron, von dem nach dem Eingriff nur noch kleine Mengen in der Nebennierenrinde produziert werden. Durch Testosteron induzierte Aggressionen nehmen also deutlich ab. Das bedeutet allerdings nicht, dass nach einer Kastration bei einem aggressiven Rüden alles gut wird. Denn auch weiterhin kann sowohl erlerntes wie auch durch mangelhafte Sozialisierung ausgelöstes Aggressionsverhalten abgerufen werden. Manche Rüden zeigen sich nach einer Kastration sogar unsicherer im Umgang mit ihren Artgenossen und können so zumindest vorübergehend aggressiver als zuvor reagieren. Gegebenenfalls müssen sie sogar erst wieder Strategien für die friedliche Koexistenz mit anderen Hunden erlernen. Eine Verhaltenskorrektur ist nur möglich, wenn Sie Ihrem Hund zusätzlich die richtigen Lösungsansätze anbieten und geduldig mit ihm trainieren.

Hund an lockerer Leine durch den Raum, achtet dabei aber darauf, dem anderen Vierbeiner nicht zu nahe zu kommen. Bleiben beide Hunde auch in dieser Situation friedlich, gibt es ein dickes Lob und eine Belohnung, falls eine solche Futtergabe nicht für neue Animositäten sorgt. Selbst wenn sich die Vierbeiner vorbildlich verhalten, sollte dieser Ablauf auch bei späteren Besuchen wiederholt werden.

Variante: Besuch im Restaurant

Trainieren Sie zunächst den Hundebesuch bei sich zu Hause. Klappt das mit ausgewählten Übungspartnern wie erhofft, folgt als nächster Trainingsschritt der Besuch in einem spärlich besuchten Gartenrestaurant oder Biergarten, wo Sie notfalls sofort aufstehen und weggehen können. Der Hund liegt angeleint auf seiner Decke neben Ihnen, die Leine halten Sie in der Hand. Belohnen Sie ihn, wenn er beim Anblick eines anderen Hundes ruhig bleibt. Starrt er den Artgenossen an, stehen Sie auf und gehen weg, bis Ihr Hund wieder entspannt ist. Wendet er Ihnen danach seine Aufmerksamkeit zu, loben und belohnen Sie ihn, aber nur, wenn er vorher nicht geknurrt oder gebellt hat. Gehen Sie dann wieder zum Tisch und verfahren Sie weiter so, dass Ihr Hund belohnt wird, wenn er ruhig bleibt und Sie aufstehen, wenn er starrt, knurrt oder bellt.

An der Leine verhält er sich
aggressiv zu anderen Hunden

Die gemeinsamen Spaziergänge sollten eigentlich eine Freude für Mensch und Hund sein. Vom Vergnügen kann aber keine Rede sein, wenn sich der Vierbeiner beim Anblick eines Artgenossen sofort in die Leine hängt, den anderen anstarrt, knurrt und bedrohlich bellt. Bald wird man sogar schon beim Anblick anderer Hunde nervös, weil man Sorge hat, den eigenen Vierbeiner festhalten zu können und eine üble Rauferei befürchtet. Dann werden die täglichen Gassi-Runden für Sie zum Spießrutenlauf, und Ihrem Hund eilt ein zweifelhafter Ruf voraus. Keine Sorge: Mit dem richtigen Training werden Sie die Spaziergänge mit Ihrem Vierbeiner bald wieder genießen.

Warum es nicht klappt

Für das als »Leinenaggression« bezeichnete Verhalten gibt es viele Ursachen, die leider für Laien nicht immer einfach zu unterscheiden sind.

› Der Hund wurde im Rahmen der Sozialisierung nicht ausreichend an Artgenossen gewöhnt, hat kaum Kontakt zu anderen Hunden oder schlechte Erfahrungen mit ihnen gemacht, und reagiert deswegen bei Begegnungen unsicher oder sogar ängstlich. Diese Unsicherheit verstärkt sich an der Leine noch, weil die Angsthasen dann nicht ausweichen können. Hinzu kommt, dass der Halter seinem Hund nicht ausreichend das Gefühl vermittelt, ihn zu beschützen. Da der Hund nicht weglaufen kann, versucht er den anderen durch aggressives Verhalten auf Abstand zu halten. Das sieht man relativ oft bei kleinen Hunden.

› Selbst kleine Hasenfüße, die im Freilauf mit eingekniffener Rute vor jedem größeren Hund das Weite suchen würden, fühlen sich an der Leine manchmal ganz stark, weil der Mensch dem nervenden Krawallmacher oft noch unbeabsichtigt Rückendeckung gibt.

› Wegen nicht ausreichender Sozialisierung beziehungsweise mangelndem Kontakt zu anderen Hunden hat der Vierbeiner die unter Hunden üblichen Benimmregeln nicht gelernt – manche Hunde sind regelrechte Raufbolde. Der nicht gesellschaftsfähige Hund starrt den anderen unverhohlen an, geht direkt auf ihn zu, hält die notwendige Distanz nicht ein und will sofort unter Beweis stellen, dass er ein tougher Typ ist. Da ihn die Leine daran hindert, veranstaltet er ein großes Spektakel und wird aggressiv. Meist sind es Rüden, die alle Benimmregeln vergessen.

› Auch Hunde entwickeln individuelle Sympathien und Antipathien gegenüber Artgenossen, und einige sind richtige Erzfeinde. Während der Vierbeiner an den meisten anderen ganz cool vorübergeht, flippt er regelrecht aus, wenn er den verhassten Kontrahenten trifft. Der Grund kann zum Beispiel ein negatives Erlebnis mit diesem Hund sein. Manche Hunde übertragen schlechte

Selbst ausgemachte Hasenfüße versuchen an der Leine oft genug den dicken Max zu spielen.

Erfahrungen mit einem bestimmten Artgenossen auch auf alle anderen Artgenossen, die diesem »Feind« ähnlich sehen.

› Der Mensch am anderen Ende der Leine bestärkt das Verhalten des Radaubruders oft noch. Viele Besitzer versuchen ihre Vierbeiner mit freundlichen Worten zu beruhigen – beim Hund kommt das aber wie ein Lob an. Oder der Halter wirkt hektisch, schreit seinen Hund an und zerrt an der Leine und macht so selbst Spektakel. Sein Hund sieht sich bestätigt: Mein Mensch macht mit und feuert mich an. Eventuell gibt er auch dem anderen Hund die Schuld für die in seinen Augen willkürliche Bestrafung und reagiert noch heftiger. Auch direktes Aufeinanderzulaufen an der Leine wirkt auf Hunde bedrohlich.

So coachen Sie Ihren Hund

Schimpfen Sie Ihren Hund nie, wenn er bellt! Oft genug – siehe oben – kommt das falsch bei ihm an und wird als Anfeuerung verstanden. Aber

auch beruhigende Worte sind fehl am Platz, da sie als Lob missdeutet werden können. Und weil ein Hund sein aggressives Verhalten zudem als selbstbelohnend empfindet – schließlich hat er den Feind vertrieben – wird er es so lange nicht ändern, bis er eine Alternative gelernt hat.

Sie sind der Boss! Festigen Sie zunächst noch einmal die Dog Coaching Regeln (→ Seite 64 ff.), damit Ihr Hund Sie als souveränen Chef anerkennt, der ihm Sicherheit gibt. Das verleitet ihn dann auch nicht dazu, die Rolle des Beschützers selbst zu übernehmen.

› Trainieren Sie mit ihm die Aufmerksamkeitsübungen (→ Seite 76) und das Gehen an der lockeren Leine (→ Seite 96). Anfangs in möglichst stressfreier Umgebung und mit kurzen Übungseinheiten, später steigern Sie Trainingsdauer und Ablenkung sukzessive.

› Vermeiden Sie während des Basistrainings unkontrollierte Begegnungen mit anderen Hunden und gehen Sie gegebenenfalls rechtzeitig einen weiten Bogen oder kehren Sie um. Bieten Sie Ihrem Hund hingegen regelmäßig Kontakte zu Artgenossen, mit denen er sich gut verträgt.

Begegnungen gezielt üben Vielleicht kennen Sie nette und hilfsbereite Hundehalter, die sich mit ihren friedfertigen Vierbeinern als Trainingspartner anbieten. Findet sich niemand, fragen Sie in einer Hundeschule oder einem Hundeverein an. Wählen Sie fürs erste Aufeinandertreffen ein Gebiet, das Ihr Hund nicht als Revier betrachtet. Rund ums Haus und auf den gewohnten Gassiwegen ist das Aggressionsverhalten an der Leine in der Regel am größten. Bei einem Hund, der Ihnen körperlich überlegen ist und sich an der Leine nicht steuern lässt, kann ein Kopfhalter helfen (→ Seite 134). Achten Sie darauf, dass alle beteiligten Hunde angeleint sind und keiner Ihnen und Ihrem Vierbeiner unkontrolliert zu nahe kommt. Sie müssen die Gewissheit haben, die Situation stets kontrollieren zu können und sollten das auch dem Hund vermitteln.

Schritt für Schritt zur Toleranz Probieren Sie aus, wie groß die Minimaldistanz ist, die Ihr Hund zu anderen noch akzeptiert, und bei welcher der erlernten Strategien er am besten entspannt. Schaut er zu dem fremden Hund und starrt ihn an, vergrößern Sie die Distanz. Gehen Sie dabei zügig und bestimmt so weit weg, bis Ihr Hund seine Aufmerksamkeit wieder ganz auf Sie richtet. Hat er weder gebellt noch geknurrt, loben und belohnen Sie ihn dafür – selbst wenn der andere Hund schon außer Sichtweite ist. Wiederholen Sie das Distanz-Training, bis Ihr Vierbeiner schnell und freiwillig mit Ihnen umkehrt. Und bitte die Belohnung nicht vergessen!

› Im nächsten Trainingsschritt bieten Sie Ihrem Schüler eine Aufmerksamkeitsübung an, sobald er den anderen Hund sieht. Reagiert er auf Sie, gibt es wieder eine attraktive Belohnung. So lernt er, dass es sich auszahlt, wenn er trotz der Nähe eines Artgenossen auf seinen Menschen achtet. Nach mehreren Wiederholungen verknüpft er das positive Erlebnis mit dem fremden Hund.

› Klappt auch dieser Schritt zuverlässig, gehen Sie in einem großen Bogen um den »Übungshund« herum. Dabei befinden Sie sich zwischen Ihrem und dem anderen Hund (→ Splitten, Seite 72). Fixiert Ihr Hund den Artgenossen, schieben Sie sich in sein Blickfeld, vergrößern die Distanz und entspannen die Situation eventuell durch eine Aufmerksamkeitsübung. Schlagen Sie beim nächsten Mal einen größeren Bogen ein.

› Läuft Ihr Hund dagegen bereitwillig mit und wirkt dabei entspannt oder schenkt Ihnen seine volle Aufmerksamkeit, dann wird er ausgiebig gelobt und mit besonders attraktiven Leckerlis belohnt. Jetzt können Sie langsam auch die Distanz zum Gegenüber weiter verringern und die Schwierigkeit erhöhen, indem Sie fremden Hunden begegnen. Grundsätzlich stellen sich Übungserfolge umso leichter und schneller ein, je mehr andere Hunde Ihren Vierbeiner ignorieren und seinen Blickkontakt nicht erwidern.

Abdrängen ist erlaubt. Einen Vierbeiner, der sich Ihnen gegenüber auch im Extremfall absolut friedfertig verhält – und beispielsweise nicht aus Frust in Ihr Hosenbein beißt, weil der andere Hund außerhalb der Reichweite seiner Zähne ist –, dürfen Sie abdrängen, wenn er den Kontrahenten anknurrt oder anbellt. Drängen Sie ihn mit dem Bein entschlossen zur Seite und setzen Sie so ein deutliches Zeichen, dass Sie sein Verhalten nicht akzeptieren. Hören Sie erst dann damit auf, wenn Ihr Hund die Ohren anlegt, seinen Blick abwendet und Ihnen ausweicht. Drängen Sie ihn jedoch sofort wieder ab, sobald er erneut den anderen Artgenossen anstarrt oder verbellt.

› Sollte seine Attacke extrem heftig ausfallen oder Sie nicht sicher sind, wie er auf Sie in dieser Situation reagiert, dann geben Sie ein Abbruchsignal (→ Seite 69) und gehen sofort mit dem angeleinten Hund nach Hause, ohne ihn weiter zu beachten. Fortsetzen sollten Sie das Training

Mit ihrem Besitzer am anderen Ende der Leine fühlen sich viele Hunde besonders stark. Der Boxer nimmt die Verbalattacke seines Gegenübers aber sehr gelassen.

Der schwierige Umgang mit ängstlichen Hunden

MIT SOUVERÄNITÄT UND RUHE GEGEN DIE ANGST Ein Hund kann sich vor allem Möglichen fürchten: vor anderen Hunden, vor Menschen, vor Geräuschen und uns völlig harmlos erscheinenden Gegenständen. Häufig entstehen solche Ängste, weil der Vierbeiner als Welpe in seiner Sozialisierungsphase nicht genug Erfahrungen gesammelt hat. Das lässt sich nachträglich nicht mehr ändern, doch das mangelhafte Selbstbewusstsein seines Hundes kann der Halter positiv beeinflussen. Überlassen Sie Ihren Hund nicht seiner Ängstlichkeit, sondern zeigen Sie ihm, wie er sie regulieren oder sogar ganz überwinden kann. Dafür gibt es einfache, aber sehr effiziente Strategien. Sie helfen besser als tröstende Worte, mit denen man oft eher das Gegenteil erreicht, weil sie den Vierbeiner in seinen Ängsten noch bestärken. Auch hier ist wieder der souveräne Halter gefordert, der dem verunsicherten Hund durch Gelassenheit und Ruhe Mut macht.

Mein Hund fürchtet sich
vor fremden Menschen

Ihr Hund ist eigentlich ein richtig aufgewecktes Kerlchen, spielt ausgelassen mit anderen Hunden, tobt über die Wiese und liebt es, von Ihnen gestreichelt zu werden. Doch sobald sich ihm fremde Menschen nähern, nimmt er Reißaus. Gibt es keine Fluchtmöglichkeit mehr, sitzt er da wie ein Häufchen Elend und hat sogar schon zugeschnappt, wenn Fremde ihn anfassen wollten. Das ist für Ihren Hund genau wie für Sie ein unhaltbarer und belastender Zustand.

Warum es nicht klappt

› In den meisten Fällen stellt sich heraus, dass der Hund im Welpenalter nicht genügend auf den Umgang mit Menschen sozialisiert wurde.
› Menschen, die Ihr Hund nicht kennt, sind ihm unheimlich. Das liegt häufig am freundlich gemeinten – aber leider falschen – Verhalten vieler Menschen gegenüber einem Hund, wenn sie sich zum Beispiel über ihn beugen, um ihm den Kopf zu tätscheln, sich förmlich auf den armen Kerl stürzen, ihn ungefragt streicheln oder plötzlich hochheben. Auch auf selbstbewusste Vierbeiner wirkt das alles sehr bedrohlich. Ein Hund kann zwei unterschiedliche Strategien entwickeln, um sich aus der Affäre zu ziehen: Er rennt zukünftig lieber gleich vor Fremden und den zu erwartenden Knuddelattacken davon. Oder er hat gelernt, dass fremde Zweibeiner vor ihm zurückweichen, wenn er sie anbellt oder böse anknurrt. Je erfolgreicher das funktioniert, desto mehr festigt sich seine Abwehrstrategie.
› Er hat schlechte Erfahrungen mit einer Person gemacht und überträgt das auf jeden Fremden.

So coachen Sie Ihren Hund

Ihre Aufgabe ist es, dem Hund ein souveränes Vorbild zu sein, um ihm Sicherheit zu vermitteln und ihn zu veranlassen, sich stärker an Ihnen zu orientieren (→ Dog Coaching Regeln, Seite 64 ff.; Strategien, Seite 70 ff.). Versuchen Sie, ungeplante Begegnungen mit anderen Spaziergängern während der Trainingsphasen zu vermeiden. Gezielt herbeiführen sollten Sie hingegen Begegnungen mit Personen, die Sie vorher darum gebeten

AUF EINEN BLICK

Coaching-Ziel

Ihr Hund bleibt entspannt, wenn er während des Spaziergangs fremden Menschen begegnet, und zeigt auch dann keine Anzeichen von Stress, wenn Sie mit ihm näher an Fremden vorbeigehen.

Hilfsmittel

Ein kooperativer Trainingsassistent, der sich genau an Ihre Instruktionen hält; Leckerlis, Leine, eventuell Brustgeschirr und Schleppleine.

Tipps und Trainingszeiten

Üben Sie das Begegnungstraining ganz bewusst mehrmals wöchentlich: einmal, wenn Ihr Vierbeiner sehr unsicher auf eine Begegnung reagiert, und zwei- bis dreimal, je entspannter er sich dabei in der Nähe fremder Personen verhält.

haben, Ihren Hund nicht zu beachten. Das ist die beste Voraussetzung dafür, dass die Treffen stressfrei für ihn ablaufen. Entscheidend ist, dass Sie bei den Begegnungen nicht auf die Unsicherheit Ihres Hundes eingehen. Trösten oder beruhigen Sie ihn nicht, versuchen Sie nicht, ihn gegen seinen erkennbaren Willen zu einer Annäherung zu »überreden« oder ihn gar dazu zu zwingen.

› Testen Sie, auf welche Entfernung Ihr Hund beim Anblick eines fremden Menschen noch entspannt bleibt, und halten Sie diesen Abstand ein. Führen Sie ihn auf der von dem Passanten abgewandten Seite. Bei diesem sogenannten Splitten (→ unten) sind Sie der Schutzwall und der Hund ist dahinter in Sicherheit. Gehen Sie dann ruhig und entspannt im großen Bogen an dem Fremden vorbei. Achten Sie darauf, dass Ihr vierbeiniger Begleiter an lockerer Leine läuft. Zögert er oder starrt ängstlich hinüber, sind Sie zu nah am Objekt seiner Furcht und müssen den Bogen vergrößern. Zieht er mit Macht von der Person weg, bleiben Sie stehen und schauen unbeteiligt in eine andere Richtung. Wenn Sie in diesem Fall den Bogen vergrößern, würden Sie seinem Ziehen nachgeben und ihm ein falsches Signal übermitteln. Sobald Ihr Vierbeiner sich etwas entspannt, entfernen Sie sich mit ihm langsam und ruhig aus der Situation. Dieses Mal empfand Ihr Hund die Nähe offenbar noch zu bedrohlich – schlagen Sie beim nächsten Versuch also besser

SPLITTEN BIETET SCHUTZ UND SICHERHEIT

1 Ein Hund, den die vielen Eindrücke in der Stadt ohnehin überfordern, reagiert auf außergewöhnliche Begegnungen besonders gestresst. Mit geduckter Körperhaltung und angelegten Ohren signalisiert dieser Hund, dass ihm die Frau mit dem roten Regenschirm nicht geheuer ist.

2 So geht alles viel entspannter: Der Hund läuft auf der abgewandten Seite seiner Besitzerin. Das sogenannte Splitten (→ Seite 72) vermittelt ihm

Schutz und Sicherheit. Für sein entspanntes und aufmerksames Verhalten sollte er dann ausgiebig gelobt und belohnt werden.

3 Aus sicherer Distanz und mit seiner Halterin als Schutz kann sich der Hund die Frau mit dem ominösen Schirm in Ruhe anschauen. Belohnen Sie ihn, wenn er sich dabei ruhig verhält und bieten Sie ihm nach einer stressigen Übungssituation immer die Möglichkeit zum Entspannen.

UNSER HUND FÜRCHTET SICH VOR BESUCHERN UND SELBST VOR FAMILIENMITGLIEDERN

Vor Besuchern Bitten Sie Ihre Besucher, den Hund in Ihrer Wohnung oder während eines gemeinsamen Spaziergangs nicht zu beachten, ihn also nicht anzuschauen, anzusprechen oder zu streicheln. Das gilt auch, wenn der Vierbeiner von sich aus Annäherungsversuche unternimmt. Denn nur so hat er die Chance, in aller Ruhe zu erkunden, was es mit den fremden Menschen auf sich hat und stellt bald fest: »So gefährlich sind die ja gar nicht.« Zeigt er dann irgendwann in Gegenwart Fremder keine Anzeichen von Unsicherheit mehr, darf der Besuch dem Hund ein Leckerli hinhalten oder ein Spielangebot machen, zum Beispiel einen Ball werfen. Geht der Hund darauf noch nicht ein, bleibt er weiterhin unbeachtet und man wartet mit dem nächsten Versuch. Von Begegnung zu Begegnung baut er seine Furcht ab und macht die Erfahrung, dass ihm in Gesellschaft dieser Menschen nichts passiert.

Vor Familienmitgliedern Zusätzlich zu den für Besucher getroffenen Maßnahmen sollten Sie versuchen, die Anwesenheit der »Problempersonen« für Ihren Hund mit einer positiven Erfahrung zu verknüpfen. Füttern Sie ihn wenn möglich daher nur noch, wenn das betreffende Familienmitglied dabei ist, sich aber ganz im Hintergrund hält. Ähnliches gilt, wenn Sie dem Hund einen Kauknochen geben oder mit ihm spielen. Verlässt die Person das Zimmer, räumen Sie Futter, Spielzeug und Kauknochen wieder weg. Bleibt Ihr Hund irgendwann schließlich auch dann ruhig und entspannt, wenn sich der Mensch ihm nähert, kann dieser nach und nach kleine Aufgaben übernehmen: Futternapf füllen und hinstellen, Spielzeug geben oder vor ihm ablegen, einen Kauknochen anbieten (auf keinen Fall aber wegnehmen!) oder beim gemeinsamen Spaziergang für kurze Zeit die Leine übernehmen.

gleich einen größeren Bogen ein, bis Sie die richtige Wohlfühldistanz ermittelt haben.

› In der soeben ermittelten Wohlfühldistanz zu fremden Menschen trainieren Sie im zweiten Schritt ein neues Verhalten Ihres Hundes: Er soll beim Anblick der Person Blickkontakt mit Ihnen aufnehmen, um nachzufragen, ob alles in Ordnung ist. Sobald er diese gewünschte Reaktion zeigt, loben und belohnen Sie ihn. Dann setzen Sie Ihren Spaziergang ganz normal fort.

› Nimmt er keinen Blickkontakt zu Ihnen auf und starrt den gefürchteten Fremden an, gehen Sie rückwärts und nehmen Ihren Hund dabei freundlich, aber bestimmt mit – bis er schließlich zu Ihnen hochschaut. Auch dafür gibt es Lob

und eine tolle Belohnung. Wichtig ist dabei der Zeitpunkt des Belohnens: Das Leckerli gibt es nur, während Sie auf Höhe des Menschen sind und nicht erst, wenn Sie schon weitergegangen sind. Ansonsten würde der Vierbeiner die Belohnung falsch verknüpfen. Sehr bald werden Sie feststellen, dass Ihr Hund sich bei Begegnungen mit Passanten immer öfter an Sie wendet, um sich bei Ihnen rückzuversichern.

› Bleibt er in allen Trainingssituationen gelassen und ruhig, können Sie die Distanz zum Gegenüber allmählich verringern. Splitten Sie aber nach wie vor, achten Sie immer auf die lockere Leine und vergrößern Sie den Bogen wieder, falls Ihr Hund erneut Anzeichen von Stress zeigt.

145

EXTRA SO WIRD IHR HUND
ANGSTFREI UND SICHERER

Das Gefühl der Unsicherheit, Furcht oder Angst gehört zur ganz normalen Entwicklung eines Hundes. Angst und Stress dürfen jedoch nicht sein Leben bestimmen, weil er sonst krank oder aggressiv wird.

Unerschrockene Welpen

Das Lernfenster eines Welpen ist bis etwa zur 16. Lebenswoche weit offen. Er macht in dieser Phase unzählige Erfahrungen, ohne dabei allzu unsicher oder gar ängstlich zu reagieren. Unter dem Schutz der Mutter erkundet er zusammen mit seinen Geschwistern die neue Welt.

»Mir geht es gut und ich fühle mich pudelwohl.« Mit der richtigen Unterstützung seines Halters kann jeder Hund entspannt bleiben und das Leben genießen.

Wenn Sie Ihren Hund in diesem Alter schon bei sich haben, sollten Sie diese erste sensible Phase nutzen, damit der Kleine gemeinsam mit Ihnen behutsam seine Umgebung kennenlernen kann: Gehen Sie mit ihm auf Entdeckungstour und geben Sie ihm möglichst oft die Gelegenheit, viele verschiedene Menschen zu erleben. Dabei geht es weniger um den unmittelbaren Kontakt, vielmehr soll er lernen, dass fremde und sich sehr unterschiedlich verhaltende Menschen ein normaler Bestandteil seiner Umwelt sind. Auch Geräusche, Gerüche und unbekannte Objekte sind Teil der Entdeckungstour – und Ihr junger Hund wird alle neuen Erfahrungen und Erlebnisse wie ein Schwamm aufsaugen.

Angst schützt vor Leichtsinn

Ab der 16. bis 20. Woche beginnt der Junghund seinen Radius auszuweiten, zeigt sich dabei aber deutlich vorsichtiger als in den Wochen zuvor. Diese Verhaltensänderung macht Sinn: Er bringt sich nicht leichtsinnig in Gefahr und orientiert sich jetzt stärker an älteren Rudelmitgliedern (→ »Die wichtigsten Entwicklungsphasen im Leben des Hundes«, Seite 25 ff.). Hat der junge Hund in dieser ersten sensiblen Phase seines Lebens nur ein begrenztes Umfeld kennengelernt und demzufolge wenige positive Erfahrungen gesammelt, wird er möglicherweise auch als Erwachsener um fremde Menschen einen Bogen machen oder vor unbekannten Objekten zurückschrecken. Um einer solchen Entwicklung vorzubeugen, müssen Sie ihn richtig anleiten und mit allem vertraut machen, was später für ihn wichtig ist.

Sie sind das Vorbild Ihres Hundes

Als Halter übernehmen Sie eine maßgebliche Rolle, wenn Ihr Hund sich auf fremdes Terrain wagt. Er soll sich an Ihnen orientieren und mit Ihnen gemeinsam lernen, was erlaubt, was verboten und was gefährlich ist. Um diese Vorbildrolle richtig auszufüllen, sollten Sie die Regeln des Miteinander kennen (→ »Erfolgreich trainieren mit den Dog Coaching Regeln«, Seite 65 ff.), eine vertrauensvolle Beziehung zu Ihrem Hund aufbauen (→ »Mensch und Hund: Das Band der Sympathie«, Seite 45), und ihn vor Stress und unüberschaubaren Situationen schützen. Bleiben Sie möglichst immer gelassen, bewegen Sie sich ruhig und bedächtig und zwingen Sie den Hund nicht gegen seinen Willen, sich Personen, Tieren oder Gegenständen zu nähern, vor denen er sich erkennbar fürchtet. Durch gemeinsames Lernen mit seinen Menschen gelingt es nicht nur dem jungen Hund, Ängste und Unsicherheiten abzubauen, auch mit einem älteren Hund kann man Strategien trainieren, die ihm mehr Sicherheit und Selbstbewusstsein vermitteln.

Stress macht krank oder aggressiv

Nehmen Sie die Ängste Ihres Hundes stets ernst, aber nicht einfach als gegeben hin. Ständige Angst führt zu Dauerstress, der krank macht. Und Angst kann auch in aggressives Verhalten umschlagen, nach dem Motto »Angriff ist die beste Verteidigung«. Das sind zwei wichtige Gründe, rechtzeitig etwas gegen Unsicherheit und überängstliches Verhalten eines Hundes zu unternehmen. Warten Sie daher nicht lange, wenn Sie Ängste bei Ihrem Hund bemerken und versuchen Sie nicht, sie ihm in bester Absicht und mit tröstenden Worten auszureden. Gehen Sie schon dagegen an, wenn Sie die Unsicherheit das erste Mal wahrnehmen – die Strategien und Problemlösungen in diesem Kapitel helfen Ihnen dabei mit praxisgerechten Anleitungen.

Die häufigsten Angstauslöser beim erwachsenen Hund

Ein älterer Hund kann im Laufe seines Lebens durchaus Ängste entwickeln, die er bislang nicht gehabt hat. Dafür gibt es verschiedene Gründe.

● Hunde können sich Ängste von Artgenossen abschauen. Wenn Ihr Vierbeiner einen Hundekumpel hat, der sich bei jedem Spaziergang vor einem bestimmten Geräusch oder Gegenstand erschrickt, dann kann es passieren, dass Ihr Hund diese Angst übernimmt – ohne selbst jemals eine negative Erfahrung gemacht zu haben.

● Manchmal kann schon eine einzige schlechte Erfahrung dafür sorgen, dass ein Hund Furcht entwickelt, zum Beispiel nach der Attacke eines aggressiven Vierbeiners. Ihr Hund fürchtet sich dann womöglich immer vor einem ähnlichen Typ von Hund, im schlimmsten Fall überträgt er die Scheu auf alle Artgenossen. Dann dürfen Sie nicht lange warten, sondern müssen die Verknüpfung in seinem Kopf mit passender Strategie löschen.

● Ängste können auch durch das Verknüpfen verschiedener Ereignissen entstehen, die eigentlich nichts miteinander gemein haben. Erschrickt Ihr Hund vor einer plötzlich heulenden Feuerwehrsirene und beobachtet gleichzeitig eine flatternde Motorradplane, kann es passieren, dass er die Angst auf alle flatternden Objekte überträgt.

● Krankheiten, Unfälle oder das fortgeschrittene Alter können Unsicherheit oder Ängste zur Folge haben. Auch hier sind falsche Verknüpfungen nicht selten, ausgelöst etwa durch Schmerzen: Hat ein Hund beispielsweise eine Gelenkerkrankung und deswegen Schmerzen beim Treppensteigen, kann sich daraus eine Furcht vor allen Treppen oder selbst kleinen Stufen entwickeln. Hat sich Ihr Vierbeiner einmal heftig wehgetan und zum Beispiel seine Rute in der Autotür eingeklemmt, dann kann daraus schnell eine Furcht vor allen Autos werden. Mit dem Resultat, dass er nicht mehr einsteigen will. Auch nachlassende Sinne im Alter können Unsicherheiten begünstigen.

Mein Hund fürchtet sich
vor Gegenständen

Manche Hunde, die sonst selbstbewusst und vorwitzig durchs Leben gehen, werden urplötzlich zu Mimosen und verkriechen sich in der hintersten Ecke, wenn Ihr Mensch den Schrubber oder Besen aus dem Schrank holt. Und dann gibt es auch noch die Hunde, die mit ihrem Halter beim Morgenspaziergang immer völlig relaxt durch dieselben Straßen gehen. Doch wenn dann eines Tages vor einigen Häusern Müllcontainer stehen, möchten die vermeintlich so selbstsicheren Vierbeiner am liebsten die Flucht ergreifen. Sie zerren ungestüm an der Leine und versuchen ihren Begleiter so schnell wie möglich wegzuziehen. Für den Menschen sind solche und ähnliche Reaktionen nicht immer nachvollziehbar, für den Hund aber können sie großen Stress bedeuten.

Warum es nicht klappt

› Der Hund ist nicht ausreichend sozialisiert und deswegen unsicher, wenn er auf unbekannte Umweltreize trifft. Möglicherweise ist er in einer reizarmen Umgebung aufgewachsen und hatte nur selten Gelegenheit, Objekte verschiedenster Art erkunden zu können.
› Er hat eine schlechte Erfahrung mit einem bestimmten Gegenstand gemacht und verknüpft das prägende Erlebnis nun mit allem, was ihn an die böse Geschichte erinnert und dem Objekt ähnlich sieht. Fürchtet er sich vor einem Besen, ist er vielleicht früher einmal mit einem Besen oder Stock geschlagen worden. Möglich auch, dass er beim Kehren einen unbeabsichtigten, aber schmerzhaften Schlag erhielt. Oder er verbindet mit dem Besen ein Ereignis, das zufällig zeitgleich auftrat und ihn erschreckte, während jemand in seiner Nähe kehrte. Zum Beispiel das laute Zuschlagen einer Tür.
› Viele Halter bestärken ihren Hund in seinem unsicheren Verhalten, indem sie ihn in diesen Situationen mit freundlichen Worten beruhigen wollen. Der Hund aber hat daraus gelernt, dass seine Unsicherheit und Furcht ganz offensichtlich berechtigt sein müssen.
› Mancher Hund wird gezwungen, sich dem Furcht einflößenden Gegenstand zu nähern und ist dadurch erst recht überfordert.

AUF EINEN BLICK

Coaching-Ziel

Ihr Hund lernt an lockerer Leine, ohne Stress an Gegenständen vorbeizugehen, vor denen er sich bisher fürchtete. Gemeinsam mit seinem Halter traut er sich, unbekannte Gegenstände zu erkunden.

Hilfsmittel

Leckerlis und Leine.

Tipps und Trainingszeiten

Üben Sie das Erkunden von Gegenständen, die Ihren Hund verunsichern, immer dann, wenn sich beim Spaziergang die Gelegenheit dazu bietet und er nicht gestresst wirkt. Trainieren Sie mit ihm nur einmal pro Woche, wenn er angesichts solcher Objekte sehr furchtsam reagiert. Steigern Sie auf zwei bis drei Übungseinheiten, je entspannter er sich dabei verhält.

Situationen, die beim Hund Angst auslösen, lassen sich mit den passenden Strategien gut bewältigen. Splitten und Bogengehen (→ Seite 72) erleichtern diesem Hund das Vorbeilaufen an dem ihm fremden Roller.

› Hunde übernehmen das fremdelnde Verhalten gegenüber bestimmten Umweltreizen auch von Artgenossen. Verhält sich eine Hündin unsicher, ist die Wahrscheinlichkeit groß, dass ihr Nachwuchs entsprechend reagiert – vor allem, wenn das während der Sozialisation nicht kompensiert wird. Doch auch andere Vierbeiner im Haushalt können einen vom Wesen her sowieso schon unsicheren Hund mit ihrer Furcht vor bestimmten Gegenständen nachhaltig beeinflussen.

So coachen Sie Ihren Hund

Grundsätzliches Trösten Sie Ihren Hund nicht und versuchen Sie nicht, ihn mit freundlichen Worten zu beruhigen, wenn er unsicher reagiert, sich vor einem Gegenstand fürchtet oder ohne erkennbaren Grund ängstlich ist. Das mag auf den ersten Blick herzlos erscheinen, würde jedoch nur das Gegenteil bewirken. Mit Trost spendenden Worten, liebevollem Streicheln oder auf den Arm nehmen vermitteln Sie dem Hund, dass seine Unsicherheit begründet ist und bestätigen ihn daher noch zusätzlich. Zwingen Sie ihn auch nicht, sich dem Furcht einflößenden Objekt zu nähern. Gehen Sie lieber wie folgt vor:

Gelegentliche Unsicherheit Viele Hunde gehen mit einer gesunden Portion Vorsicht durchs Leben – und das ist allemal besser, als sich jederzeit und überall in möglicherweise gefährliche Situationen zu begeben. Normalerweise weicht daher ein Vierbeiner erst einmal zurück, wenn er

149

einen Gegenstand sieht, der ihm merkwürdig erscheint, zum Beispiel ein schwankendes und knarrendes Baugerüst, Sperrmüll am Straßenrand oder eine vom Wind verwehte Plastiktüte. Während resolutere Hundenaturen das fragliche Objekt schon nach kurzer Einschätzung der Lage mutig erkunden, brauchen andere dazu den Rückhalt und die Unterstützung ihres Menschen.

> Ihr Hund läuft zuverlässig frei und es besteht keine Gefahr, dass er wegläuft. Alternativ können Sie ihn an der zehn Meter langen Schleppleine führen und etwa acht Meter entfernt vom Objekt anbinden. Gehen Sie dann ganz entspannt zu dem Gegenstand und zeigen sich neugierig, indem Sie zum Beispiel sagen: »Ja, was ist denn das?«, beachten dabei Ihren Hund aber überhaupt nicht. Machen Sie beim Inspizieren aus Ihrer Begeisterung keinen Hehl. Bei Ihrem Hund, der hinter Ihnen bleiben darf, wecken Sie auf diese Weise schnell die Neugier. Kommt er näher und beschnuppert den Gegenstand vorsichtig, loben Sie ihn überschwänglich und belohnen ihn mit einem Leckerli. Falls er zögert, erleichtern Sie ihm die Entscheidung, indem Sie das Leckerli in der Nähe des Objekts auslegen. Nimmt der Hund es, verringern Sie die Distanz,

ER MEIDET TREPPEN UND GLATTE BÖDEN

Unsicherheit und Furcht vor bestimmten Bodenbelägen, Untergründen und Treppen kommen bei Hunden gar nicht selten vor. Häufige Ursache ist eine mangelhafte Sozialisierung auf Umweltreize. Oft ist die Skepsis aber auch berechtigt, wenn der Vierbeiner früher einmal auf einem glatten Holz- oder Steinboden ausgerutscht ist, mit den Krallen im Gitterrost hängen blieb oder auf der Treppe stürzte. Zum Teil bereitet Hunden auch das Treppenlaufen Beschwerden. Vor allem ältere Herrschaften oder solche mit vorgeschädigtem Bewegungsapparat tun sich damit erfahrungsgemäß schwer. Hunde mit langer Wirbelsäule sollten grundsätzlich nicht ständig Treppen laufen, um Rückenprobleme nicht noch zu begünstigen. Zwingen Sie Ihren Hund bitte nie, einen ihm unheimlichen Untergrund zu betreten.

• Wenn Sie bemerken, dass Ihr angeleinter Hund vor dem Betreten eines Untergrunds zögert, ignorieren Sie seine Unsicherheit und gehen zunächst gleichmäßig und ruhig weiter. Damit signalisieren Sie ihm, dass es keinen Grund zur Beunruhigung gibt – und vielleicht schließt er sich Ihnen vertrauensvoll an.

• Sie stehen möglichst dicht vor einem Bodenbelag oder einer Treppe, die Ihr Hund meidet. Noch ist er an lockerer Leine entspannt. Zieht er dann aber weg, bleiben Sie ruhig stehen. Für jede Annäherung wird er ausgiebig gelobt und belohnt und für seine Tapferkeit bestätigt.

• Meidet Ihr Hund einen glatten Boden in der Wohnung, legen Sie Läufer aus, auf dem er sich sicher bewegen kann. Verteilen Sie auf dem glatten Boden neben dem Läufer mehrere Leckerlis, die sich Ihr Hund nach Belieben nehmen darf. Animieren Sie ihn aber nicht dazu. Die Lust auf die Leckerbissen bringt ihn schnell in Versuchung, den vermeintlich gefährlichen Untergrund selbsttätig zu erkunden.

bis er sich schließlich an den Gegenstand herantraut und mit langem Hals schnüffelt – dann gibt es einen besonders köstlichen Leckerbissen.

› Bei einer anderen Übungsvariante lernt der Hund, an lockerer Leine entspannt am Objekt vorbeizugehen. Dazu verfahren Sie wie beim Coaching für »Mein Hund fürchtet sich vor fremden Menschen« (→ Seite 143), indem Sie mit ihm einen Bogen gehen, splitten – also sich schützend zwischen Hund und Objekt halten – und Aufmerksamkeit trainieren. Wenn an der lockeren Leine auch ein Bogen mit geringerem Radius möglich ist, können Sie es in einer für den Hund noch akzeptablen und entspannten Distanz zum Objekt mit einer Gegenkonditionierung versuchen, indem Sie mit ihm spielen oder Übungen durchführen, die er besonders gern mag und dafür dann auch belohnt wird.

Objektbezogene Furcht Fürchtet ein Hund sich vor einem bestimmten Gegenstand, wird er sich nur selten ohne Widerstand zur Erkundung animieren lassen. Hier ist vonseiten des Halters mehr Ausdauer gefragt. Das Training lässt sich gut am Beispiel des zuvor beschriebenen Besens erklären, es kann natürlich auch mit anderen Gegenständen durchgeführt werden. Die individuellen Unterschiede sind groß: Manche Hunde gewöhnen sich sehr rasch an das Objekt, andere brauchen manchmal Wochen, um sich ihm zu nähern. Immer gilt: Bleibt der Schüler während der Übung völlig entspannt, kann der Schwierigkeitsgrad erhöht werden. Wirkt er gestresst, geht man im Training eine Stufe zurück.

› Trainieren Sie diese Übung in einem Zimmer der Wohnung, wo sich Ihr Hund wohlfühlt und wo Sie sich um diese Tageszeit regelmäßig aufhalten. Legen Sie den Besen auf den Boden, um zu ermitteln, auf welche Distanz Ihr Hund noch entspannt bleibt und ohne Zögern zu seinem Korb und Wassernapf geht. Bieten Sie ihm einen Kauknochen zur Beschäftigung an und erledigen Sie in diesem Zimmer alltägliche Aufgaben.

Bleibt der Hund weiterhin entspannt, können Sie nach einer Weile mit ihm spielen oder Übungen mit ihm machen, die er beherrscht und an denen er Spaß hat. Nähern Sie sich dabei »rein zufällig« bis auf einen Meter dem Besen, schenken dem Objekt jedoch keinerlei Aufmerksamkeit. Danach vergrößern Sie die Distanz wieder. Überlassen Sie Ihrem Hund erneut seinen Kauknochen und stellen den Besen am Ende dieser Übungseinheit zur Seite.

> Lassen Sie Ihrem Hund alle Zeit der Welt, sich mit unbekannten Objekten vertraut zu machen.

› Toleriert Ihr Hund den Besen ohne erkennbare Anzeichen von Stress, können Sie die Entfernung nach einigen Wiederholungen schrittweise verringern – andernfalls muss die Distanz vorübergehend wieder vergrößert werden. Nähert sich der Hund im Spiel schließlich dem Besen bis auf etwa zwei Meter, verteilen Sie beim nächsten Mal einige Leckerlis um und auf dem Besen. Trainieren Sie dann wie gewohnt und überlassen Sie Ihrem Hund die Entscheidung, ob und wann er sich die Leckerlis nimmt.

› Haben Sie den Eindruck, dass er zunehmend neugieriger reagiert, versuchen Sie ihn, wie oben unter »Gelegentliche Unsicherheit« beschrieben, zum Erkunden des Besens zu animieren. Klappt das gut, heben Sie den Besen ein paar Zentimeter hoch und legen ihn sofort wieder hin. Bestücken Sie ihn dann wie bereits zuvor mit Leckerlis, die der Hund nach eigenem Ermessen nehmen darf. Macht er das alles sichtbar relaxt und freiwillig mit, erhöhen Sie bei den nächsten Trainingseinheiten den Schwierigkeitsgrad, indem Sie den Besen von Übung zu Übung weiter hochheben, später schließlich erst für kurze Zeit und dann auch länger mit ihm kehren.

Laute und ungewohnte Geräusche
versetzen ihn in Panik

Von Staubsauger bis Silvesterknallerei: Hunde können auf die verschiedensten Geräusche mit Panik reagieren und oft ist dies sehr hartnäckig. Deshalb wird es eventuell nicht gelingen, Ihrem Hund die Angst ganz zu nehmen. Aber in vielen Fällen kann man sie deutlich mildern oder Maßnahmen ergreifen, damit der Hund möglichst stressfrei damit leben kann.

Warum es nicht klappt

› Der Hund ist nicht ausreichend sozialisiert und wahrscheinlich in einer reizarmen Umgebung mit zu geringer Geräuschkulisse aufgewachsen.

Spielen Sie die Geräusch-CD (→ Kasten, Seite 155) leise ab, um den Hund nicht unnötig zu stressen. Auch die Beschäftigung mit dem Futterspielzeug entspannt.

› Er hat schlechte Erfahrungen mit sehr lauten Geräuschen gemacht, beispielsweise mit einem Silvesterknaller, der plötzlich und unmittelbar neben ihm gezündet wurde.
› Er wurde immer wieder durch tröstendes Zureden und beruhigendes Streicheln in seinem unsicheren Verhalten bestärkt, nachdem er sich wegen eines lauten oder ungewohnten Geräuschs erschreckt hatte.
› Hunde können sich die Furcht vor bestimmten Geräuschen beziehungsweise die generelle Angst vor Geräuschen auch von ihren Artgenossen abschauen, etwa von einem anderen Hund der Familie. Eine extrem geräuschempfindliche Hundemutter prägt nicht selten das Verhalten ihrer Welpen.

So coachen Sie Ihren Hund

Grundsätzliches Wenn Ihr Hund panisch auf bestimmte Geräusche reagiert oder ganz allgemein von lauter Umgebung eingeschüchtert wird, sollten Sie ihn diesem Stress nicht aussetzen, falls es nicht unbedingt notwendig ist.
› Lassen Sie ihn daher am besten zu Hause, wenn Sie wissen, dass es laut und turbulent zugehen wird, etwa auf einem Stadtfest, beim Faschingsumzug oder einem Polterabend. Sorgen Sie dafür, dass Ihr Hund nicht alleine ist und organisieren Sie gegebenenfalls einen Dogsitter, wenn Sie längere Zeit unterwegs sind.
› Versuchen Sie nicht, Ihren Hund zu beruhigen oder zu trösten, wenn er ängstlich reagiert, da Sie ihn damit nur in seinem Verhalten bestärken (→ Seite 149). Auch Strenge hilft nicht weiter.

› Können Sie ihn nicht zu Hause lassen, dann sollte er angeleint bleiben, damit Sie ihn unter Kontrolle haben. Läuft er doch einmal weg und ist länger verschwunden, informieren Sie das Tierheim und die Polizei vor Ort. Speichern Sie am besten alle wichtigen Nummern in Ihrem Mobiltelefon, damit sie sofort verfügbar sind.

Geräusche im Freien Sie sind das Vorbild Ihres Hundes. Bleiben Sic daher ganz gelassen, wenn er erschrickt, weil zum Beispiel der Auspuff eines Autos knallt, oder plötzlich eine Sirene heult. In der Regel beruhigt ihn das schon wieder. Schauen Sie also nicht zur Geräuschquelle hin, sondern gehen Sie ungerührt in gleichem Tempo weiter, als wäre nichts geschehen. Schaut Ihr Vierbeiner kurz zu Ihnen hoch – mit der Frage im Blick, ob alles in Ordnung ist – können Sie ihm ein kurzes »Alles gut« zurückgeben. Aber ohne jedes Mitleid in der Stimme, denn es geht hier immer darum, Normalität zu signalisieren.

› Will Ihr angeleinter Hund die Flucht ergreifen, weil er sich vor einem Geräusch erschrocken hat, geben Sie seinem Ziehen nicht nach. Bleiben Sie stattdessen entspannt stehen, ohne ihn anzusprechen und ohne zu ihm oder zur Geräuschquelle zu schauen. Erst wenn er sich nicht mehr in die Leine legt, blicken Sie freundlich zu ihm hin, geben ihm ein kleines, liebes Wort wie »Gut« und gehen an lockerer Leine unaufgeregt weiter.

› Fährt dem Hund der Schrecken in die Glieder, während er frei läuft, lautet das oberste Gebot: keine Hektik! Laufen Sie nicht zu ihm hin und versuchen Sie nicht, ihn zu trösten, sondern tun Sie so, als hätten Sie seine Aufregung gar nicht bemerkt. Bleibt er unsicher und will weglaufen, gehen Sie in die Hocke oder schlendern ein paar Meter in die entgegengesetzte Richtung ohne ihn anzuschauen. Kommt er daraufhin zu Ihnen zurück, nehmen Sie ihn ohne jedes Anzeichen von Aufregung an die Leine. Mit diesem Verhalten überzeugen Sie Ihren Vierbeiner am leichtesten von der Harmlosigkeit der Situation.

› Rennt er auf den ersten Schreck hin weg, ist es manchmal die beste Taktik, dort auf seine Rückkehr zu warten, wo er weggelaufen ist. Wenn Ihr Hund sich aber so sehr erschrocken hat, dass er panisch die Flucht ergreift, warten Sie einen kurzen Moment, bis der erste Schreck vorbei ist und rufen ihn dann einmal mit freundlich entspannter und eher fröhlicher Stimme. Laufen Sie aber auf keinen Fall sofort hinter ihm her. Das würde

AUF EINEN BLICK

Coaching-Ziel

Ihr Hund verliert die Angst vor bestimmten Geräuschen oder generell vor einer lauten Umgebung. Erreicht man das nicht ganz, soll zumindest sein Stresslevel verringert werden, wenn er unangenehme Geräusche hört. Ziel ist es, seine Lebensqualität zu verbessern und ihn sicherer zu führen.

Hilfsmittel

Leckerlis; gegebenenfalls Leine und ein ruhiger Rückzugsort; Geräusch-CD.

Tipps und Trainingszeiten

Trainieren Sie einmal pro Woche die Desensibilisierung auf bestimmte Geräusche (auch mit Geräusch-CD, → Seite 155), wenn Ihr Hund sich sehr ängstlich zeigt. Verhält er sich entspannter, können Sie zwei bis drei Übungseinheiten ansetzen.

genau das Gegenteil von dem bewirken, was in Ihrer Absicht liegt, weil Ihr Hund nun annimmt, dass auch sein Besitzer flüchtet und jetzt erst richtig Gas gibt. Rennt er weiter, sollten Sie ihm folgen – allerdings möglichst unaufgeregt und in einem großen Bogen. Rufen Sie ihn erst wieder mit sehr ruhiger Stimme, wenn er sich scheinbar etwas beruhigt hat. Lässt er Sie schließlich herankommen, leinen Sie ihn ohne Hektik an.

Geben Sie Ihrem Hund Zeit, sich an das bedrohliche Geräusch des Staubsaugers zu gewöhnen oder bringen Sie ihn vor dem Saugen in ein anderes Zimmer.

Geräusche im Haus Auf manchen Hund wirken die Geräusche von Staubsauger, Fön, Espresso-Maschine etc. bedrohlich. Bringen Sie ihn in ein anderes Zimmer (→ »Wohlfühlzimmer«, Seite 164), bevor Sie das Gerät anschalten. Dort hat er einen gemütlichen Platz und erhält eine angenehme und interessante Beschäftigung, etwa einen Kauknochen. Nachdem Sie Staubsauger oder Fön ausgeschaltet haben, gehen Sie ruhig ins Hundezimmer und nehmen den Kauknochen wieder an sich. Nach mehreren Wiederholungen verknüpft Ihr Hund, das gefürchtete Geräusch mit dem angenehmen Zeitvertreib.

› Sie können das betreffende Gerät auch einige Tage lang in eine Ecke des Zimmers (am besten gegenüber des Hundekorbs) stellen und auf ihm und darum herum Leckerlis verteilen. Ihr Hund kann sich der »Gefahrenstelle« nähern und sie beschnuppern, wann immer er den Mut dazu aufbringt. Entspannt er sich in der Nähe des Geräts, schalten Sie es auf niedrigster, leiser Stufe

an- und direkt wieder aus, während der Hund sich im Raum befindet. Wie bei allen Übungen gilt auch hier: Reagiert der Schüler gestresst, muss der Schwierigkeitsgrad wieder verringert werden. Je cooler er alles über sich ergehen lässt, desto länger können Sie das Gerät eingeschaltet lassen, bis Sie schließlich das gesteckte Trainingsziel erreicht haben. Handelt es sich beispielsweise um den Staubsauger, der lautstark im Zimmer bewegt wird, kann ein zusätzlicher Trainingsschritt sinnvoll sein, damit der Hund auch dabei möglichst wenig Stress empfindet. Verfahren Sie dazu wie bei der Besen-Übung (→ »Mein Hund fürchtet sich vor Gegenständen«, Seite 148), indem Sie bei eingeschaltetem Staubsauger den Abstand zum Hund nach und nach verringern. Lassen Sie dem Vierbeiner dabei aber immer einen Fluchtweg offen, damit er sich nicht in die Enge getrieben fühlt.

Variante

Er hat eine Silvester-Phobie. Das ist nicht selten und kann sogar im fortgeschrittenen Hundealter erstmals auftreten. Die Angst vor den knallenden Feuerwerkskörpern werden Sie Ihrem Vierbeiner wahrscheinlich nicht ganz nehmen können, wohl aber seine Stressbelastung reduzieren.

› Beschränken Sie die Spaziergänge schon einige Tage vor Silvester auf ein Minimum beziehungsweise fahren Sie an Orte, wo erfahrungsgemäß wenig geknallt wird und führen Sie Ihren Hund immer an der Leine. Am Silvestertag sollten Sie mit ihm das letzte Mal möglichst vor Einbruch der Dunkelheit und bevor der größte Trubel losgeht vor die Tür gehen.

› Lassen Sie den Hund am Silvesterabend nicht allein – auch nicht mit einem Dogsitter. Er braucht Sie in diesen Stunden als souveränen Chef, der ihm Sicherheit gibt. Halten Sie sich gemeinsam in dem Zimmer Ihrer Wohnung auf, das gegen Außengeräusche am besten isoliert ist,

lassen Sie die Rollläden herunter oder ziehen Sie die Vorhänge zu und legen Sie eine Musik-CD ein, um die Knallerei draußen möglichst zu übertönen. Vielleicht verkriecht sich Ihr Hund an einem anderen Rückzugsplatz, zum Beispiel im Bad oder unter einer Bank. Machen Sie es ihm dort vorher gemütlich und stellen Sie Trinkwasser bereit. Sucht er sich Aufenthaltsorte aus, wo er sich einklemmen oder verletzen könnte, sollten Sie den Zugang verstellen und ihm eine bessere Alternative anbieten.

› Beachten Sie es nicht, wenn Ihr Hund wegen der Knallerei winselt oder bellt. Bleiben Sie vielmehr völlig entspannt und zeigen Sie ihm, dass Sie für ihn da sind und alles in Ordnung ist. Vielleicht setzen Sie sich dazu auch auf den Boden und lesen ein Buch. Gerät Ihr Hund in Panik, können ihm gegebenenfalls homöopathische Mittel oder Medikamente helfen. Das sollten Sie aber schon vorher mit Ihrem Tierarzt oder einem Tierhomöopathen besprechen. Er legt dann auch die richtige Dosierung der Medizin fest.

› Trainieren Sie die Geräusch-CD (→ Kastentext unten) immer wieder einmal mit Ihrem Hund. Warten Sie damit aber ein bis zwei Monate, bis er sich vom Silvesterschreck völlig erholt hat.

BERUHIGUNGSTRAINING MIT DER GERÄUSCH-CD

Zur Desensibilisierung geräuschempfindlicher Hunde gibt es CDs mit den verschiedensten Geräuschen und Tönen: mit Donnergrollen, Autohupen, Staubsaugerrauschen, Silvesterknallerei, Düsenjäger- und Hubschrauberlärm sowie Schüssen. Beim Abspielen der Geräuschszenarien ist behutsames Vorgehen angesagt, um die Ängste des Hundes nicht versehentlich noch zu steigern.

● Stellen Sie die CD-Wiedergabe zunächst auf niedrigste Lautstärke, sodass Ihr Hund keinerlei Stressreaktion zeigt. Bei dieser Einstellung werden Sie selbst die Geräusche kaum wahrnehmen, Ihr Hund allerdings schon.

● Während die CD läuft, gehen Sie Ihren normalen Beschäftigungen nach. Trösten Sie Ihren Hund nicht, wenn er unruhig wird, um ihn in seinem Verhalten nicht zu bestärken. Setzen Sie sich daher auch nicht zu ihm, um gemeinsam zu lauschen, und beruhigen Sie ihn nicht mit Worten wie: »Hör mal, das ist doch gar nicht schlimm!« Verhalten Sie sich so, als würden Sie keine Geräusche hören. Gerät Ihr Hund unter Stress, stellen Sie den CD-Player leiser.

● Bleibt er ruhig, steigern Sie die Lautstärke im Verlauf des Trainings – das kann durchaus Tage oder Wochen dauern – Stufe um Stufe. Beim Abspielen der CD muss der Hund nicht im Körbchen liegen. Sie können mit ihm spielen, ihm eine spannende Aufgabe stellen oder ein mit Leckerlis gefülltes Spielzeug oder einen Kauknochen zur Beschäftigung anbieten. Das lenkt ihn ab, und die Geräusche von der CD treten zunehmend mehr in den Hintergrund, und der Vierbeiner kommt in eine viel positivere Grundstimmung

● Am Übungsende nehmen Sie die CD ohne Aufheben aus dem Abspielgerät und signalisieren Ihrem Hund auch auf diese Weise, dass die Geräusche keinerlei Bedeutung haben.

Häufige Verhaltensprobleme zu Hause und im Auto

PASCHA ODER PARTNER? Ein Chefsessel für Ihren Hund? Futterhäppchen direkt vom Mittagstisch? Stürmische Begrüßung jedes Besuchers? Was ein Vierbeiner zu Hause darf und was nicht, darüber gehen die Ansichten vieler Hundebesitzer weit auseinander. Tatsache ist: In den eigenen vier Wänden entscheidet sich, ob Sie Ihren Hund im Griff haben – oder er Sie. Deshalb lohnt es sich, für eine klare Hausordnung zu sorgen, an die sich alle Familienmitglieder halten, inklusive des Vier-

beiners natürlich. Aber Ihr Hund braucht auch die Möglichkeit zum Rückzug, falls ihm der Familienalltag einmal zu viel wird. Und vielleicht gelegentlich ein »Pausenzeichen«, wenn er der Meinung ist, Sie müssten für ihn rund um die Uhr den Alleinunterhalter spielen. Auch Garten und Auto sind Bereiche, wo es klare Regeln für einen Hund geben sollte. Konsequenz statt Krise: Schaffen Sie übersichtliche Verhältnisse – für die entspannte Partnerschaft von Mensch und Hund.

Er verbellt jeden Besucher
und verhält sich sehr territorial

Sie sind ein geselliger Mensch und haben gerne Besuch. Doch in letzter Zeit winken Ihre Freunde dankend ab, wenn Sie sie zu sich nach Hause einladen. Und Sie verstehen das. An ein gemütliches Zusammensitzen ist schon lange nicht mehr zu denken, da Ihr Hund die ganze Zeit ein solches Spektakel veranstaltet, dass man sein eigenes Wort nicht mehr versteht. Steht ein Gast auf, wird er von dem Zerberus misstrauisch verfolgt. Ihre Besucher trauen sich nicht einmal mehr zur Toilette. Das kann kein Dauerzustand sein. Die Partnerschaft mit dem Hund soll Freude machen und Sie nicht von der Welt abnabeln.

Warum es nicht klappt

> Ihr Hund hat den richtigen Umgang mit Menschen und speziell Besuchern nie gelernt. Abgesehen von mangelndem Training ist das oft der Fall, wenn Besitzer oder Besucher immer wieder versuchen, den aufgeregten und bellenden Hund zu beruhigen – was der Nervtöter aber als Ansporn und Bestätigung seines Verhaltens versteht. Oder der Halter bemüht sich hektisch, seinen Hund lautstark in die Schranken zu weisen. Mit dem Resultat, dass der Vierbeiner sich nun erst recht aufregt, weil es sich offenbar tatsächlich um eine bedrohliche Situation handelt.
> Der Hund nimmt seine Wachfunktion sehr ernst. Bei einer Reihe von Hunderassen gehört die Wächterrolle zu den erklärten Zuchtzielen. Das eifrige Bewachen stellt prinzipiell kein Problem dar, solange der Mensch seinem Hund jederzeit vermitteln kann, dass er Herr der Lage ist (→ Kastentext, Seite 160). Daraufhin sollte

der Hund dem Menschen die Aufsicht überlassen und sich entspannen. Wo dieser Positionswechsel nicht praktiziert wird, können ernste Probleme entstehen. Unter anderem dann, wenn der Hund dem Halter die Bewältigung der Aufgabe nicht zutraut und eigenverantwortlich den Schutz der Familie übernimmt. Für den Hund verliert der Mensch schnell an Souveränität, wenn er von ihm hektisch und ohne Plan abwechselnd ausgeschimpft, weggeschickt, besänftigt oder mit unpassenden Kommandos überschüttet wird.

AUF EINEN BLICK

Coaching-Ziel
Ihr Hund reagiert freundlich entspannt auf Besucher, wenn Sie ihm signalisieren, dass alles seine Ordnung hat. Auch das Bellen am Gartenzaun stellt er auf Ihr Signal hin sofort ein.

Hilfsmittel
Besucher, die Sie bei den Übungen unterstützen; ein Hundekorb mit einem Haken, an dem die Leine befestigt wird; normale Leine und evtl. Schleppleine; Maulkorb und bei Bedarf ein eigenes Zimmer für den Hund (→ »Wohlfühlzimmer«, Seite 164).

Tipps und Trainingszeiten
Üben Sie mindestens einmal pro Woche. Es kann mehrere Wochen dauern, bis Ihr Hund Fremde in der Wohnung akzeptiert und dabei ruhig und entspannt bleibt.

> Er ist schlecht sozialisiert oder hat in seiner Vorgeschichte schlechte Erfahrungen mit fremden Menschen gemacht und versucht, sich diese auf Abstand zu halten. Er hat schnell gelernt, dass Besucher zurückweichen, wenn er sie bedroht und bellend angiftet. Je öfter das für ihn zufriedenstellend funktioniert, desto stärker verinnerlicht er seine Strategie.

> Er verteidigt wichtige Ressourcen wie Futter, Schlafplatz oder Spielzeug.

So coachen Sie Ihren Hund

Ihr Besuchstraining kann nur Erfolg haben, wenn Sie selbst ruhig bleiben. Überlegen Sie, welche der nachfolgenden Strategien zu Ihrer Situation und zu Ihrem Hund passen und mit welcher Sie am besten arbeiten können. Sie sollten keine Gewissensbisse haben, Ihre Besucher während des Trainings für zwei oder drei Minuten vor der Haustür warten zu lassen, wenn es in diesem Augenblick viel wichtiger ist, dass Sie gelassen bleiben und nicht hektisch, unsicher oder gar gestresst wirken.

> Bitten Sie Freunde, die selbst Hundehalter sind oder Erfahrung im Umgang mit Hunden haben, Sie nach Absprache öfter zu besuchen.

> Solange der Hund auf Distanz bleibt, sollte Ihr Besuch ihn nicht anschauen, ansprechen oder anderweitig beachten.

> Springt der Vierbeiner einen Gast an, sollte der sich kommentarlos abwenden oder ihn mit dem Knie wegschieben, aber nicht nach ihm treten.

> Müssen Sie befürchten, dass der Hund einen Besucher beißt, ist ein Maulkorb unumgänglich, an den man den Vierbeiner mit positiven Erlebnissen wie seinen Lieblingsleckerlis oder lustigen Spielen gewöhnen kann.

> Schon vor dem Besuchstraining sollte Ihr Hund Signale wie beispielsweise »Hundeplatz« befolgen und zu seinem Lager gehen und dort so lange bleiben, bis Sie ihn wieder zu sich rufen.

Situation unter Kontrolle Es klingelt an der Haustür und Ihr Hund bellt. Soweit ist alles okay.

> Bevor Sie die Haustür öffnen, führen Sie den Hund in ein anderes Zimmer und schließen die Tür. So lernt er, dass er beim Empfangskomitee nicht mehr an erster Stelle steht.

> Begrüßen Sie Ihren Besuch und beachten Sie Ihren Hund auch dann nicht, wenn er im Nebenzimmer bellt. Hat er sich beruhigt, können Sie zu ihm gehen und ihm einen Kauknochen anbieten – das mindert den Stress. Dann verlassen Sie den Raum wieder.

> Bleibt er weiter ruhig, führen Sie ihn an kurzer Leine zu seinem Platz, der weit von den Gästen entfernt sein sollte. Hier haben Sie vorher einen Haken an der Wand hinter dem Korb angebracht, an dem jetzt die Leine befestigt wird. Hier muss dem Vierbeiner so viel Bewegungsraum bleiben, um sich umzudrehen, aufzustehen oder bequem an seinen neben dem Körbchen stehenden Trinknapf zu kommen.

Sichern Sie Ihren Hund ausreichend, wenn Sie Besuch haben und befürchten, dass sich der Vierbeiner möglicherweise aggressiv verhält.

> Er kann sich von dort alles in Ruhe betrachten und registriert, dass Sie die Situation sicher im Griff haben, und der Besuch keine Bedrohung darstellt. Bleibt er entspannt, können Sie ihn an lockerer Leine zum Tisch führen. Ihre Gäste ignorieren den Hund jedoch weiterhin. Zerrt er an der Leine, machen Sie mit ihm die Aufmerksamkeitsübung. Verhält er sich aber ruhig, darf er am Besuch schnuppern, wird danach aber wieder zu seinem Platz geführt und dort gesichert. Ihre Strategie geht auf, sobald Ihr Hund auch dann entspannt bleibt, wenn ein Gast aufsteht, sich hektisch bewegt oder sehr laut spricht.

> Klappt das noch nicht zuverlässig, beginnen Sie das Training von vorne und bringen den Hund wieder ins Nachbarzimmer.

> Verhält er sich nach mehreren Trainingsbesuchen ruhig und gesittet, muss er im Körbchen nicht mehr an die Leine. Allerdings sollten Sie ihn zumindest in der ersten Zeit immer aus den Augenwinkeln beobachten und korrigieren, falls er doch aufzustehen versucht.

Auszeit im Nachbarzimmer Fühlt Ihr Hund sich in Gegenwart von Besuchern sehr unwohl oder geht es in der Wohnung turbulent zu, empfiehlt es sich, ihn während der ganzen Zeit in einem anderen Raum unterzubringen. Hier hat er seine Ruhe und Sie müssen nicht ständig auf ihn achten. Das macht zum Beispiel Sinn, wenn Handwerker in der Wohnung sind, oder wenn Sie eine Party mit vielen Gästen feiern. Es sind vor allem solche Ausnahmesituationen, die kritische Momente provozieren. Etwa weil nicht jeder Gast Ihre Instruktionen beachtet und den Hund vielleicht im Körbchen bedrängt oder durch Zuwendung im falschen Moment unerwünschtes Verhalten verstärkt. In all dem Trubel reagiert der Halter dann mitunter falsch und macht mühsam erreichte Erziehungserfolge zunichte.

> Verhält der Hund sich im Nebenraum unruhig, empfiehlt sich das »Wohlfühlzimmer«-Training (→ Seite 164), damit er sich dort entspannt.

Auch der Zerberus am Gartenzaun muss lernen, dass allein sein Besitzer der Rudelboss ist und entscheidet, wer aufs Grundstück darf und wer nicht.

Rückzug in die Hundebox Reagiert Ihr Hund auf Besucher stark gestresst, können Sie ihm mit seiner vertrauten Box (→ Seite 164) Sicherheit und Ruhe bieten.

Varianten

Feindbild Postbote Ein Fremder dringt mit eiligen Schritten ins Revier des Hundes ein und wirft lärmend die Post in den Briefkasten. Ihr Haus- und Hofwächter verbellt ihn und der Fremde verschwindet. Der Hund ist davon überzeugt, dass er dem Eindringling erfolgreich Beine gemacht hat. Doch schon am nächsten Tag kommt der an seiner Uniform leicht zu erkennende ungebetene Besucher wieder. Diesmal trägt er einen großen Gegenstand und klingelt an der Haustür. Frauchen öffnet, der Hund bellt und drängt sich vor, der Postbote weicht aufgrund seiner nicht

DIE GRENZEN DES TERRITORIALEN VERHALTENS

Was einem lieb und teuer ist, das beschützt man auch – da sind sich Mensch und Hund sehr ähnlich. Während Sie Ihren Garten mit einem Zaun und das Haus mit einer abschließbaren Tür und vielleicht einer Alarmanlage schützen, setzt Ihr Hund mit Duftmarken und gegebenenfalls Bellen Zeichen: Hier wohne ich! Das Revier ist sein sicherer Rückzugsort und bietet ihm wichtige Ressourcen wie Nahrung und Schlafplatz. Da ist es nur verständlich, wenn er das durch Bellen beschützen möchte. Doch wie weit sich das mit den Wünschen der Nachbarschaft und den eigenen Nerven verträgt, ist eine Frage, die viele Hundebesitzer immer wieder kontrovers bewegt. Denn auch, wenn das Bellen in einigen Situationen, wie zum Beispiel oben beschrieben, eine durchaus nachvollziehbare Reaktion des Hundes ist, kann es im Zusammenleben sehr störend sein – und sogar zu Ärger führen. Klar sollte sein:

Wenn Sie – oder ein Familienmitglied – zu Hause sind, geben Sie als Chef vor, wann Ruhe ist. Kündigt Ihr Hund also jemanden bellend an, der auf Ihren Garten zukommt, können Sie das kurz zulassen – doch auf Ihr Signal hin muss sofort Schluss sein mit dem Bellen. Wenn an Ihrem Grundstück häufig viele Menschen vorbeigehen, sollten Sie Ihrem Hund beibringen, dass das keine Störung des Hausfriedens ist – und er diese Passanten nicht zu vermelden hat. Lassen Sie ihn gegebenenfalls nicht allein im Garten, wenn er sich dann berufen fühlt, den Aufpasserjob zu übernehmen. Das Gleiche gilt für eine Wohnung in einem Mehrfamilienhaus, wo die Bewohner regelmäßig an Ihrer Wohnungstür vorbeikommen – auch da ist ständiges Verbellen sicher nicht angebracht. Entscheiden Sie nach Kriterien der Rücksicht und des Schutzes, den Sie sich wünschen, was Sie Ihrem Hund erlauben und was nicht.

immer nur positiven Erfahrungen mit Hunden eingeschüchtert zurück und geht nach Übergabe des Pakets eilig weg. Ihr Hund sieht sich darin bestätigt, dass man nur genügend Radau machen muss, um ungebetene Gäste zu vertreiben. So reagieren Sie in dieser Situation richtig: Schiebt er sich beim Öffnen der Tür nach vorne, drängen Sie ihn beherzt mit dem Körper ab, damit er hinter Ihnen bleibt. Diese Körpersprache erweist sich im Umgang mit Hunden als ausgesprochen effektiv, und viele lassen sich davon nachhaltig beeindrucken. Und wenn sich dann Ihr Postbote einmal die Zeit nimmt, mit Ihnen im Beisein des Hundes bei einer Tasse Kaffee entspannt zu plaudern, haben Sie schon halb gewonnen.

Er bellt im Garten. Die Verknüpfung »Ein Fremder kommt, ich belle, der Fremde verschwindet« bestärkt den Hund auch, wenn er am Gartenzaun Wache schiebt. Er macht ja nie die Erfahrung, dass der »Feind« auch dann weitergeht, wenn er ihn nicht anbellt. Gibt der Zerberus selbst auf ein Abbruchsignal hin keine Ruhe, holen Sie ihn umgehend ab und nehmen ihn an der Leine mit ins Haus, wo er für 15 Minuten alleine in einem Zimmer bleibt. Er soll lernen, dass der Spaß im Garten endet, sobald er dort Radau macht. Lässt er sich nicht einfangen, legen Sie ihm auch im Garten Brustgeschirr und Schleppleine an.
› Bei renitenten Bellern hilft manchmal auch eine Dusche aus der Wasserpistole.

Mein Hund stiehlt alles Essbare
und bettelt bei Tisch

Manchen Hunden würde es im Traum nicht ein-
fallen, etwas Essbares aus dem Einkaufskorb oder
vom Tisch zu stehlen, andere klauen schon als
Welpen wie die Raben. Einmal erfolgreich auf
Diebestour, verleitet den Mundräuber fast immer
dazu, dem ersten Coup weitere folgen zu lassen.

Warum es nicht klappt

› Ein cleverer Vierbeiner lässt sich eine günstige
Gelegenheit nicht entgehen, und es ist daher
ganz normal, dass so mancher den Keksen auf
dem Wohnzimmertisch nicht widerstehen kann.
› Ihr Hund hat Hunger, zum Beispiel weil er
wegen Übergewicht auf Diät gesetzt wurde, und
ist ständig auf der Suche nach Essbarem.

So coachen Sie Ihren Hund

Essen wegräumen Entscheidend ist, dass Ihr
Hund beim Stöbern nach Essen und beim Betteln
keinen Erfolg hat. Räumen Sie alles Essbare weg,
wenn Sie ihn nicht beaufsichtigen können. Kann
er vom Stuhl auf den Tisch springen, rücken Sie
die Stühle nahe an den Tisch heran. Müssen Sie
vom gedeckten Tisch weggehen, bringen Sie den
Hund in ein anderes Zimmer, in seine Box oder
binden Sie ihn vorübergehend mit der Leine an.
Heilsamer Schrecken Stellen Sie etwas Essbares
auf den Tisch, das Ihr Hund nicht mit einem ein-
zigen Bissen vertilgen kann. Öffnen Sie die Tür
zum Nachbarzimmer einen Spalt und gehen Sie
dahinter in Warteposition. Versucht der Dieb an
die leckere Beute zu kommen, öffnen Sie die Tür,
schimpfen sehr laut und klatschen dabei in die

Hände. Bringen Sie den ertappten Sünder in ein
anderes Zimmer, wo er mindestens zehn Minuten alleine bleiben sollte. Aber auch anschließend
gibt es nicht gleich ein lustiges Spielchen oder
eine Schmusestunde.
› Für sehr schreckhafte Hunde eignet sich die
Methode nicht, weil sie in Panik geraten können.
Anonym bestrafen Zweck der Übung: Der Hund
soll sein Fehlverhalten nach dieser Erfahrung einstellen, darf die Aktion aber nicht mit Ihnen in
Verbindung bringen. Testen Sie diese Varianten:

AUF EINEN BLICK

Coaching-Ziel

Sie können unbesorgt Lebensmittel auf
dem Tisch oder einer Anrichte stehen lassen, und Ihr Hund macht keine Anstalten,
sie zu stehlen. Er legt sich bei Tisch hin,
bettelt nicht und beobachtet Sie nicht,
während Sie essen.

Hilfsmittel

Ein leckerer Köder als Beuteobjekt, gegebenenfalls eine Wasserpistole oder leere, an
einer Schnur aufgereihte Konservendosen.

Tipps und Trainingszeiten

Räumen Sie immer alles Essbare weg,
damit Ihr Hund überhaupt nicht erst in
Versuchung kommt. Bei einem besonders
hartnäckigen Dieb sollten Sie bis zu dreimal in der Woche üben, um ihn auf frischer
Tat zu erwischen.

› Bespritzen Sie den Hund »aus dem Hinterhalt« mit einer Wasserpistole. Wichtig: Er darf Sie dabei nicht mit der Dusche in Verbindung bringen.
› Reihen Sie mehrere leere Konservendosen an einer Schnur auf. Legen Sie das Ende der Schnur unter einen Futterköder auf dem Tisch, lassen die Dosen seitlich herabhängen und gehen aus dem Zimmer. Zieht der Hund die Beute vom Tisch, fallen die Dosen laut scheppernd herunter. Der Schreck aus heiterem Himmel sitzt dem verhinderten Mundräuber lange in den Knochen. **Wichtig:** Passen Sie die Art der Bestrafung dem Charakter Ihres Hundes an. Auf einen Hund, der das Wasser liebt, wird die Dusche aus der Wasserpistole keinen bleibenden Eindruck machen.

Bekehrung des Bettlers

Bettler sind hartnäckige Gesellen! Testen Sie diese Therapie: Nehmen Sie ein belegtes Brötchen oder ein anderes verführerisches Futterobjekt in die Hand. Fixiert Ihr Hund das Brötchen voller Begierde, halten Sie es an Ihren Mund, verharren so bewegungslos und schauen dem Hund sehr ernst direkt in die Augen. Und zwar so lange, bis er unsicher wird und zur Seite blickt. Noch besser ist es natürlich, wenn er weggeht und sich hinlegt. Jetzt essen Sie das Brötchen genüsslich. Wirft Ihr Hund erneut begehrliche Blicke darauf, fixieren Sie ihn wieder mit strengem Blick, bis er Ihnen schließlich nicht mehr beim Essen zuschaut. Das Prozedere zeigt auch am Mittagstisch Wirkung.

KEINE CHANCE FÜR BETTLER!

1 Wenn einer so lieb schaut, dann fällt schon mal ein leckeres Häppchen ab … Ein bettelnder Hund kann ganz schön nerven. Besonders dann, wenn er dabei aufdringlich wird oder in Restaurant und Café andere Gäste belästigt.

2 Machen Sie es so, wie auch Hunde unter sich: Sobald der Bettler Ihnen beim Essen zuschaut, »erstarren« Sie in Ihren Bewegungen und kauen auch nicht mehr. Schauen Sie Ihren Hund dabei unverwandt und sehr ernst an, bis sein Blick unsicher wird und er sich abwendet oder weggeht. Bei sehr aufdringlichen Kandidaten übt man das zunächst im Stehen, zum Beispiel mit einem belegten Brötchen in der Hand.

3 Dann eben nicht … Die meisten Hunde legen sich nach missglücktem Bettelversuch abseits vom Tisch hin. Wenn Sie Ihrem Hund dafür eine Decke anbieten, fällt ihm das noch leichter.

Wir können unseren Hund
nicht alleine zu Hause lassen

Sie waren nur eine halbe Stunde einkaufen. Vor dem Haus kommt Ihnen schon Ihre Nachbarin entgegen und beschwert sich über den Radau, den Ihr Hund während Ihrer Abwesenheit veranstaltet hat. Das Aufschließen der Wohnungstür bringt Gewissheit: Ihr Vierbeiner kommt Ihnen völlig erschöpft und mit weit heraushängender Zunge entgegen und kann sich vor lauter Freude bei Ihrem Anblick kaum mehr beruhigen.

So sehr Sie Ihren Hund auch lieben: Sie können ihn nicht immer und überall dabeihaben, er muss auch alleine bleiben können. Wenn Hunde unter Trennungsstress leiden und deshalb jaulen, bellen oder gar etwas zerstören, ist das nicht nur für die Tiere belastend, sondern auch für ihre Halter. Verschaffen Sie sich selbst die Freiheit, die Sie für ein unbeschwertes Miteinander brauchen, und Ihrem Hund die Möglichkeit, die Zeit ohne Sie entspannt verbringen zu können.

Warum es nicht klappt

› Ihr Hund hat das Alleinsein nie richtig gelernt und ist frustriert. Manche versuchen durch Bellen und Heulen Kontakt zu ihrem abwesenden Menschen aufzunehmen.

› Langeweile während der Solozeit kann dazu führen, dass ein Hund sich nicht entspannt und Beschäftigung einfordert – ob sein Mensch nun anwesend ist oder nicht. Fast immer suchen die unterforderten Hunde sich dann selbst einen »Teilzeitjob«, in der Regel einen, der in Anwesenheit ihres Halters garantiert verboten wäre, etwa Stuhlbeine anknabbern, auf Schuhen kauen, Zeitungen schreddern oder Kissen zerfleddern.

› Der Hund hat den »Montags-Blues«: Nach einem gemeinsamen intensiven Wochenende oder einem Urlaub mit dem Besitzer empfindet er das Alleinsein als besonders schlimm. Hunde, die grundsätzlich nur selten alleine bleiben müssen, tun sich dann oft besonders schwer damit.

› Problematisch kann es auch sein, wenn der zweite Hund der Familie plötzlich nicht mehr da ist und sein Artgenosse alleine bleibt, wenn die Familie außer Haus ist. Das gilt selbst, wenn sich die Hunde nicht immer verstanden haben.

AUF EINEN BLICK

Coaching-Ziel

Der Hund kann bis zu vier Stunden alleine bleiben und ist dabei ruhig und entspannt.

Hilfsmittel

Ein ruhiges Zimmer, Hundekorb, Wassernapf, mit Futter gefülltes Spielzeug, Kauknochen, gegebenenfalls auch eine Hundebox.

Tipps und Trainingszeiten

Je nach Veranlagung und der Vorgeschichte des Hundes sowie der Zeit, die Sie für die Übungen aufbringen können, dauert das Training unterschiedlich lang. Nach zwei bis vier Monaten sollte sich eine deutliche Verbesserung einstellen. Üben Sie einmal täglich und steigern Sie auf dreimal, wenn der Hund ruhig bleibt. Abwesenheitsdauer an den Trainingsstand anpassen.

› Mit dem Ende der Pubertät – je nach Rasse etwa zwischen dem 6. und 15. Lebensmonat – befindet sich der Hund in einer sensiblen Phase, in der sich die Bindung zum Halter noch einmal verstärkt. Es ist nicht untypisch, dass manche Hunde plötzlich nicht mehr gut alleine bleiben können, obwohl es in den Wochen und Monaten zuvor schon prima geklappt hatte.

› Ihr Vierbeiner hat in seinem Leben einen einschneidenden Verlust erfahren, zum Beispiel durch den Tod des Vorbesitzers oder die Abgabe in fremde Hände. Muss er jetzt alleine bleiben, stellt sich diese Verlustangst sofort wieder ein. Dabei kann die Reaktion unterschiedlich stark ausfallen: Manche Hunde haben im Haus und im vertrauten Auto keine Probleme mit dem Alleinsein, geraten aber in Panik, wenn sie an anderen Orten zurückgelassen werden. Einige

Hunde reagieren darauf mit einer regelrechten Trennungsphobie, die einen bedenklichen und gesundheitsgefährdenden Stresszustand hervorrufen kann, beispielsweise mit unkontrolliertem Kot- und Urinabsatz oder ständigem Speicheln.

So coachen Sie Ihren Hund

Ein Wohlfühlzimmer für den Hund Gewöhnen Sie sich an, mit Ihrem Hund ausgiebige Spaziergänge zu unternehmen, bevor er alleine bleiben soll. Das gilt auch schon beim Training des Alleinseins. Bauen Sie in diesen Spaziergang sportliche Übungen ein und vor allem Aufgaben, die seinen Geist fordern, damit er anschließend rechtschaffen müde ist. Gut eignen sich Apportierarbeiten und Such- und Versteckspiele.

› Wählen Sie einen Raum, in dem Ihr Hund sich auch später aufhalten soll, wenn er alleine bleibt. Das Zimmer darf nicht zu groß sein und sollte dem Hund keinen direkten Blick nach draußen bieten – weder durch eine Terrassentür noch durch große, bis zum Boden reichende Fenster. So machen Sie daraus ein Wohlfühlzimmer für Ihren Vierbeiner: Richten Sie einen gemütlichen Platz für ihn ein, der nicht so zentral liegt, dass er ständig die Tür im Auge behalten kann. Dazu legen Sie noch einen leckeren Kauknochen oder sein Lieblingsspielzeug und vergessen natürlich auch den Napf mit frischem Wasser nicht.

Allein bleiben neu lernen Hat Ihr Hund nicht gelernt, entspannt alleine zu bleiben, bekommt man das meist recht leicht wieder in den Griff. Dieser Ablauf hat sich bewährt:

› Ihr Vierbeiner muss sich zuerst einmal daran gewöhnen, mit Ihnen gemeinsam in dem geschlossenen Zimmer zu bleiben. Schalten Sie das Radio an, und während Sie beispielsweise ein Buch lesen oder aufräumen und Ihren Hund nicht weiter beachten, beschäftigt er sich alleine. Ist er unruhig, schicken Sie ihn mit einem zuvor eingeübten Signal, etwa »Hundeplatz«, in seinen

---

INFO

GEWÖHNUNG AN DIE HUNDEBOX

Bringen Sie Ihrem Hund bei, seine Box zu akzeptieren und sich in ihr wohlzufühlen. Im Idealfall lernt das schon der Welpe, das Training mit dem erwachsenen Hund läuft jedoch gleich ab: Statten Sie die Hundebox mit Schmusedecke, Wassernapf, Spielzeug und Kauknochen oder einer verlockenden Futterbelohnung aus. Und setzen Sie sich zum Beispiel lesend vor die Box, während Ihr Hund bei geöffneter Klappe in ihr liegt. Wichtig: Nicht der Hund bestimmt, wie lange die Aktion dauert, sondern Sie. Kommt er in der Box zur Ruhe, schließen Sie die Klappe – anfangs nur für einen kurzen Moment, später können Sie die Auszeit in der Box Schritt für Schritt auf zwei bis drei Stunden steigern.

Im Wohlfühlzimmer gibt es das Lieblingsspielzeug und den leckeren Kauknochen. Hier gewöhnt sich Ihr Hund am leichtesten daran, zeitweise alleine zu bleiben.

Korb. Das ist keine Strafmaßnahme, sondern soll ihn mit dem Gefühl vertraut machen, eine Weile keine Aufmerksamkeit von seinem Menschen zu erhalten. Auf diese Weise verbringen Sie bis zu einer Stunde miteinander im Wohlfühlzimmer. Danach öffnen Sie die Zimmertür und nehmen kommentarlos Spielzeug und Kauknochen an sich. Bleiben Sie noch fünf Minuten im Raum, bis Sie ihn ohne weiteres Aufheben verlassen und die Tür hinter sich schließen. Verhält sich Ihr Hund im geschlossenen Zimmer ruhig, folgt der nächste Trainingsschritt.

› Auch jetzt sind sie wieder beide im Wohlfühlzimmer. Verlassen Sie den Raum nach fünf bis zehn Minuten, ohne Ihren Hund zu beachten und schließen die Tür hinter sich. Das Radio läuft weiter und liefert besänftigende Hintergrundgeräusche. Nach etwa 20 Sekunden kehren Sie mit einem Glas Wasser oder einer Zeitung

zurück. Wie schon zuvor kümmern Sie sich nicht um den Hund, schließen die Tür und lesen Sie in Ihrem Buch oder in der Zeitung.

› Wenn das gut klappt und Ihr Hund entspannt auf seinem Platz liegen bleibt oder sich mit dem Spielzeug beschäftigt, wiederholen Sie den vorherigen Übungsschritt und verlassen den Raum. Nun aber für längere Zeit: Bleiben Sie einmal eine halbe Minute draußen, dann wieder drei oder sogar fünf Minuten. Variieren Sie die Zeit Ihrer Abwesenheit, sodass Ihr Schüler sich nicht an eine Regelmäßigkeit gewöhnen kann. Ziel der Aktion: Er soll schließlich 20 bis 30 Minuten ohne Probleme alleine bleiben.

› Sie können auch zwei- oder dreimal jeweils nur für kurze Zeit hinausgehen. Wichtig ist, dass Sie dem Hund nicht den Eindruck von Unruhe vermitteln – alles läuft easy, völlig entspannt und ohne ein Wort zu verlieren. In den Zeiten, in denen Sie nicht im Wohlfühlzimmer sind, gehen Sie Ihren Alltagsgeschäften nach und halten sich auch einmal ganz leise im Nachbarzimmer auf, damit Ihr Hund kein Geräusch von Ihnen hört. Trainieren Sie mit ihm zu ganz unterschiedlichen Tageszeiten, damit er lernt, morgens, mittags und abends alleine zu bleiben.

› Nun wird der Ernstfall geprobt: Sie verlassen die Wohnung. Vorher bleiben Sie jedoch mit Ihrem Hund für etwa fünf bis zehn Minuten bei geschlossener Tür im Wohlfühlzimmer, gehen dann wie gewohnt aus dem Zimmer und verlassen jetzt für zwei bis drei Minuten die Wohnung (→ Kastentext, Seite 166). Bleibt der Hund ruhig, steigern Sie die Zeit Ihrer Abwesenheit langsam, variieren dabei die Dauer, kehren zwischendurch aber auch schon nach nur wenigen Minuten zurück, damit er sich nicht an einen bestimmten Rhythmus gewöhnt.

› Falls er sichtbar gestresst auf Ihre Abwesenheit reagiert, gehen Sie im Trainingsplan so viele Schritte zurück, bis er die Übungen wieder ganz entspannt mitmacht.

SO BEUGT MAN STRESS BEIM ALLEINSEIN VOR

Hunde, die schon mehrmals den Besitzer wechselten, geraten oft schnell in Stress, wenn sie alleine bleiben sollen. Das gilt auch für Vierbeiner, die eine besonders starke Bindung zu ihren Menschen haben. Mit einfachen Maßnahmen lässt sich das Risiko minimieren, dass sich aus einer leichten Unsicherheit echter Trennungsstress entwickelt:

- Wenn Sie sich die Jacke anziehen und die Hausschlüssel einstecken, signalisieren Sie Ihrem Hund, dass Sie gleich das Haus verlassen werden. Nehmen Sie diesen Signalen die Bedeutung, indem Sie auch zwischendurch öfter den Schlüssel in die Hand nehmen, ohne das Haus zu verlassen oder die Jacke anziehen und sich dann in den Sessel setzen. Verlassen Sie zwischendurch die Wohnung und kommen Sie sofort wieder zurück. Wollen Sie tatsächlich weggehen, sollten Sie vom Hund unbemerkt die Jacke nehmen und die Schlüssel einstecken.

- Alternativ können Sie Ihren Hund während Ihrer Abwesenheit auch in seinem Wohlfühlzimmer unterbringen (→ Seite 164).
- Machen Sie aus dem Weggehen keine Staatsaktion. Gleiches gilt fürs Wiederkommen. Alles passiert beiläufig: Verabschieden Sie sich nicht vom Hund und begrüßen Sie ihn bei der Rückkehr nur kurz und eher zurückhaltend.
- Beschäftigte und ausgelastete Hunde geraten nicht so leicht in Stress und kommen selten auf dumme Gedanken. Machen Sie Ihrem Hund regelmäßig Angebote für eine intensive körperliche und geistige Beschäftigung und geben Sie ihm vor allem für die Dauer Ihrer Abwesenheit etwas zu tun, zum Beispiel einen Kauknochen oder ein Intelligenzspielzeug.
- Länger als vier Stunden sollte ein Hund nicht regelmäßig alleine bleiben. Organisieren Sie einen Dogsitter oder einen anderen Betreuer, wenn Sie öfter für längere Zeit abwesend sind.

Variante

Er stellt die Wohnung auf den Kopf. So mancher Hund wird während der Abwesenheit seines Besitzers von heftiger Zerstörungswut gepackt – das fängt vergleichsweise harmlos mit zerfledderten Zeitungen an und hört leider bei abgerissenen Tapeten und zerkratzten Türen nicht auf. Einige Destruktivisten schaffen es, die Einrichtung eines Zimmers innerhalb von zwei Stunden komplett zu zerlegen. Ob Frust, Angst, Langeweile oder einfach der Spaß am Zerstören die Ursachen des Verhaltens sind, lässt sich nicht immer erkennbar nachvollziehen. Wer mit dem hier beschriebenen Training nicht weiterkommt, sollte sich Rat bei einem Hundetrainer holen, der Erfahrung mit verhaltensauffälligen Vierbeinern hat. Er lernt den Hund und dessen Menschen kennen, analysiert die Lebensumstände und beobachtet in der Regel mit einer im Wohlfühlzimmer aufgestellten Videokamera die Reaktionen des allein gelassenen Hundes. Auf dieser Grundlage macht er sich ein Bild von der Situation und erstellt gemeinsam mit Ihnen einen individuell auf Ihren Hund abgestimmten Übungsplan. Er kann Sie während des Trainings coachen und Ihnen auch grundlegende Tipps für den Umgang mit Ihrem Hund geben. Oft hilft es, wenn sich der Hund in seinem Wohlfühlzimmer in der Hundebox aufhält – vorausgesetzt, er akzeptiert das »Mobilheim« (→ Kastentext, Seite 164).

Er will nicht ins Auto steigen
und nervt während der Fahrt

Ihr Hund stellt sich auf stur und steigt trotz aller Aufmunterungen und Ermahnungen nicht ins Auto? Oder bellt er unterwegs ständig? Oder zählt er zu den Vierbeinern, deren Magen im Auto rebelliert? Das sind keine Einzelfälle. Mit der richtigen Strategie wird aber auch Ihr Hund zum angenehmen Mitfahrer.

Warum es nicht klappt

› Dem Hund wird beim Autofahren übel: Er wird unruhig, speichelt, schmatzt und schleckt sich ab oder muss sich sogar erbrechen.
› Er hat schlechte Erfahrungen mit dem Auto gemacht und meidet es, weil er sich zum Beispiel einmal die Rute in der Autotür eingeklemmt hat.
› Seine Sehkraft hat nachgelassen. Er fühlt sich im Auto unwohl, weil er nicht mehr alles erkennen kann, was draußen schnell vorbeizieht.
› Er verknüpft den Wagen mit unangenehmen Erlebnissen, wenn er beispielsweise bisher im Auto immer nur zum Tierarzt gebracht wurde.
› Er steigt nur widerwillig ein, weil ihm das wegen gesundheitlicher Probleme an der Wirbelsäule oder den Gelenken Schmerzen verursacht.
› Er hat gelernt, dass er mehr Aufmerksamkeit erhält, wenn er nicht sofort ins Auto springt.

So coachen Sie Ihren Hund

Ihm wird übel. Magenprobleme gibt es vor allem bei Welpen, die mit der schaukelnden Bewegung im Auto noch nicht vertraut sind. Manche Hunde fahren gerne auf dem Rücksitz mit, haben im Heck eines Kombis aber große Schwierigkeiten.

› Ihr Hund überwindet seine Auto-Abneigung am besten, wenn Sie zunächst kurze Strecken fahren und lange Spaziergänge anschließen. Ist er danach müde, darf die ruhige Rückfahrt durchaus eine Stunde oder länger dauern. Das klappt auch beim Welpen nach der Welpenspielstunde.
› Da jeder Hund aufs Ruckeln im Auto anders reagiert, gibt es leider kein Patentrezept. Bessert sich die Situation auch auf Dauer nicht, ziehen Sie Ihren Tierarzt oder einen Homöopathen zu Rate. Es gibt verschiedene Mittel, die sich gegen Übelkeit oder zum Abbau von Stress bewähren. Mit dem passenden Mittel kann das Training in bestimmten Phasen wirksam unterstützt werden.

Legen Sie ein Leckerli ins Auto, richten Sie den Blick ins Wageninnere und warten Sie, bis Ihr Hund der Versuchung nicht mehr widerstehen kann und einsteigt.

167

Nur Trainingsfahrten Bis zum erfolgreichen Abschluss des Trainingsprogramms sollten Sie Ihren Hund nicht auf anderen Fahrten mitnehmen.

> Füttern Sie ihn in Sichtweite Ihres Autos. Die Distanz sollte so groß sein, dass der Hund sich noch wohl fühlt. Verringern Sie den Abstand zwischen Futternapf und Fahrzeug nach und nach, achten Sie aber darauf, dass der Hund entspannt bleibt. Mit lustigen Spielen lockern Sie die Situation zusätzlich auf – zunächst in gebührendem Abstand zum Auto und später näher.

> Bei den Übungseinheiten ist der Hund angeleint, damit er nicht weglaufen kann, was seine Angstreaktion noch verstärken würde. Bleiben Sie gelassen und reagieren Sie auch dann nicht, wenn er deutliche Anzeichen der Angst zeigt. Vergrößern Sie einfach die Entfernung zum Auto und beginnen Sie die Übung von vorne. Dabei

sollten Sie möglichst nicht zwischen Ihrem Hund und dem Auto hin- und herblicken. Das signalisiert dem Vierbeiner, dass der Wagen wichtig ist – und er würde ihn dann möglicherweise als gefährlich einstufen.

Er will ins Auto, schafft es aber nicht. Kann der Hund wegen körperlicher Beschwerden nicht einsteigen oder ist der Einstieg zu hoch für ihn, helfen Sie ihm mit einer Rampe oder einem Brett. Gewöhnen Sie ihn mit geringer Steigung an den ungewohnten Aufstieg, bevor Sie die Einstiegshilfe schließlich ans Auto lehnen und sie gut vor dem Verrutschen sichern. Ihre Oberfläche darf nicht zu glatt sein, damit die Hundepfoten genügend Halt finden.

Er weigert sich einzusteigen. Führen Sie Ihren Hund entspannt an der lockeren Leine zum Auto. Legen Sie vor seinen Augen mehrere attraktive Leckerlis auf den ihm zugedachten Platz im Wagen. Gehen Sie dann ein paar Schritte mit ihm vom Auto weg, kommen aber nach ein paar Sekunden wieder zurück, schauen die Leckerlis an und warten ab, was passiert. Platzieren Sie die Belohnung anfangs möglichst weit außen im Auto, damit Ihr Hund sie problemlos erreicht und sich erst später ins Wageninnere vorwagt.

AUF EINEN BLICK

Coaching-Ziel

Ihr Vierbeiner steigt freudig ins Auto ein, unterwegs bellt er nicht und erbricht sich nicht, sondern legt sich entspannt hin.

Hilfsmittel

Leckerlis und Futter; gegebenenfalls eine Rampe als Einstiegshilfe, Spielzeug; für sehr hektische Hunde ein Beruhigungsmittel vom Tierarzt oder Homöopathen.

Tipps und Trainingszeiten

Wird dem Vierbeiner schlecht oder mag er einfach nicht einsteigen, üben Sie täglich einmal. Mit einem ängstlichen Hund sollten Sie maximal dreimal pro Woche üben, damit er nicht überfordert wird. Die Rampe kann einmal pro Tag zum Einsatz kommen. Verlangen Sie aber auch hier von Ihrem Hund nicht mehr, als er zu leisten vermag.

Praxistipps

> Achten Sie unbedingt darauf, dass Ihr Hund während der Mitfahrt im Auto vorschriftsmäßig gesichert ist: Dazu gibt es für Kombis spezielle Gitter, Sie können ihm aber auch eine eigene Transportbox spendieren oder ihn mit einem Sicherheitsbrustgeschirr für Hunde anschnallen.

> Den Wagen verlassen darf der Hund erst nach Ihrer ausdrücklichen Erlaubnis. Trainieren Sie das so lange mit ihm, bis er zuverlässig auf Ihr Signal zum Aussteigen wartet. Will er nicht auf seinem Platz bleiben, schließen Sie die Autotür wieder, und zwar so oft, bis er registriert, dass die Tür nur geöffnet wird, wenn er brav abwartet.

Wie vermeidet man Ärger mit mehreren Hunden?

IN DER GRUPPE LÄUFT ES ANDERS. Zwei Hunde oder gar eine ganze Meute – da geht es oft heiß her! Denn in der Hundegruppe entwickelt sich eine völlig andere Dynamik als Sie es im Umgang mit nur einem Hund erleben. Es kann durchaus passieren, dass sich die Vierbeiner beim Spaziergang ruppig gegenüber anderen Artgenossen aufführen, weil sie sich gemeinsam stärker fühlen. Oder der eine beschützt den anderen. Auch das Jagen macht in der Gruppe viel mehr Spaß. Und

wenn der eine nicht hört, warum soll dann der andere den Rückruf befolgen? Auf der anderen Seite orientiert sich ein jüngerer Hund am erfahrenen älteren, und der wiederum profitiert vom frischeren Temperament des jungen. Die Hunde spielen miteinander und kommunizieren in ihrer Sprache: Das Leben in der Gruppe ist aufregend und abwechslungsreich. Und mit kühlem Kopf und den richtigen Coaching-Regeln kann man auch gemeinsam ganz entspannt Gassi gehen.

Mein Hund verträgt sich nicht
mit seinem neuen Artgenossen

Sie haben sich den Traum vom zweiten Hund erfüllt, doch statt trauter Zweisamkeit erweist sich das Zusammenleben der beiden Vierbeiner als Albtraum. In der Wohnung zoffen sie sich ständig um Spielzeug oder Futter, und draußen verteidigt jeder den Ball oder das Stöckchen. Inzwischen graust Ihnen vor jedem Gassigehen, und wenn die beiden alleine sind, müssen sie in getrennten Zimmern untergebracht werden.

Warum es nicht klappt

› Einer der Hunde verteidigt Futter, Spielzeug, seinen Schlafplatz oder die Nähe zum Menschen.

Obwohl es auch bei wilden Spielen unter Hunden meist friedlich zugeht, sollten Sie für den Fall der Fälle mit Ihrem Hund ein Abbruchsignal (→ Seite 69) trainieren.

Dies kann sich in offenen Streitereien äußern oder eher unmerklich, wenn sich ein Hund immer mehr zurückzieht.

› Natürlich spielen auch persönliche Abneigungen eine Rolle: Manche Hunde kommen einfach mit bestimmten Artgenossen nicht klar, was bei gleichgeschlechtlichen Tieren öfter passiert.

› Zwischen den Vierbeinern entsteht Streit, wenn der Mensch die Rangordnung nicht akzeptiert, die seine Hunde unter sich ausgemacht haben.

› Einer der Hunde hat den richtigen Umgang mit Artgenossen nie gelernt und respektiert die von anderen Hunden gesetzten Grenzen nicht. Das führt zu Missverständnissen und manchmal auch zu »Handgreiflichkeiten«.

› Nicht jeder Rüde verträgt sich mit anderen Geschlechtsgenossen.

› Die Hunde verstehen sich eigentlich ganz gut, doch in manchen Situationen schlägt der Spaß in Ernst um, beispielsweise beim wilden Toben.

So coachen Sie Ihren Hund

Bevor der Neue kommt Ist der zweite erwachsene Hund noch nicht im Haus, können folgende Tipps helfen:

› Der Ersthund muss seine Position in Ihrem Mensch-Hund-Rudel kennen und hat keinerlei Mitspracherecht, wer ins Haus einzieht. Festigen Sie daher wenn nötig noch einmal die Dog Coaching Regeln (→ Seite 64 ff.). Sinnvoll ist es auch, sich erst dann den Zweithund zuzulegen, wenn der eigene souverän und sicher reagiert und gut gehorcht. Das erleichtert Ihnen die Erziehung des Neuen ganz erheblich, denn Hunde

schauen sich häufig das Verhalten eines Artgenossen ab – im Positiven beim guten Benehmen und im Negativen bei Unarten wie Ungehorsam, zu großem Radius, Verbellen von anderen Hunden und Passanten oder beim Jagen.

› Klären Sie ab, ob beide Hunde sozialverträglich mit fremden Artgenossen umgehen. Beim Erstkontakt darf keiner inakzeptable Aggressionen an den Tag legen.

› Reagiert einer der Hunde ängstlich, kommt es darauf an, wie der andere antwortet: Betrachtet er das Verhalten als »Einladung« zum Mobbing, können Sie das nicht dulden. Sind Sie sich bei der Einschätzung der Charaktere unsicher, empfiehlt es sich, Rat und Unterstützung von einem erfahrenen Hundetrainer einzuholen.

Kontaktaufnahme Haben Sie den Eindruck, dass beide Hunde gut zueinander passen könnten, sollten Sie zunächst mit ihnen spazierengehen. Verstehen sich die Hunde gut oder zeigen nur wenig Interesse füreinander, dann können Sie – falls das realisierbar ist – den Neuzugang quasi testweise für begrenzte Zeit bei sich aufnehmen, und wenn es klappt, immer etwas länger.

› Räumen Sie zuvor alle Ressourcen in Haus und Garten weg, die Anlass zu Streit geben könnten, wie Futter und Spielzeug.

› Beobachten Sie die Vierbeiner bei ihren ersten Kontakten in der Wohnung, ohne selbst groß zu intervenieren: Streicheln Sie die beiden nicht und bieten Sie ihnen weder Futter, noch Kauknochen oder Spielzeug an. Greifen Sie nur ein, wenn es unbedingt nötig ist, weil sich Zoff anbahnt oder einer der Hunde vom anderen so stark unterdrückt wird, dass er sich überhaupt nicht mehr vom Fleck traut.

Rangordnung berücksichtigen Mit einer klaren Rangordnung lassen sich Konflikte vermeiden, da jeder der Beteiligten seine Stellung und seine Rechte kennt. Stärken Sie Ihre Führungsposition, indem Sie bei beiden Hunden auf die Einhaltung der Dog Coaching Regeln achten. Unterstützen

Sie aber auch die Rangordnung, die Ihre Hunde untereinander ausgemacht haben.

› Hunde, die sowohl vom Alter wie auch ihrer Erfahrung und Souveränität sehr unterschiedlich sind, haben meist eine deutliche Rangordnung. Rudelregeln und Grenzen gelten selbstverständlich für beide Hunde, aber der Ranghöhere bekommt mehr Privilegien, er wird beispielsweise zuerst begrüßt, bekommt zuerst sein Futter und

AUF EINEN BLICK

Coaching-Ziel

Die Hunde gehen freundlich und sozialverträglich miteinander um. Konflikte lassen sich frühzeitig und schnell lösen.

Hilfsmittel

Je nach Aggressionsverhalten kann es Sinn machen, einem oder beiden Hunden zumindest für begrenzte Zeit einen Maulkorb anzulegen. Zur besseren Kontrolle im Freien kann ein Kopfhalfter nützlich sein.

Tipps und Trainingszeiten

Vor allem in der ersten Zeit müssen Sie die Situation ständig im Blick haben, zum Beispiel beim Füttern. Gezielte Übungen, wie das Streicheln eines Hundes, sollten nicht jeden Tag durchgeführt werden, um vorhandenes Konfliktpotenzial durch zu häufiges Training nicht noch zu steigern.

seine Streicheleinheiten, mit ihm wird zuerst trainiert oder gespielt. Beachtet man das nicht und behandelt die Hunde gleich oder bevorzugt gar den Rangniederen, führt das unweigerlich zu Konflikten und massivem Stress.

› Der eigentlich rangniedere Hund fühlt sich in der bevorzugten Rolle fast immer überfordert, da er nicht in der Lage ist, den ihm zugewiesenen Platz gegenüber seinem Artgenossen erfolgreich

Ein aufmüpfiger Welpe kann den erwachsenen Hund so sehr nerven, dass der seine gute Erziehung vergisst. Gönnen Sie dem Älteren einen ruhigen Rückzugsort.

durchzusetzen. Vielleicht sieht er mit der Unterstützung des Menschen aber auch seine Chance gekommen, die neu gewonnene Position gegenüber dem anderen Hund zu behaupten. Das mag in manchen Fällen über längere Zeit gut gehen, der unausgetragene Konflikt eskaliert in spannungsgeladenen Situationen jedoch sehr schnell.
› Am sinnvollsten ist es, denjenigen Vierbeiner als Ranghöheren zu behandeln, der souveräner ist, weniger Angst- und Aggressionsbereitschaft zeigt, bei Begegnungen mit fremden Menschen und Hunden bessere Lösungsstrategien anbietet, keine Konflikte provoziert und Missverständnisse gelassener beseitigt. Gehorcht dieser Hund auch noch gut und hat er keine Jagdambition, kann er das ideale Vorbild für seinen Artgenossen sein. Wenn es Ihnen schwerfällt, Rangunterschiede zwischen den Hunden zu erkennen, sollten Sie professionelle Hilfe hinzuziehen.

Er verteidigt sein Futter. Es gibt eine Reihe unterschiedlicher Strategien, um Aggressionsverhalten bei wichtigen Ressourcen wie dem Futter sicher in den Griff zu bekommen:
› Füttern Sie die Hunde in getrennten Räumen.
› Geben Sie alternativ klare Regeln vor. Beispielsweise müssen sich beide Hunde zur Fütterung in gebührendem Abstand hinsetzen. Erst dann wird die Futterschüssel des Ranghöheren abgestellt und er bekommt die Erlaubnis zu fressen. Jetzt stellen Sie auch den Napf des Rangniedrigeren auf den Boden und auch er erhält die Freigabe. Sie stehen während der gesamten Fütterungszeit zwischen den beiden Hunden, damit keiner von beiden den anderen belästigt, während der seine Mahlzeit einnimmt. Haben beide Vierbeiner ihre Rationen vertilgt, können Sie ihnen eventuell erlauben, den Napf des anderen auszulecken. Selbstverständlich nur, wenn das kein Konfliktpotenzial in sich birgt.
› Wenn Sie den Hunden Kauknochen anbieten, sollte auch das möglichst in getrennten Räumen passieren. Alternativ können Sie die beiden anweisen, dabei auf ihren Liegeplätzen zu bleiben – müssen sie aber im Auge behalten.

Tipps zur Konfliktvermeidung

› Bringen Sie jedem Hund ein eigenes Abbruchsignal bei, dass Sie immer dann anwenden, wenn er sich renitent zeigt oder unangemessen verhält. Das gilt besonders für Einschüchterungsversuche des anderen Hundes und aggressive Handlungen.
› Jeder Hund braucht einen eigenen Ruheplatz und seinen persönlichen Futternapf.
› Beide Hunde müssen jederzeit die Möglichkeit haben, sich zurückzuziehen, zu dösen und ohne gestört zu werden Siesta zu halten. Stellen Sie ihnen gegebenenfalls Ruheplätze in getrennten Zimmern zur Verfügung.
› Eifersüchteleien um Streicheleinheiten und die Nähe zum Menschen entstehen relativ häufig.

Üben Sie mit beiden Hunden: Ein Hund muss auf seinem Platz bleiben, während der andere gestreichelt wird. Schenken Sie dem Hund auf dem Liegeplatz keine besondere Aufmerksamkeit, sondern signalisieren Sie, dass es alleine Ihre Entscheidung ist, denjenigen Hund zu streicheln, den Sie streicheln wollen. Schicken Sie dann den »Streichelhund« weg und wenden sich einer ganz anderen Beschäftigung zu. Trainieren Sie das so oft, bis es für beide Hunde normal ist.

> Gibt es Streit ums Spielzeug, sollten Sie die Spielsachen wegräumen und den Hunden nur gezielt und unter Aufsicht zur Verfügung stellen.

Manchmal bleibt leider nur noch die Trennung

Trotz aller Bemühungen gelingt es in einigen wenigen Fällen nicht, die Vierbeiner zu einem harmonischen Miteinander zu bewegen. Wenn einer der Hunde über einen längeren Zeitraum ständig unter Stress steht und gemobbt wird, oder wenn es fast täglich zu heftigen Streitereien zwischen den Tieren kommt und selbst die Hilfe eines Hundetrainers keine Besserung bringt, bleibt oft nur noch die Trennung vom Zweithund. Auch wenn es schwerfällt, ist das dann für alle Beteiligten die beste Lösung.

EIN WELPE KOMMT ZUM ERWACHSENEN HUND

Verträgt sich Ihr erwachsener Vierbeiner mit einem Junghund (→ »Welpen vor Übergriffen schützen«, Seite 133)? Verträglichkeit bedeutet dabei nicht, dass er jedes aufdringliche Verhalten des kleinen Tunichtguts klaglos hinnehmen muss. So darf ein erwachsener Hund einen Welpen durchaus angemessen zurechtweisen, wenn dieser ihn fortgesetzt nervt oder ihm das Spielzeug oder den Kauknochen zu stehlen versucht. Er darf ihn jedoch nicht mit unangepasster Härte maßregeln oder attackieren. Beachten Sie diese Regeln, damit das Zusammenleben von Jung und Alt harmonisch verläuft:

• Widmen Sie nicht Ihre ganze Aufmerksamkeit dem Welpen, sondern unternehmen Sie möglichst viel alleine mit dem erwachsenen Hund. Er braucht nach wie vor seine Spaziergänge, viel Beschäftigung und Ihre Nähe.

• Bevorzugen Sie den Welpen nicht, denn der erwachsene Hund ist im Rang deutlich höher.

Das kann sich eventuell aber schon nach der Geschlechtsreife des jungen Hundes ändern.

• Greifen Sie ein, wenn der Welpe den älteren Hund immer wieder heftig bedrängt, um ihn zum Beispiel zum Spielen zu animieren. Gewöhnen Sie den Welpen daran, regelmäßig eine Auszeit in der Hundebox einzulegen, damit der ältere eine Zeit lang Ruhe findet.

• Fördern Sie Situationen, in denen die beiden Hunde gelassen und spielerisch miteinander umgehen oder gemeinsam die Umgebung erkunden, beispielsweise beim Spaziergang auf fremdem Terrain.

• Der Welpe muss öfter gefüttert werden. Planen Sie seine Mahlzeiten möglichst dann ein, solange der erwachsene Vierbeiner mit anderen Familienmitgliedern auf Gassi-Tour ist. Alternativ können Sie dem älteren Hund einen (kalorienarmen) Zwischendurch-Snack genehmigen, wenn der junge seine Ration vertilgt.

Beim Freilauf mit mehreren Hunden
gibt es immer wieder Stress

Wenn Sie mit Ihrem Hund allein unterwegs sind, zeigt er sich von seiner allerbesten Seite. Er bleibt immer in Ihrer Nähe und lässt sich selbst dann abrufen, wenn es irgendwo etwas Aufregendes zu entdecken gibt. Jeder Spaziergang mit ihm ist ein entspanntes Vergnügen. Doch das ändert sich schlagartig, wenn er seine Hundekumpels trifft. Dann erkennen Sie Ihren Liebling fast nicht mehr wieder. Mit der wilden Clique zieht er weite Kreise, schaut sich nicht nach Ihnen um und pöbelt zusammen mit den anderen fremde Artgenossen, aber auch Spaziergänger, Radfahrer und Jogger an. Den Besitzern mehrerer Hunde ist dieses Problem ebenfalls leider nur zu vertraut: Allein ist jeder von ihnen lammfromm, doch im Team werden sie zu Rüpeln und Raufbolden.

Warum es nicht klappt

› In der Gruppe fühlen die Hunde sich stark und zeigen Verhaltensweisen, die sie sich alleine nie erlauben und trauen würden. So rennen sie oft weit weg, denn gemeinsam lässt sich die große Welt viel mutiger erkunden.
› Die Hunde werden von einem Anführer zu den rebellischen Taten verleitet und machen einfach nur mit, beispielsweise beim Anbellen anderer Hunde oder Passanten.
› Zusammen Unfug anzustellen macht viel mehr Spaß. So reicht beim Jagen in der Meute oft ein kurzer Blickwechsel als Startsignal aus – ganz egal, ob es sich bei der »Beute« um Wild, Jogger oder Radfahrer handelt.

Zu zweit oder mit mehreren herumzutoben, macht doppelt Spaß. Leider kommen Hunde in der Gruppe auch viel eher auf dumme Ideen, ärgern andere Artgenossen, erschrecken Jogger oder gehen gemeinsam auf die Jagd.

› Ein Hund beschützt den mit ihm zusammen lebenden Artgenossen oder seine Hundefreunde.

› Die Hunde orientieren und konzentrieren sich stärker auf ihresgleichen oder die Umwelt als auf ihre Halter. Gehen mehrere Besitzer mit ihren Hunden spazieren, gibt die Menschengruppe den Vierbeinern zusätzliche Sicherheit, da sie für die Hunde immer gut sichtbar und hörbar ist. Und außerdem sind die Menschen abgelenkt.

› Ein Hund nimmt sich einen ungehorsamen Hund zum Vorbild und schaut sich dessen Unarten ab oder gewöhnt sich das Verhalten einfach durch ständiges Mitmachen an.

So coachen Sie Ihren Hund

› Als grundsätzliche Maßnahmen sollten Sie die Dog Coaching Regeln (→ Seite 64 ff.) festigen, dabei die Rangordnung unter den Hunden beachten, sowie das Laufen an lockerer Leine üben (→ »Wenn sie zu zweit sind, gehorchen meine Hunde mir nicht«, Seite 178), was bei zwei oder mehr Hunden nicht immer leicht ist. Versuchen Sie die Beziehung zu Ihren Hunden zu intensivieren (→ Seite 45) und setzen Sie im Training auf erprobte Strategien (→ Seite 70 ff.), damit die Hunde sich stärker an Ihnen orientieren. Üben und beschäftigen Sie sich auch getrennt mit den Hunden (→ Seite 178).

› Freilauf, aber kontrolliert: Über die Wiesen zu rennen, mit anderen Hunden artgerecht Kontakt aufzunehmen oder einfach nur am Wegesrand zu schnuppern, ist für ein glückliches Hundeleben unerlässlich. Aber das darf nie zu Lasten anderer Mitgeschöpfe geschehen. Leinen Sie daher einen oder beide Vierbeiner in Gebieten an, in denen Situationen auftreten können, denen sie wahrscheinlich nicht gewachsen sind. Die Hunde begleiten Sie dann an lockerer Leine.

Radius einschränken Das Begrenzen des Freilaufbereichs ist eine wichtige Maßnahme, wenn man mehrere Hunde unter Kontrolle halten will.

› Üben Sie zunächst in einem Gelände, das den Hunden vertraut ist und nur wenige ablenkende Reize bietet. Steigern Sie den Schwierigkeitsgrad des Übungsgebietes erst dann, wenn die Hunde zuverlässig einen kleineren Radius einhalten.

› Üben Sie am Anfang mindestens einmal am Tag mit jedem Hund allein. Um dabei nicht alle Spazierwege doppelt laufen zu müssen, kann man wie folgt verfahren: Ein Hund läuft frei

beziehungsweise wird über Brustgeschirr und Schleppleine gesichert, während sein Artgenosse an kurzer Leine geführt wird. Üben Sie mit dem frei laufenden Hund die Richtungswechsel (→ Seite 91), während der angeleinte Hund an der lockeren Leine mitlaufen muss – zwischendurch wird abgewechselt.

› Klappt das gut, tauschen Sie die kurze Leine des angeleinten Hundes gegen eine Schleppleine, die am Brustgeschirr befestigt ist, halten sie aber zu Beginn noch in der Hand. Üben Sie wieder Richtungswechsel. Sind beide Hunde aufmerksam und bleibt vor allem auch der Freigänger im Wunschradius, können Sie die Schleppleine des anderen Hundes zwischendurch fallen lassen. Belohnen Sie beide Hunde für gutes Verhalten.

› Denken Sie daran, dass manche Hunde sehr raffiniert sind und genau wissen, mit welchem Verhalten sie an eine Belohnung kommen, beispielsweise: weglaufen – Rückruf abwarten – Belohnung abholen. Ihre Hunde bekommen daher viel Lob und tolle Belohnungshäppchen, wenn sie einen angemessenen Radius einhalten, aber nicht, wenn sie zu weit weggelaufen sind und erst dann wieder zurückkommen.

> **Die Lizenz zum Herumtoben mit anderen Hunden gibt es nur für sozialverträgliche Vierbeiner.**

› Wenn die beiden Hunde gerne miteinander spielen, sollten Sie ihnen das an ausgewählten Plätzen erlauben. Variieren Sie diese Orte aber, damit die Hunde nicht aus eigenem Antrieb schon mal vorauslaufen oder die Spielerlaubnis hartnäckig einfordern. Achten Sie bei der Wahl des Spielareals darauf, dass die Hunde hier keine Möglichkeit haben, in alte und unerwünschte Verhaltensweisen zurückzufallen: Es sollte zum Beispiel kein Gebiet sein, wo Wild aufgeschreckt werden kann, oder plötzlich andere Hunde oder Menschen auftauchen.

Varianten

Jäger und Mitläufer Sind Ihre Hunde passionierte Jäger oder eher Mitläufer, die allein nicht jagen? Ermitteln lässt sich das, indem Sie die Vierbeiner gesichert durch die Schleppleine in verlockenden Situationen testen, zum Beispiel in einem Tierpark. Führen Sie mit jagdversessenen Hunden neben den oben erwähnten Maßnahmen ein Anti-Jagdtraining (→ Seite 113 ff.) durch. Meiden Sie wildreiche Gebiete bis zum erfolgreichen Trainingsabschluss und nehmen Sie den Jäger dort immer an die kurze Leine (→ Seite 96), während ein nicht jagender Kumpel frei oder an der Schleppleine mitläuft. Zeigt das Training Fortschritte, darf auch der Jäger mehr Freiheiten an der Schleppleine genießen.

Anbellen von Menschen Konzentrieren Sie das Training (→ Seite 126 ff.) auf den Anstifter, nicht auf seine Mitläufer. Zu Übungszwecken kommt der Anstifter an die kurze Leine und – wenn das Training gute Fortschritte macht – an die am Brustgeschirr befestigte Schleppleine. Erst wenn er sein altes Verhaltensmuster völlig abgelegt hat und nicht mehr rückfällig wird, darf er beim Gassigehen wieder frei laufen.

Gemeinsam gegen Artgenossen Manche Hunde verbünden sich, um gegen einen bestimmten Artgenossen Front zu machen. Testen Sie zunächst in Einzelspaziergängen, ob die Hunde sich auch dann unangepasst gegenüber Artgenossen verhalten, wenn sie nicht in der Gruppe sind. Auch ein Hund, der selbst nicht attackiert, kann seinem Kumpel trotzdem das Signal zum Angriff geben. Oder greift der andere nur an, wenn er Rückendeckung von seinem Mitstreiter hat? Konzentrieren Sie das Training auf den Aggressor, beziehen Sie aber auch die oder den passiven Vierbeiner mit ein. Unterbinden Sie bei den Tests aggressives Verhalten Ihrer Hunde schon im Ansatz – kein anderer Hund soll dabei in Angst und Schrecken versetzt werden.

› Unternehmen Sie Freilauf-Spaziergänge zunächst nur in übersichtlichem Gelände mit wenigen Hunden, wo Sie Ihre Vierbeiner rechtzeitig zu sich holen und anleinen können. Ist das nicht gewährleistet, führen Sie die Hunde immer an der am Brustgeschirr befestigten Schleppleine.

› Üben Sie zunächst mit jedem Hund einzeln die lockere Leine – und wenn das gut klappt, mit beiden gemeinsam. Reagiert einer der Hunde an der Leine aggressiv, trainieren Sie mit ihm entsprechend einzeln (→ Seite 139), gegebenenfalls mit Kopfhalfter. Beginnen Sie erst dann getrennt mit jedem Hund das Anti-Aggressionstraining für den Freilauf (→ Seite 130 ff.).

› Beide Hunde müssen beim Einzelspaziergang einen angemessenen Radius einhalten, locker an der Leine gehen, sich an Ihnen orientieren und ein angepasstes Verhalten gegenüber anderen Hunden zeigen. Erst danach folgt das Training mit beiden Hunden. Dabei kommt einer an die kurze Leine und wird eventuell mit Kopfhalfter geführt, während Sie mit dem anderen die Strategien bei einer Konfrontation mit Artgenossen üben. Laufen die Hundebegegnungen auf Distanz friedlich ab, verringern Sie den Abstand zu den anderen Hunden – achten Sie aber darauf, dass keiner der Vierbeiner in Stress gerät.

› Klappt das Training trotz aller Bemühungen nicht, sollten Sie sich an einen Hundetrainer wenden. Er weiß, wie er mit mehreren Hunden gleichzeitig umgehen muss und kann Begegnungen zwischen ihnen kontrolliert organisieren.

Beschützerinstinkt Zuerst müssen Sie abklären, welcher Hund wen und wie viele seiner Artgenossen beschützt. Auch hier steht Solotraining am Anfang (→ oben). Ist das Verhalten der einzelnen Hunde im Umgang mit den anderen in Ordnung, können Sie wieder mit allen gemeinsam trainieren. Der Beschützer wird zunächst angeleint am Kopfhalfter geführt. Bieten Sie ihm mit den Dog Coaching Strategien (→ Seite 70 ff.) alternative Verhaltensmöglichkeiten an und loben und belohnen Sie ihn, wenn er entspannt bleibt, während sein Hundekumpel Kontakt mit einem fremden Vierbeiner aufnimmt. Klappt das sicher, wechseln Sie von der Leine zur am Brustgeschirr befestigten Schleppleine. Den Wechsel von der kurzen zur Schleppleine können Sie je

Ein Kumpel an der Seite macht Mut für ausgedehnte Entdeckungstouren. Und gemeinsam in der Erde zu wühlen, ist spannend und aufregend.

nach Situation auch vom fremden Hund abhängig machen. Zeigt sich der Beschützer gegenüber einem anderen Hund schon sehr entspannt, darf er wieder selbstständig Kontakte knüpfen. Fällt er in die Beschützerrolle zurück, geben Sie das Abbruchsignal und rufen oder holen ihn zu sich.

Spielverderber Manche Hunde kontrollieren ihre Hundekumpels ständig und versuchen oft sogar zu verhindern, dass sie Kontakt mit Artgenossen aufnehmen oder mit ihnen spielen. Hier sollten Sie besonders großes Augenmerk auf die Dog Coaching Regeln und die Einhaltung der Rangordnung unter den Hunden legen. Geben Sie dem Spielverderber das Abbruchsignal (→ Seite 69) und nehmen ihn an die Leine. Er muss einige Minuten an der lockeren Leine gehen, bevor er wieder frei laufen darf. Nähert sich in dieser Zeit ein fremder Hund, wenden Sie die Strategien an und belohnen ihn für gutes Verhalten.

Wenn sie zu zweit sind,
gehorchen meine Hunde mir nicht

Übungen, die jeder Ihrer Hunde aus dem Effeff beherrscht, wenn Sie mit ihm alleine trainieren, scheinen plötzlich vergessen, wenn sein Hundekumpel oder andere Vierbeiner in der Nähe sind. Weder Strenge noch freundliche Worte bringen den Hund dann dazu, das gewünschte Verhalten zu zeigen. Starten Sie rechtzeitig ein Trainingsprogramm, damit aus solchen kleinen Marotten keine großen Probleme werden.

Warum es nicht klappt

› Wenn Sie mit zwei oder mehreren eigenen Hunden spazieren gehen, wissen die Hunde bereits beim Aufbruch, dass Ihre Aufmerksamkeit geteilt ist – und nutzen das bei jeder sich bietenden Gelegenheit weidlich aus, um den eigenen Interessen nachzugehen. Auch bei gemeinsamen Übungen kapieren Ihre Hunde schnell, dass Sie sich nicht voll und ganz auf beide oder mehrere konzentrieren können, und es vielleicht sogar an der letzten Konsequenz fehlen lassen.
› Die Vierbeiner sind so in ihr Spiel oder die gemeinsamen Erkundungen vertieft, dass sie die Signale ihres Menschen gar nicht wahrnehmen.
› Die Signale des Halters sind nicht eindeutig oder die Hunde beziehen sie nicht auf sich.
› Ihr Besitzer ist angespannter, wenn er statt mit nur einem mit beiden Hunden unterwegs ist, was sich auf die Vierbeiner überträgt.
› Einer der Hunde schaut sich die Unarten von seinem Kompagnon ab.
› Wenn er neben seinem Artgenossen Platz machen soll, fühlt sich einer der Hunde unsicher und versucht, die Anweisung zu überhören.

So coachen Sie Ihren Hund

› Überprüfen Sie für alle Ihre Hunde die Dog Coaching Regeln (→ Seite 70 ff.) und stellen Sie sicher, dass sie konsequent eingehalten werden. Achten Sie auch darauf, dass die Rangordnung unter den Hunden gewahrt bleibt.
Mit jedem Hund einzeln üben Testen Sie zunächst mit jedem Hund, welche Übungen er sicher beherrscht, bei welchen er noch Schwachstellen hat oder wo es gar nicht klappen will (→ »Ich bringe

---

AUF EINEN BLICK

Coaching-Ziel

Ihre Hunde sind im gemeinsamen und im Einzeltraining aufmerksam und motiviert. Sie konzentrieren sich auf die Aufgaben, lassen sich nicht vom Artgenossen ablenken und führen Übungen so lange aus, bis Sie ihnen das Auflösungssignal geben.

Hilfsmittel

Leckerlis und alle Hilfsmittel, die für die von Ihnen angesetzte Übung notwendig sind, beispielsweise Leine, Brustgeschirr und Schleppleine.

Tipps und Trainingszeiten

Trainieren Sie eine Übung mehrmals in der Woche mit maximal drei Wiederholungen pro Übungseinheit. Beginnen Sie in einer Umgebung ohne viel Ablenkung und steigern Sie langsam den Schwierigkeitsgrad.

ihn nicht dazu, eine Übung auszuführen«, Seite 111). Dabei ist wichtig, ob er eine Übung noch nicht beherrscht und sie daher komplett neu aufgebaut werden muss, ob er die Übung einfach nicht ausführen will, oder ob Sie als Übungsleiter eventuell missverständliche Signale aussenden. Üben Sie mit jedem Hund einzeln und steigern Sie den Schwierigkeitsgrad individuell und nur langsam. Denken Sie daran, dass eine Übung, die einer der Hunde bereits kann, für den anderen vielleicht noch eine große Herausforderung ist.

› Arbeiten Sie im Solotraining gezielt an Übungen, die dem Hund schwerfallen. Hat einer der Hunde mit einer Übungseinheit grundsätzliche Probleme, fällt ihm die korrekte Ausführung noch schwerer, wenn er durch den Artgenossen abgelenkt wird. Häufig scheitert das Training auch daran, dass Sie mit einem Hund nicht sinnvoll trainieren können, weil der andere ständig dazwischenfunkt oder gar auf die Idee kommt, zwischenzeitlich allein die Welt zu erkunden – worauf Sie das Training mit dem Schüler natürlich abbrechen müssen, um den Ausreißer wieder einzufangen. Zu Hause können Sie einen der Hunde anbinden oder in einen anderen Raum bringen. Das Anbinden klappt auch draußen, beispielsweise an einem Baum in der Nähe. Hier sollten Sie allerdings in Sichtweite bleiben, damit der angeleinte Hund keine Angst bekommt und Spaziergänger nicht denken, er sei womöglich ausgesetzt worden.

› Wenn alles wunschgemäß läuft und die Hunde »Platz« und »Bleib« sicher beherrschen, können Sie einen Hund Platz machen lassen, während Sie mit dem anderen üben.

› Widmen Sie jedem einzelnen Hund genügend Zeit, um eine enge und vertrauensvolle Bindung herzustellen. Gehen Sie mindestens zweimal pro Woche getrennt mit den Hunden spazieren und üben Sie dabei das korrekte Laufen an der lockeren Leine sowie den angemessenen Radius beim Freilauf, damit sich die beiden an Ihnen und

Mit zwei Zugpferden, die ständig an den Leinen zerren, wird jeder Spaziergang zur anstrengenden Tour. Üben Sie die Leinenführigkeit zuerst mit jedem Hund solo.

nicht an ihrem Kumpel orientieren. Natürlich darf dabei der gemeinsame Spaß nicht zu kurz kommen: Spielen Sie mit dem Hund, lassen Sie ihn den Futterbeutel (→ Seite 120) suchen oder erkunden Sie mit ihm gemeinsam unbekanntes und aufregendes Terrain. Auch bewegungsintensive und den Gehorsam fördernde Aktivitäten wie Obedience, Mantrailing oder Agility bieten sich an, falls sie zum Typ und Temperament des Hundes passen.

Mit zwei Hunden trainieren Erst wenn jeder Hund für sich eine Übung zuverlässig beherrscht, können Sie mit beiden gleichzeitig trainieren.

› Stellen Sie eine Prioritätenliste (→ Seite 79) auf und üben Sie zuerst die Dinge, die im Alltag die meisten Probleme bereiten.

› Jede Übung hat eigene Laut- und Sichtzeichen. Damit jeder Ihrer Hunde weiß, wann ein Signal an ihn und nicht an seinen Kumpel gerichtet ist, können Sie mit ihnen unterschiedliche Signale für die gleiche Übung trainieren. Beispielsweise lernt der eine, sich auf »Sitz« hinzusetzen, der andere auf »Plopp«. Verwechslungsfreier geht es jedoch, wenn Sie dem Lautsignal den Namen des Hundes voranstellen, um ihm zu zeigen, dass er nun an der Reihe ist.

› Um aus Ihrem wilden Haufen eine richtig gut gehorchende Truppe zu machen, sollten Sie beim Training auf eine sinnvolle Reihenfolge achten: Starten Sie zum Beispiel nicht mit dem Rückruftraining (→ Seite 84), solange der Radius noch viel zu groß ist (→ Seite 67). Überlegen Sie sich dann, wie Sie Übungen gezielt aufbauen können und wo und wann Sie am besten üben. Richten Sie sich dabei nach dem Hund, der am meisten lernen muss und sich leichter ablenken lässt.

› Achten Sie unbedingt darauf, dass keiner beim gemeinsamen Training schummelt, da jeder Rückfall in die altvertrauten Verhaltensweisen für die Hunde ein Erfolg ist. Haben die Vierbeiner wieder einmal an der Leine gezogen, sich im viel zu großen Radius aufgehalten oder sind sie sogar zur Jagd aufgebrochen, dann passiert es nur zu leicht, dass sie diesen Überraschungserfolg bei passender Gelegenheit wiederholen.

Lockere Leine Konsequenz ist die Grundvoraussetzung, damit das Laufen an der lockeren Leine (→ Seite 96) auch mit zwei Hunden klappt.

› Der Hund, mit dem Sie gerade üben, trägt ein Halsband, der andere ein Brustgeschirr.

› Wenn einer der beiden stark zieht oder sich an der Leine aggressiv verhält, legen Sie ihm ein Kopfhalfter (→ Seite 134) an, gegebenenfalls auch beiden. Ziehen Sie ihnen die Halfter aber nur beim Üben an. Wenn Sie mit einem Hund nicht arbeiten, nehmen Sie das Halfter ab und führen ihn am Brustgeschirr.

Tipps fürs Rückruftraining

Überlegen Sie sich, ob jeder der Hunde ein individuelles Rückrufsignal braucht oder beide ein gemeinsames Signal bekommen sollen. Auf ein gemeinsames Signal hin müssen auch beide Hunde kommen. Üben Sie ohne Ablenkung und mit jedem Hund einzeln, um zu vermeiden, dass der eine eventuell nur kommt, weil der andere schon zu Ihnen läuft, dabei aber das Signal selbst nicht beachtet. Steigern Sie die Anforderungen und üben Sie mit beiden gemeinsam, wenn die Vierbeiner den Rückruf einzeln sicher befolgen. Fangen Sie wieder einfach und mit möglichst wenig Ablenkung an. Rufen Sie nur, wenn Sie auch ganz sicher sind, dass die Hunde kommen, erst dann steigern Sie Schritt für Schritt den Schwierigkeitsgrad der Übung. Manche Hunde attackieren den Zurückgerufenen, wenn der sich auf den Weg zu seinem Besitzer macht oder fast bei ihm angekommen ist. Das kann dazu führen, dass der Angegriffene gar nicht mehr auf den Rückruf reagiert. Schützen Sie den Gerufenen vor solchen Attacken, indem Sie den anderen Hund anleinen, eventuell mit Kopfhalfter. Eine Belohnung erhält er nur, wenn er die ganze Zeit entspannt bleibt.

Mit dem Rückrufsignal stellen Sie sicher, dass Sie Ihre Vierbeiner auch im wilden Spiel mit dem Ball jederzeit unter Kontrolle haben.

Bei unseren Hunden gibt es
Zoff um Zuwendung und Futter

Jeder Hund hat Dinge, die ihm wichtig sind: Dem einen bedeutet die Nähe zum Menschen alles, beim anderen sind es sein Körbchen, der Platz auf dem Sofa, das Lieblingsspielzeug oder der Kauknochen. Je nach Temperament und Veranlagung wird alles mehr oder weniger vehement gegenüber den Artgenossen verteidigt. Doch es gibt Wege zum friedlichen Miteinander.

Warum es nicht klappt

› Einer der Hunde hat nie gelernt, die von Artgenossen gesetzten Grenzen zu akzeptieren oder er hatte mit seinen Aggressionen immer Erfolg.
› Ein Hund genießt zu viele Privilegien und setzt sie auch in anderen Bereichen durch.
› Ein Hund fühlt sich durch die anderen ständig gestresst und reagiert übermäßig aggressiv.

So coachen Sie Ihren Hund

› Respektieren Sie die Rangordnung der Hunde untereinander, geben Sie ihnen klare Regeln (→ Seite 64 ff.) und setzen Sie Grenzen (→ Seite 69).
› Tipps zur Konfliktvermeidung um Futter und Spielzeug finden Sie auf Seite 172.
› Wenn Sie einen der Hunde streicheln und der andere drängt sich dazwischen, schieben Sie den Drängler wortlos zur Seite und streicheln weiter.
› Manche Hunde stellen sich anderen in den Weg und drängen sie ab, bis die sich frustriert zurückziehen. Streichen Sie dem frechen Vierbeiner sämtliche Privilegien, geben Sie vor, was jeder Hund darf und was nicht und setzen Sie das mit dem Abbruchsignal (→ Seite 69) durch.

› Als Boss teilen allein Sie Ihre Zuwendung zu. Trainieren Sie das, indem Sie einen Hund auf seine Decke schicken, während Sie mit dem anderen spielen oder arbeiten. Zunächst nur für kurze Zeit. Dehnen Sie die Übungen dann aber sukzessive aus. Steht der Hund von seiner Decke auf, gehen Sie sofort zu ihm und drängen ihn wieder auf seinen Platz zurück. Wenn nötig, wird er angeleint. Bleibt er brav auf dem Platz liegen, erhält er zwischendurch eine kleine Belohnung – aber ganz ruhig, ohne dass er dazu aufsteht.

AUF EINEN BLICK

Coaching-Ziel

Ihre Hunde vertragen sich gut miteinander und streiten nicht um Futter, Spielzeug oder andere Ressourcen. Konflikte lassen sich sehr schnell lösen.

Hilfsmittel

Je nach Aggressivität kann es sinnvoll sein, beiden Hunden einen Maulkorb anzulegen. Holen Sie sich Hilfe von einem Hundetrainer, wenn Sie bei sehr aggressiven Tieren allein nicht weiterkommen.

Tipps und Trainingszeiten

Mögliche Streitsituationen sollten Sie frühzeitig erkennen. Führen Sie bestimmte Übungen, wie die Zuteilung der Aufmerksamkeit, nicht jeden Tag durch, da durch sie das Konfliktpotenzial unbeabsichtigt verstärkt werden kann.

DIE AUTORINNEN

Anja Mack

Anja Mack studierte Tiermedizin und leitet in München die Hundeschule »Lucky Dogs«. Ihr besonderes Interesse galt bereits während des Studiums dem Verhalten von Hunden, ein Thema, das sie in zahlreichen Fortbildungen bei namhaften Kynologen noch vertiefte. Seit vielen Jahren arbeitet Anja Mack ausschließlich als Hundetrainerin. Ihre Münchner Hundeschule bietet von der Welpenschule über Erziehungskurse, Sport und Spaß mit dem Hund, bis hin zum Einzeltraining vieles an, was die Beziehung von Mensch und Hund positiv fördert. Aus den vielfältigen Erfahrungen mit den verschiedensten Hunden – Anja Mack besitzt selber vier – entwickelte sie einen individuellen Trainingsaufbau, mit dem Hundehalter gezielt auf problematisches Verhalten ihres Hundes reagieren können und selbst ausgesprochen hartnäckige Aggressions- oder Angstprobleme gut in den Griff bekommen.

Kirsten Wolf

Kirsten Wolf arbeitet seit vielen Jahren als Print-Journalistin in München und hat ihr Leben immer auch mit Hunden geteilt. Weil ihr das Thema Mensch-Hund-Beziehung besonders am Herzen liegt, hat sie begonnen, es journalistisch aufzugreifen. Sie schreibt für Hundemagazine wie »dogs« und hat bei Gräfe und Unzer Bücher zum Thema veröffentlicht, unter anderem gemeinsam mit Hundetrainerin Anja Mack »Mein Hund hat Angst«. Ihrer Irish Terrier-Hündin Amy bietet sie regelmäßige Beschäftigung über Obedience, Agility und Fährtenarbeit und tüftelt immer wieder neue Spiele für drinnen und draußen mit ihr aus.

Das Glücksgefühl ist unbeschreiblich!

Eine sehr ängstliche zweijährige Hündin, die ich als Studentin zu mir genommen hatte, war der Grund, warum ich die Laufbahn als Tierärztin schließlich aufgab, um mich ganz dem Verhalten der Hunde zu widmen. Ich wollte, dass Hunde eine Ausbildung bekommen, die genau auf ihr Verhalten eingeht, und ich wollte Hunden mit problematischem Verhalten wieder zu einem angenehmen Leben verhelfen. Von meinen eigenen Hunden habe ich seitdem viel gelernt. Sie kamen nach und nach zu mir, alle mit unterschiedlichen Voraussetzungen: sehr ängstlich, sehr aggressiv, als Welpe oder auch als alter Hund ohne jegliche »Vorkenntnisse«. Keiner war oder ist wie der andere, alle sind Persönlichkeiten. Es macht mir jeden Tag aufs Neue Spaß, sie zu beobachten: im Spiel, bei Interaktionen in unserem »Rudel«, mit fremden Artgenossen und auch gegenüber Menschen. Ich habe natürlich mit ihnen trainiert, damit sie ihre Probleme überwinden und dabei Trainingsmethoden und Übungsansätze immer weiter ausgefeilt. Mittlerweile helfen mir alle meine Hunde unermüdlich im Training, bei dem wir gemeinsam mit ängstlichen, aggressiven oder gestressten Hunden arbeiten.

Es gibt ihn, den »perfekten Hund«, der immer im angemessenen Radius bleibt, stets freundlich ist zu Mensch und Tier und alles so macht, wie es sein Halter wünscht. Doch dieser »Superhund« ist nicht die Regel. Oft genug bekommt der Traum vom unkomplizierten Begleiter auf unbeschwerten Spaziergängen schnell den einen oder anderen Kratzer. Statt Entspannung ist dann Hochspannung angesagt, weil es wieder einmal zu Situationen kommt, in denen man den Marotten des Vierbeiners mehr oder weniger hilflos ausgeliefert ist.

Sie wissen jetzt, dass das keinesfalls so bleiben muss, sondern dass Sie gemeinsam mit Ihrem Hund Wege aus dem störenden Verhalten finden können. Dafür haben Sie sich mit der Sprache der Hunde beschäftigt und mit Strategien, die Ihnen die Kommunikation mit Ihrem Hund erleichtern. Mein Rat: Setzen Sie sich beim Training nicht unter Zeitdruck. Jeder Hund ist anders, und manche Probleme haben Ursachen, die lange zurückliegen. Oder ein Verhalten hat sich über viele Jahre hinweg etabliert. Wie lange Sie auch schon mit einem Problem zu tun haben: Es lohnt sich, es in Angriff zu nehmen. Warum sollten Sie sich bis ans Ende der gemeinsamen Tage davon stressen lassen?

Haben Sie also Geduld und bleiben Sie am Ball. Manches unerwünschte Verhalten bekommen Sie nach ein paar Wochen in den Griff, bei anderem kann es ein halbes oder ein ganzes Jahr dauern, bis Sie Erfolge erzielen. Das gilt besonders für Aggressions- und Angstprobleme. Geben Sie nie auf und bemühen Sie sich darum, dass Ihr Hund möglichst nicht mehr in sein früheres Verhalten zurückfällt. Das Glücksgefühl ist unbeschreiblich, wenn man es gemeinsam mit dem Hund geschafft hat, etwas zu verändern. Ich bin sicher: Sie und Ihr Vierbeiner haben das Zeug zu einem souveränen Mensch-Hund-Team.

Anja Mack

Halbfette Seitenzahlen verweisen auf Fotos.
U1 = Cover, **U4** = Umschlag hinten

LITERATUR UND ADRESSEN

ZEITSCHRIFTEN

Der Hund. Deutscher Bauernverlag GmbH, Berlin

Partner Hund. Gong Verlag, Ismaning

Das Deutsche Hundemagazin. Gong Verlag, Ismaning

Unser Rassehund. Verband für das Deutsche Hundewesen e. V. (Hrsg.), Dortmund

Dogs. Gruner + Jahr, Hamburg

HUNDE IM INTERNET

www.aktiv-mit-Hund.de Infos rund um die Erziehung des Hundes
www.brh.info Website des Bundesverbandes für Rettungshunde
www.graue-schnauzen.de Vermittlung älterer Hunde
www.hallohund.de Online-Hundemagazin
www.haushueter.org Urlaubsbetreuung
www.hunde.com Infos rund um den Hund
www.hundezeitung.de Neues über Hunde
www.lieblingstier.tv Filme über Heimtiere
www.spass-mit-Hund.de Tipps und Infos zur Beschäftigung mit Hunden
www.tierfreund.de Tierforum
www.mischlinge-in-not.de Internetportal für Hunde in Not, die ein Zuhause suchen
www.tiermedizin.de Infos und Wissenswertes zu tiermedizinischen Fragen
www.ferien-mit-hund.de Urlaub in hundefreundlichen Ferienwohnungen und -häusern

BÜCHER, DIE WEITERHELFEN

Feddersen-Petersen, Dorit: **Hundepsychologie, Sozialverhalten und Wesen.** Franckh-Kosmos Verlag

Hegewald-Kawich, Horst: **300 Fragen zur Hundeerziehung.** Gräfe und Unzer Verlag

Hegewald-Kawich, Horst: **Hunderassen von A bis Z.** Gräfe und Unzer Verlag

Kaminski, Juliane, und Bräuer, Juliane: **Der kluge Hund.** Rowohlt Verlag

Krüger, Anne: **Besser kommunizieren mit dem Hund.** Gräfe und Unzer Verlag

Mack, Anja, und Wolf, Kirsten: **Mein Hund hat Angst.** Gräfe und Unzer Verlag

McConnell, Patricia B.: **Das andere Ende der Leine.** Kynos Verlag

Rugass, Turid: **Calming Signals – Die Beschwichtigungssignale der Hunde.** Animal Learn Verlag

Schlegl-Kofler, Katharina: **Das große GU Praxishandbuch Hunde-Erziehung.** Gräfe und Unzer Verlag

Weidt, Andrea: **Hundeverhalten – Das Lexikon.** Roro-Press Verlag

Wolf, Kirsten: **Hunde – Spiel & Sport.** Gräfe und Unzer Verlag

VERBÄNDE / VEREINE

Verband für das Deutsche Hundewesen e. V. (VDH), Westfalendamm 174, 44141 Dortmund, www.vdh.de

Österreichischer Kynologenverband (ÖKV), Siegfried-Marcus-Str. 7, A-2362 Biedermannsdorf, www.oekv.at

Fédération Cynologique Internationale (FCI), Place Albert 1er, 13, B-6530 Thuin/Belgien, www.fci.be

Schweizerische Kynologische Gesellschaft (SKG/SCS), Brunnmattstr. 24, CH-3007 Bern, www.skg.ch

Deutscher Tierschutzbund e. V., Baumschulallee 15, 53115 Bonn, www.tierschutzbund.de

Interessengemeinschaft Deutscher Hundehalter e.V., Auguststraße 5, 22085 Hamburg

Tierärztliche Vereinigung für Tierschutz e. V. (TVT), Geschäftsstelle: Bramscher Allee 5, 49565 Bramsche, www.tierschutz-tvt.de

Gesellschaft für ganzheitliche Tiermedizin e. V. (GGTM), Gartenstr. 2, 79189 Bad Krozingen, www.ggtm.de

WICHTIGER HINWEIS

Die Haltungsregeln dieses Buches beziehen sich auf gesunde und charakterlich einwandfreie Hunde. Es gibt Hunde, die aufgrund mangelhafter Sozialisierung oder schlechter Erfahrungen mit Menschen in ihrem Verhalten auffällig sind und eventuell zum Beißen neigen. Solche Tiere sollten nur von Hundekennern gehalten werden.

Hundeschule Lucky Dogs, Anja Mack, St. Emmeram, 81925 München, www.hundeschule-lucky-dogs.de

Fragen zur Haltung von Hunden beantworten Ihr Zoofachhändler und der Zentralverband Zoologischer Fachbetriebe Deutschlands e. V. (ZZF), Tel. (0611) 44 75 53 32 (nur telefonische Auskunft möglich: Mo 12–16 Uhr, Do 8–12 Uhr), www.zzf.de

REGISTRIERUNG VON HUNDEN

Deutsches Haustierregister, Deutscher Tierschutzbund e. V., Baumschulallee 15, 53115 Bonn, www.deutsches-haustierregister.de

TASSO e. V., Abt. Haustierzentralregister, 65784 Hattersheim, Tel. (06190) 93 73 00, www.tasso.net, E-Mail: info@tasso.net

KRANKENVERSICHERUNG

Uelzener Versicherungen, Postfach 2163, 29511 Uelzen, www.uelzener.de

AGILA Haustierversicherung AG, Breite Straße 6–8, 30159 Hannover, www.agila.de

Allianz, Königinstr. 28, 80802 München, www.katzeundhund.allianz.de

DANK

Autorinnen und Verlag danken **Heike Schmidt-Röger** für die redaktionelle Unterstützung.

Freude am Tier

GU Tierratgeber – damit Ihr Heimtier sich wohl fühlt

ISBN 978-3-8338-1599-7
192 Seiten

ISBN 978-3-8338-1197-5
64 Seiten

ISBN 978-3-8338-2179-0
36 Trainingskarten, Begleitbuch
plus GU Clicker

ISBN 978-3-8338-1688-8
64 Seiten

ISBN 978-3-8338-1932-2
64 Seiten

ISBN 978-3-8338-0871-5
256 Seiten

Das macht sie so besonders:

Rat vom Experten – bestens informiert

Gut versorgt – von Anfang an

Tolle Ideen – mit Wohlfühlgarantie

Willkommen im Leben.

DIE FOTOGRAFIN

Angela Kraft ist seit frühester Jugend von Natur und Tieren fasziniert. Für die Tierfotografin ist ihr Beruf zur Berufung geworden. Neben ihrer Tätigkeit als Presse- sprecherin im Wildpark Lüneburger Heide betreibt sie ihre eigene »Tierfotoagentur Lüneburger Heide«, die sich auf Tierfotografie, Tiergeschichten und Reportagen speziali- siert hat. Zahlreiche ihrer Veröffentlichungen findet man in namhaften Zeitungen, Magazinen und Büchern. Ihre

Freizeit verbringt Angela Kraft gerne mit ihren Schäferhunden Kira und Mo und genießt die aus- gedehnten Spaziergänge mit den beiden, wobei die Kamera selten fehlt. Tierfotos von Angela Kraft unter: www.kraft-foto.de und http://flickr.com/photos/kraft- foto/sets

Foto: Tanja Askani

BILDNACHWEIS

Alle Bilder in diesem Buch stammen von Angela Kraft mit Ausnahme von: **Oliver Giel:** Cover; **Alexandra Stronski:** S. 131 und 134; **Alexandra Schaffner:** S. 158.

IMPRESSUM

Projektleitung: Nadja Harzdorf, Alexandra Stronski
Lektorat: Gerd Ludwig
Bildredaktion: Silke Bodenberger
Cover: Petra Ender
Umschlaggestaltung und Layout: independent Medien- Design, Horst Moser, München
Herstellung: Susanne Mühldorfer
Satz: Ludger Vorfeld
Reproduktion: Longo AG, Bozen
Druck: Firmengruppe APPL, aprinta druck, Wemding
Bindung: Firmengruppe APPL, m.appl, Monheim
Syndication: www.jalag-syndication.de

Printed in Germany

ISBN 978-3-8338-2180-6

1. Auflage 2011

GRÄFE UND UNZER

Ein Unternehmen der
GANSKE VERLAGSGRUPPE